高等职业教育计算机系列教材

网络综合布线系统工程
（工作手册式）
（微课版）

於晓兰　陈　晴　主　编
高曙光　程　琼　袁　森　副主编

电子工业出版社
Publishing House of Electronics Industry
北京·BEIJING

内 容 简 介

本书分为 6 个模块,包括认识综合布线系统、网络布线线缆及设备选型、综合布线系统设计、综合布线系统安装、综合布线系统测试与工程验收、综合布线系统工程案例设计与实现。各模块依据职业教育理念进行设计,以学生学习与发展为中心,基于行动导向、成果导向选择与重构教学内容,注重对学生综合职业能力的培养。以"素养为本",聚焦学生的职业发展和核心素养培养。本书是一本深入浅出、图文并茂、形式多样的工作手册式新形态教材。

本书理论清晰、技术实用,可作为职业院校综合布线课程的教材,也可供从事计算机系统集成、楼宇智能化工程相关工作的技术人员学习及参考。

未经许可,不得以任何方式复制或抄袭本书之部分或全部内容。
版权所有,侵权必究。

图书在版编目(CIP)数据

网络综合布线系统工程工作手册式:微课版 / 於晓兰,陈晴主编. —北京:电子工业出版社,2024.6

ISBN 978-7-121-48015-7

Ⅰ. ①网… Ⅱ. ①於… ②陈… Ⅲ. ①计算机网络-布线-高等学校-教材 Ⅳ. ①TP393.03

中国国家版本馆 CIP 数据核字(2024)第 111909 号

责任编辑:徐建军　　　　　　特约编辑:田学清
印　　刷:三河市君旺印务有限公司
装　　订:三河市君旺印务有限公司
出版发行:电子工业出版社
　　　　　北京市海淀区万寿路 173 信箱　　邮编:100036
开　　本:787×1092　1/16　印张:17.75　字数:455 千字
版　　次:2024 年 6 月第 1 版
印　　次:2024 年 6 月第 1 次印刷
印　　数:1 200 册　　定价:58.00 元

凡所购买电子工业出版社图书有缺损问题,请向购买书店调换。若书店售缺,请与本社发行部联系,联系及邮购电话:(010)88254888,88258888。

质量投诉请发邮件至 zlts@phei.com.cn,盗版侵权举报请发邮件至 dbqq@phei.com.cn。

本书咨询联系方式:(010)88254570,xujj@phei.com.cn。

前　言

本书紧紧围绕职业院校综合布线教学的要求，构建工学结合的行动导向知识体系，以国家标准《综合布线系统工程设计规范》（GB 50311—2016）和《综合布线系统工程验收规范》（GB/T 50312—2016）的要求为主线，融入了综合布线系统工程的新知识、新技术、新工艺、新标准，以实现课程内容与职业标准的对接、教学过程与生产过程的对接。

综合布线作为职业院校计算机网络专业和楼宇智能化工程专业的重要课程，在专业技能培养方面有关键性的作用。本书为适应结构化、模块化专业课程教学的要求，以真实的生产项目、典型的工作任务、案例等为载体组织教学单元，结合专业教学改革的实际，是一本深入浅出、图文并茂的工作手册式新形态教材。

本书从学生的认知过程和视角出发，介绍综合布线的概念、布线线缆及设备选型、设计方法、施工技术、测试内容和验收过程，并通过综合布线系统工程的典型案例将知识和技术进行贯通。

本书按照学生职业能力成长规律和学习认知规律选取教学内容，组织教学模块，融合了6S管理要求、职业素养要求和课程思政教学内容。本书注重对学生核心素养的培养，开展了成果导向和行动导向的教学设计，具有学习逻辑、行动逻辑、工作逻辑的教材结构和动态化考核标准，同时按照行业标准与规范要求，在任务实施过程中可提升学生的素养。

学习目标涵盖知识、技能、思政素养等方面的综合目标。

任务描述介绍了本任务的实施背景、任务内容，以及各子任务之间的逻辑关联。

任务引导以任务流程具体指出了任务规则和知识点，引导学生找出解决问题的思路。

知识链接描绘了任务中所覆盖的知识点、技能点，帮助学生从宏观角度梳理学习思路。

任务工单以完整的行动过程编制任务引导步骤，强调记录和反思，规范学生的工作方法。

任务实施用来规范操作步骤，通过任务完成技能训练，在实践应用中掌握知识，锻炼学生工作的条理化与逻辑思维。

任务评价以多项评价指标，对学生知识技能的掌握情况等进行评价，便于教师进行教学改进。

任务总结用来整合与凝练本任务的知识和技能，帮助学生进行深度学习。

本书由武汉职业技术学院人工智能学院（信创产业学院）的教师组织编写，由於晓兰、陈晴担任主编，由高曙光、程琼、袁森担任副主编。其中，模块1由袁森编写，模块2由程琼编写，模块3~模块5由於晓兰编写，模块6由高曙光编写，陈晴负责对本书课程的设计与素质课堂的编写。本书采用工作手册的编写形式，更新了综合布线标准的内容，采用任务工单等推进行动导向进行教学实施，同时添加了二维码，让学生能够通过微课教学更直观地掌握实训操作。素质课堂体现了立德树人和课程思政的核心地位，把德育融入了课堂教学、技能培养、实习实训等环节，培养学生精益求精的大国工匠精神，激发学生学习的兴趣。

本书在编写过程中参考了部分文献中的内容，谨在此向其作者致以衷心的感谢！

为了方便教师教学，本书配有电子教学课件，请有此需要的教师登录华信教育资源网（www.hxedu.com.cn）注册后免费下载。若有问题，可在网站留言板留言或与电子工业出版社（E-mail：hxedu@phei.com.cn）联系。

虽然我们精心组织、认真编写，但由于编者水平有限，不足之处在所难免，恳请广大读者朋友们给予批评和指正。

编　者

目 录

模块1 认识综合布线系统 ... 1

任务 综合布线系统 ... 1

    1.1.1 综合布线系统工程概述 ... 2

    1.1.2 综合布线系统的标准 ... 11

    1.1.3 综合布线系统的设计等级 ... 14

    1.1.4 综合布线系统的发展 ... 16

    1.1.5 综合布线系统的基本构成 ... 17

素质课堂 ... 21

思考与练习 ... 22

模块2 网络布线线缆及设备选型 ... 23

任务1 双绞线及其传输特性 ... 24

    2.1.1 双绞线及其结构 ... 24

    2.1.2 双绞线的分类 ... 25

    2.1.3 双绞线的性能指标 ... 25

    2.1.4 双绞线的选用 ... 27

    2.1.5 双绞线的连接器 ... 28

任务2 同轴电缆及其传输特性 ... 35

    2.2.1 同轴电缆的结构 ... 35

    2.2.2 同轴电缆的分类 ... 35

    2.2.3 同轴电缆的性能指标 ... 36

    2.2.4 同轴电缆的选用 ... 37

    2.2.5 同轴电缆连接器 ... 37

任务3 光纤及其传输特性 ... 40

    2.3.1 光纤及其结构 ... 41

    2.3.2 光纤的分类 ... 42

    2.3.3 光纤的连接方式 ... 43

    2.3.4 光纤的特性 ... 43

    2.3.5 光纤的性能指标 ... 45

    2.3.6 光纤通信系统及其基本结构 ... 45

2.3.7　光纤的选用 46
　　2.3.8　光纤连接器 48
任务 4　布线常用设备 55
　　2.4.1　信息插座 56
　　2.4.2　配线架 59
　　2.4.3　管材和桥架 63
　　2.4.4　电缆支撑硬件 65
　　2.4.5　机柜 66
　　2.4.6　常用压接工具 67
素质课堂 69
思考与练习 70

模块 3　综合布线系统设计

任务 1　工作区的设计 73
　　3.1.1　工作区的设计要点 74
　　3.1.2　布线方案的选择 75
　　3.1.3　布线材料及设备的选择 76
　　3.1.4　工作区的设计实例 77
任务 2　配线子系统的设计 82
　　3.2.1　配线子系统的设计规范 83
　　3.2.2　配线子系统的布线材料 85
　　3.2.3　配线子系统的布线方案 86
任务 3　干线子系统的设计 94
　　3.3.1　干线子系统的设计要点 95
　　3.3.2　干线子系统的布线材料 97
　　3.3.3　干线子系统的布线方法 98
　　3.3.4　干线子系统缆线容量的计算方法 99
任务 4　电信间的设计 102
　　3.4.1　电信间的设计要点 102
　　3.4.2　电信间的设计步骤 103
任务 5　设备间的设计 107
　　3.5.1　机房网络综合布线标准及规范 107
　　3.5.2　设备间的设计要点 109
　　3.5.3　设备间的设计步骤 110
任务 6　进线间和建筑群子系统的设计 116
　　3.6.1　进线间的设计要点 117
　　3.6.2　建筑群子系统的设计规范 118
　　3.6.3　建筑群子系统的设计步骤 119

  3.6.4 建筑群子系统的布线方案 121
  3.6.5 建筑群子系统的安全防护 124
 素质课堂 128
 思考与练习 129

模块 4 综合布线系统安装 131

 任务 1 工作区的安装 131
  4.1.1 信息插座底盒和模块的安装标准 132
  4.1.2 信息点的安装位置 132
  4.1.3 网络信息点插座底盒的安装 133
  4.1.4 网络模块的安装 134
 任务 2 配线子系统的安装 139
  4.2.1 线管的敷设 140
  4.2.2 线槽的敷设 142
  4.2.3 桥架的安装 143
  4.2.4 双绞线线缆的布放 145
 任务 3 干线子系统的安装 152
  4.3.1 竖井通道线缆的敷设 152
  4.3.2 光缆的布放 154
 任务 4 电信间的安装 160
  4.4.1 电信间的安装工艺 161
  4.4.2 机柜安装 162
  4.4.3 设备安装 165
 任务 5 设备间的安装 171
  4.5.1 施工前的检查 171
  4.5.2 设备间机柜的安装 172
  4.5.3 设备间线缆的敷设 173
  4.5.4 高架防静电地板的安装工艺 173
 任务 6 进线间和建筑群子系统的安装 176
  4.6.1 进线间的安装工艺 177
  4.6.2 建筑群子系统线缆的敷设 178
  4.6.3 建筑群子系统的光缆施工 182
 素质课堂 188
 思考与练习 189

模块 5 综合布线系统测试与工程验收 191

 任务 1 双绞线传输测试 191
  5.1.1 线缆传输的验证测试 192

5.1.2　线缆传输的认证测试 194
　任务 2　光纤传输测试 203
　　　5.2.1　光纤传输测试参数 203
　　　5.2.2　光纤链路测试 205
　任务 3　综合布线系统工程验收 212
　　　5.3.1　工程验收规范 212
　　　5.3.2　工程验收阶段 213
　　　5.3.3　工程验收内容 213
　任务 4　工程文件验收 221
　　　5.4.1　工程文件技术要求 221
　　　5.4.2　工程竣工技术文件 221
　　　5.4.3　工程鉴定技术文件 222
　素质课堂 230
　思考与练习 231

模块 6　综合布线系统工程案例设计与实现 233

　任务 1　企业办公楼网络布线工程设计与实现 233
　　　6.1.1　企业办公楼网络布线的需求分析 234
　　　6.1.2　企业办公楼网络布线的设计 235
　　　6.1.3　企业办公楼网络布线的施工 243
　　　6.1.4　企业办公楼网络布线的调试及验收 247
　任务 2　数字校园网络布线设计与实现 254
　　　6.2.1　数字校园网络布线的需求分析 255
　　　6.2.2　数字校园网络布线的工程设计 257
　　　6.2.3　数字校园网络布线的施工及测试 262
　素质课堂 273
　思考与练习 274

模块 1

认识综合布线系统

素养目标

- 具有严谨和精益求精的科学态度。
- 具有良好的团队合作精神及语言沟通能力。
- 具有热爱科学、实事求是的学风和创新意识、创新精神。

知识目标

- 熟知综合布线系统的概念，了解综合布线系统的发展。
- 熟知标准的含义，了解综合布线国内标准规范及国际标准规范。
- 熟悉智能建筑的含义，熟知各子系统与综合布线系统之间的关系。
- 掌握综合布线系统的组成。
- 掌握综合布线系统的设计等级划分。
- 掌握综合布线系统子系统的基本知识。

技能目标

- 能认识综合布线系统中的相关设备。
- 能认识综合布线系统的基本结构。
- 能说出各综合布线子系统之间的关系。
- 能结合智能建筑的实际需求和功能，识别不同智能建筑中的综合布线系统。

任务 综合布线系统

学习目标

- 掌握综合布线系统的概念。
- 熟悉综合布线系统的标准规范。
- 掌握综合布线系统的设计等级。

- 了解综合布线系统的行业发展和技术发展情况。
- 掌握综合布线系统的识别方法。

任务描述

通过参观学习某个已经完成综合布线系统工程的实训基地，学生应能正确掌握综合布线系统所采用的各类设备的名称及各综合布线子系统所选用的介质的类型、规格，正确掌握综合布线系统的设计等级，并能画出综合布线系统的拓扑结构。

任务引导

综合布线系统是为了满足现代化智能建筑的发展需求而设计的一套系统。对于初学者来说，首先需要了解的是综合布线系统的概念和特点，以及综合布线系统的组成、标准和设计等级。

知识链接

1.1.1 综合布线系统工程概述

1. 综合布线系统的起源

综合布线系统是智能建筑的重要组成部分，它的质量直接决定了整个智能系统的性能。综合布线系统随着智能建筑的兴起而不断发展。

1）智能建筑的兴起

智能建筑（或称智能大厦，Intelligent Building，IB）是信息时代的必然产物，是计算机技术、通信技术、控制技术与建筑技术密切结合的结晶。随着全球社会信息化与经济国际化的深入发展，智能建筑已成为各国综合经济实力的具体象征，也是各大跨国集团公司国际竞争实力的形象标志。目前，国内外都在加速建设"信息高速公路"（Information Super Highway），智能建筑是"信息高速公路"的主节点。因此，各国政府、各跨国公司都在竞相实现其办公大楼的智能化。

智能建筑功能设计的核心是系统集成设计。智能建筑内信息通信网络的实现，是智能建筑系统中系统集成的关键。

智能建筑起源于美国。当时，美国的跨国公司为了提高国际竞争能力和应变能力，适应信息时代的要求，纷纷以高科技装备大楼（Hi-Tech Building），如美国国家安全局办公楼和"五角大楼"，对办公和研究环境进行积极的创新和改进，以提高工作效率。1984年1月，美国联合技术公司（UTC）在美国康涅狄格州（Connecticut）哈特福德（Hartford）市，将一幢旧金融大厦进行改建。改建后的大厦称为都市大厦（City Palace Building），它的建成可以说完成了对传统建筑与新兴信息技术相结合的尝试。大厦内主要增添了计算机、数字程控交换机等先进的办公设备及高速通信线路等基础设施。大厦的客户不必购置设备便可进行语音通信、文字处理、电子邮件传递、市场行情查询、情报资料检索、科学计算等服务。此外，大厦内的暖通、给排水、消防、保安、供配电、照明、交通等系统均由计算机控制，实现了自动化综合管理，使用户感到更加舒适、方便和安全，引起了世人的关注，从而第一次出现了"智能建筑"这一名称。

随后，智能建筑蓬勃兴起。其中，以美国、日本兴建智能建筑较多；在法国、瑞典、英国、泰国、新加坡等国家及中国香港和中国台湾等地区也方兴未艾，出现了在世界建筑业中智能建筑一枝独秀的局面。在步入信息社会和国内外正加速建设"信息高速公路"的今天，智能建筑越来越受到中国政府和企业的重视。智能建筑已成为一个迅速成长的重要产业。这些年，国内建造的很多大厦都成为名副其实的智能建筑，如北京的京广中心、中华大厦，上海的博物馆、金茂大厦、浦东上海证券交易大厦，广东的国际大厦，深圳的深房广场等。

2）智能建筑的概念及特征

智能建筑的发展历史较短，有关智能建筑的描述很多，目前尚无统一概念。本节主要介绍美国智能建筑学会（American Intelligent Building Institute，AIBI）对智能建筑的定义：智能建筑是将结构、系统、服务、管理进行优化组合，以获得高效率、高功能与高舒适性的大楼，从而为人们提供高效和具有经济效益的工作环境。

鉴于智能建筑的多学科交叉、多技术系统综合集成的特点，下面的定义也许更全面、更清楚：智能建筑是指利用系统集成方法，将计算机技术、通信技术、控制技术与建筑艺术有机结合，通过对设备的自动监控，对信息资源的管理和对使用者的信息服务及其与建筑的优化组合，所获得的投资合理、适应信息社会要求，并且具有安全、高效、舒适、便利和灵活特点的建筑物。

根据上述定义可知，智能建筑是多学科、跨行业的系统工程。它是现代高新技术的结晶，是建筑艺术与信息技术结合的产物。随着微电子技术的不断发展，通信、计算机的应用普及，建筑物内的所有公共设施都可以采用"智能"系统来提高其服务能力。

智能建筑是社会信息化和经济国际化的必然产物，是多学科、高新技术的有机集成。

智能系统所用的主要设备通常放在智能建筑内的系统集成中心（System Integrated Center，SIC）中。它通过对建筑进行综合布线（Generic Cabling，GC）与各种终端设备，如通信终端（电话机、传真机）和传感器（烟雾、压力、温度、湿度等传感器）连接，"感知"建筑内各个空间的"信息"，先通过计算机进行处理，再通过通信终端或控制终端（如步进电机、各种阀门、电子锁、开关）做出相应的反应，使建筑具有某种"智能"。试想一下，如果建筑的使用者和管理者可以对建筑的供配电、空调、给排水、照明、消防、保安、交通、数据通信等全套设施实施按需服务控制，那么建筑的管理和使用效率将大大提高，而能耗的开销也会降低，这样的建筑又有谁不喜欢？

智能建筑通常具有四大主要特征，即建筑物自动化（Building Automation，BA）、通信自动化（Communication Automation，CA）、办公自动化（Office Automation，OA）和布线综合化。前"三化"就是所谓的"3A"。目前有的房地产开发商为了更突出某项功能，还提出了防火自动化（Fire Automation，FA），以及把建筑物内的各个系统综合起来管理，形成管理自动化（Maintenance Automation，MA）。加上FA和MA，便成为"5A"。但国际上，通常定义BA系统包括FA系统，而OA系统包括MA系统。智能建筑结构示意图如图1.1所示。

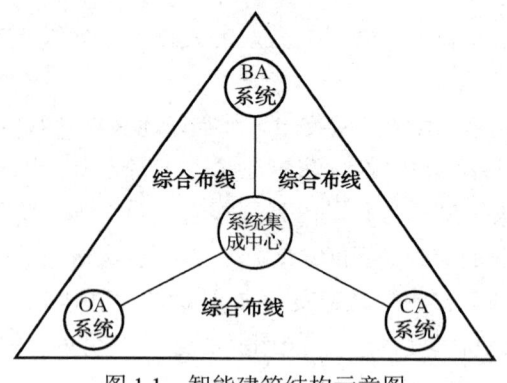

图1.1 智能建筑结构示意图

由图 1.1 可知，智能建筑是由智能建筑环境内的系统集成中心利用综合布线连接并控制"3A"系统的。

3）智能建筑的组成和功能

在智能建筑环境内体现智能功能的主要有系统集成中心、综合布线和"3A"系统共五部分。其中，智能建筑的系统组成和功能示意图如图 1.2 所示。

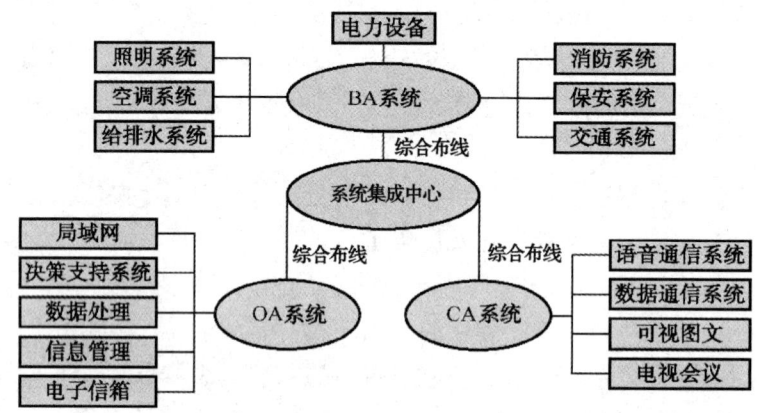

图1.2 智能建筑的系统组成和功能示意图

（1）系统集成中心。系统集成中心应具有各个智能系统信息汇集和各类信息综合管理的功能，并具有对建筑物内的信息进行实时处理及信息通信的能力。

（2）综合布线。综合布线是由线缆及相关连接硬件组成的信息传输通道，它是智能建筑连接"3A"系统各类信息必备的基础设施（Infrastructure）。它采用积木式结构、模块化设计、统一的技术标准以满足智能建筑信息传输的要求。

（3）OA 系统。OA 系统把计算机技术、通信技术、系统科学及行为科学，应用于传统的数据处理技术所难以处理的、数量庞大且结构不明确的业务中。OA 系统主要包括电子数据处理、管理信息系统、决策支持系统。

电子数据处理（Electronic Data Processing，EDP）。处理办公中大量烦琐的事务性工作，如发送通知、打印文件、汇总表格、组织会议等。将上述工作交给机器来完成，以达到提高工作效率、节省人力的目的。

管理信息系统（Management Information System，MIS）。对信息流的控制管理是每个部门最本质的工作之一。OA 系统是管理信息的最佳手段，它能把各项独立的事务处理通过信息交换和资源共享联系起来，以获得准确、快捷、及时、优质的功效。

决策支持系统（Decision Support System，DSS）。决策是根据预定目标做出的行动决定，是高层次的管理工作。决策包括提出问题、搜集资料、拟订方案、分析评价、最后选定等一系列的活动。

OA 系统能自动地分析、采集信息，提供各种优化方案，辅助决策者做出正确、迅速的决定。

（4）CA 系统。CA 系统能高速进行智能建筑内各种图像、文字、语音及数据之间的通信。它同时与外部通信网相连，以便交流信息。CA 系统可分为语音通信系统、图文通信系统及数据通信系统 3 个子系统。

语音通信系统可以为用户提供预约呼叫、等待呼叫、自动重拨、快速拨号、转移呼叫、直接拨入、接收和传递信息用小屏幕显示、用户账单报告、屋顶远程端口卫星通信、语音信箱等上百种不同特色的通信服务。

在当今智能建筑中，图文通信系统可实现传真通信、可视数据检索等图像通信、文字邮件、电视会议通信业务等。数字传送和分组交换技术的发展，以及采用大容量高速数字专用通信线路实现多种通信方式，使根据需要选定经济而高效的通信线路成为可能。

数据通信系统可供用户建立计算机网络，以连接其办公区内的计算机及其他外部设备来完成电子数据交换业务。多功能自动交换系统还可使不同用户的计算机之间进行通信。

通信传输线路既可以是有线线路，又可以是无线线路。在无线传输线路中，除微波、红外线外，主要利用通信卫星进行传输。

（5）BA 系统。BA 系统以中央计算机为核心，对建筑物内的设备运行状况进行实时控制和管理。按设备的功能、作用及管理模式，该系统可分为以下子系统。

- 火灾报警与消防联动控制系统。
- 空调及通风监控系统。
- 供配电及备用应急电站监控系统。
- 照明监控系统。
- 保安监控系统。
- 给排水监控系统。
- 交通监控系统。

其中，交通监控系统包括电梯监控系统和停车场自动监控管理系统；保安监控系统包括紧急广播系统和巡更对讲系统。

BA 系统日夜不停地对建筑物内的各种机电设备的运行情况进行监控，采集各种机电设备的现场资料，自动加以处理，并按预置程序和随机指令进行控制。这样既可节约能源，提高经济效益，又可确保建筑物内各种机电设备的运行安全。

4）智能建筑与综合布线的关系

土木建筑，百年大计，一次性投资很大。目前，全面实现建筑智能化是有难度的。然而，我们又不能等到资金全部到位再去开工建设，因为这样会使我们失去机遇。对于每个跨世纪的高层建筑来说，一旦条件成熟，改造升级为智能建筑也是不容置疑的。这些可能是目前高层建筑普遍存在的一个突出矛盾。如何实现当前和未来的统一？综合布线是解决这一矛盾的最佳途径之一。

综合布线系统只是智能建筑的一部分，它犹如智能建筑中的一条"信息高速公路"。我们可以统一规划、统一设计，在建筑物建设阶段对整个建筑物投资 3%～5%的资金，将连接线缆综合布在建筑物内。至于楼内安装或增设哪些应用系统，如模拟式或数字式的公共系统，完全可以根据时间和需要来决定。只要有了综合布线系统这条"信息高速公路"，想跑什么"车"，想增设哪些应用系统，就会变得非常简单。尤其是兴建跨世纪的高大楼群，如何与时代同步，如何能适应科技发展的需要，却又不增加过多的投资，目前看来综合布线系统是较佳选择。否则，不仅会给高层建筑将来的发展带来很多后遗症，而且一旦打算向智能建筑靠拢，就要花费更多的投资，这是非常不合理的。

2. 综合布线系统工程概述

综合布线系统是在计算机技术和通信技术发展的基础上进一步适应社会信息化的需要，也是办公、安防自动化进一步发展的结果。综合布线系统涉及 BA 系统、CA 系统、OA 系统和计算机网络系统等，是跨学科、跨行业的系统工程。

1）综合布线系统的概念

综合布线系统是一种标准通用的信息传输系统，通常对建筑物内各种系统（如网络系统、电话系统、报警系统、电源系统、照明系统和监控系统）所需的传输线路统一进行编制、布置和连接，形成完整、统一、高效、兼容的建筑物布线系统。

综合布线系统是一个模块化的、灵活性极高的建筑物内或建筑群之间的信息传输通道。它既能使语音、数据、图像设备和交换设备与其他信息管理系统相连接，又能使这些设备与外部通信网相连接。它包括建筑物外部网络或电信线路的连线点与应用系统设备之间的所有线缆及相关的连接部件。综合布线系统由不同系列和规格的部件组成。这些部件可用来构建各种子系统，它们都有各自的具体用途，不仅易于实施，而且能随变化而平稳升级。

2）综合布线系统的构成

综合布线系统主要由传输介质、线路管理硬件、连接器、插座、插头、适配器、传输电子线路、电器保护设施等部件组成，并由这些部件来构造各种子系统。一个理想的综合布线系统不仅能支持语音应用、数据传输、影像影视，而且最终能支持综合型的应用。

综合布线系统是开放式星形拓扑结构。该结构下的每个分支子系统都是相对独立的单元，对每个分支子系统的改动不会影响其他子系统。另外，只要改变节点的连接方式，就可使综合布线系统在星形、总线型、环形、树形等结构之间进行转换。

按照 GB 50311—2016，综合布线系统的基本构成包括建筑群子系统、干线子系统和配线子系统，如图 1.3 所示。配线子系统中可以设置集合点（CP），也可以不设置集合点。

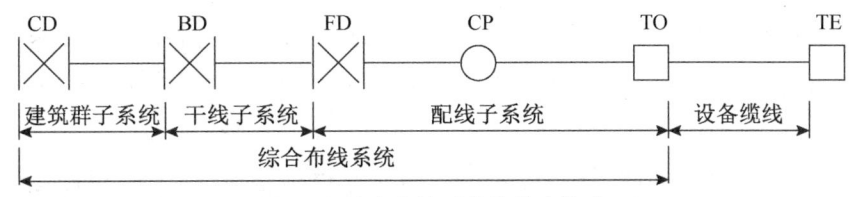

图 1.3 综合布线系统的基本构成

在综合布线各子系统中，建筑物内楼层配线设备（FD）之间、不同建筑物的建筑物配线设备（BD）之间可建立直达路由。工作区信息插座（TO）可不经过楼层配线设备直接与建筑物配线设备连接，楼层配线设备也可不经过建筑物配线设备直接与建筑群配线设备（CD）连接。

综合布线系统的入口设施能连接外部网络和其他建筑物的引入缆线，通过缆线与建筑物配线设备或建筑群配线设备互连。对设置了设备间的建筑物，设备间所在楼层的配线设备可以和设备间中的建筑物配线设备或建筑群配线设备及入口设施安装在同一个场地内。

在综合布线系统典型应用中，配线子系统信道应由 4 对对绞电缆和电缆连接器件构成，干线子系统信道和建筑群子系统信道应由光缆和光连接器件组成。其中，建筑物内的楼层配线设备和建筑群配线设备处的配线模块和网络设备之间可采用互连或交叉的连接方式，建筑物配线设备处的光纤配线模块可仅与光纤进行互连。

3）综合布线系统的特点

综合布线系统与传统布线系统相比，有许多优越性，是传统布线系统所无法企及的。其特点主要表现为兼容性、开放性、灵活性、可靠性、先进性和经济性。而且，在设计、施工和维护方面，综合布线系统也给人们带来了许多便利。

（1）兼容性。综合布线系统的首要特点是其兼容性。所谓兼容性，是指它自身是完全独立的，而与应用系统无关，可以适用多种应用系统。

过去，为一幢大楼或一个建筑群内的语音或数据线路布线时，往往采取不同厂家生产的电缆线、配线插座、接头等。例如，用户交换机通常采用双绞线，计算机系统通常采用粗同轴电缆或细同轴电缆。这些不同的设备使用不同的配线，而连接这些不同配线的接头、插座及端子板也各不相同，彼此互不相容。一旦用户需要改变终端机或电话机的位置，就必须敷设新的缆线，以及安装新的配线插座和接头。

综合布线系统将语音、数据与监控设备的信号线经过统一的规划和设计，采用相同的传输介质、信息插座、互连设备、适配器等，把这些不同信号综合到一套标准的布线系统中。由此可见，综合布线系统与传统布线系统相比，更为简化，这样可节约大量的物资、时间和空间。

在使用时，用户可不用定义某个工作区的信息插座的具体应用，只需先把某个终端设备（如个人计算机、电话、视频设备）插入这个信息插座，然后在电信间和设备间的互连设备上做相应的接线操作，这个终端设备就能被接入各自的系统中。

（2）开放性。对于传统布线系统而言，只要用户选定了某种设备，也就选定了与之相适应的布线方式和传输介质。如果用户想更换另一台设备，那么原来的线就要全部更换。可以想象，对于一个已经完工的建筑物来说，这种更换是十分困难的，要增加很多投资。

由于综合布线系统采用开放式体系结构，符合多种国际上的现行标准，因此它几乎对所有著名厂商的产品都是开放的，如计算机设备、交换机设备等；并且支持所有通信协议，如ISO/IEC 8802-3 等。

（3）灵活性。由于传统布线系统是封闭的，其体系结构是固定的，所以迁移设备或增加设备是相当困难而麻烦的，甚至是不可能的。

综合布线系统采用标准的传输线缆和相关连接硬件，以及模块化设计，因此所有通道都是通用的。每条通道可支持终端、以太网工作站及令牌环工作站（采用 5 类连接方案，可支持以太网及 ATM 等）。所有设备的开通及更改均不需改变布线，只需增减相应的应用设备及在配线架上进行必要的跳线管理即可。另外，组网也可灵活多样，甚至在同一个房间的多用户终端、以太网工作站、令牌环工作站可以并存，为用户组织信息流提供了必要条件。

（4）可靠性。由于传统布线系统的各个应用系统互不兼容，因此在一个建筑物中往往有多种布线方案。因此，建筑系统的可靠性要由所选用的布线可靠性来保证，当各应用系统布线不当时，会造成交叉干扰。

综合布线系统采用高品质的材料和组合压接的方式构成了一套高标准的信息传输通道。所有线缆和相关连接硬件均要通过 ISO 认证，每条通道都采用专用仪器测试链路阻抗及衰减率，以保证其电气性能。其布线全部采用点到点端接，任何一条链路故障均不影响其他链路的运行，这就为链路的运行维护及故障检修提供了方便，从而保障了应用系统的可靠运行。由于各应用系统采用相同的传输介质，因此可互为备用，提高了备用冗余。

（5）先进性。综合布线系统采用光纤与双绞线混合的布线方式，极为合理地构成了一套完整的布线系统。所有布线均采用世界上较新的通信标准，链路均按 8 芯双绞线配置。五类双绞线带宽可达 100MHz，六类双绞线带宽可达 250MHz。对于特殊用户的需求，可把光纤引到桌面（Fiber To the Desk），干线语音部分用电缆，数据部分用光缆，为同时传输多路实时多媒体信息提供足够的容量。

（6）经济性。通过上面的讨论可知，综合布线系统较好地解决了传统布线系统存在的许多问题。随着科学技术的迅猛发展，人们对信息资源共享的要求越来越迫切，尤其是以电话业务为主的通信网，逐渐向综合业务数字网（ISDN）过渡，人们越来越重视能够同时提供语音、数据和视频传输的集成通信网。因此，综合布线系统取代单一、昂贵、繁杂的传统布线系统是信息时代的要求，是历史发展的必然趋势。

4）综合布线系统的适用范围

综合布线系统采用模块化设计和分层星形拓扑结构，它能适应任何建筑物的布线，只要建筑物的跨距不超过 3 000m，面积不超过 1 000 000m²。综合布线系统就可以支持语音、数据和视频等各种应用。综合布线系统按应用场合划分，除建筑与建筑群布线系统（PDS）外，还有两种先进的系统，即智能大楼布线系统（IBS）和工业布线系统（IDS）。它们的原理和设计方法基本相同，差别是 PDS 以商务环境和 OA 环境为主，IBS 以大楼环境控制和管理为主，IDS 则以传输各类特殊信息和适应快速变化的工业通信为主。

5）综合布线系统的产品及选型原则

选择良好的综合布线产品并进行科学的设计和精心的施工是智能化建筑的"百年大计"。

就中国目前的情况来看，生产的综合布线产品尚不能满足要求，因此还需要进口综合布线产品。由于美国朗讯科技（原 AT&T）公司进入中国市场较早，且产品齐全、性能良好，因此在中国市场占有率较高。此外，法国阿尔卡特综合布线既采用屏蔽技术，又采用非屏蔽技术，在中国应用前景也比较广阔。

目前，中国广泛采用的综合布线产品还有美国西蒙（SIEMON）公司推出的 SCS（SIEMON Ca-bling）、加拿大北方电讯（Northern Telecom）公司推出的 IBDN（Integrated Building Distribution Network）、德国克罗内（KRONE）公司推出的 KISS（KRONE Integrated Structured Solutions），以及美国安普（AMP）公司推出的开放式布线系统（Open Wiring System）。它们都有自己相应的产品设计指南、验收方法及质量保证体系。在众多产品当中，大多数产品的外形尺寸基本相同，但电气性能、机械特性差异较大，常被人们忽视。因此，在选用产品时，要选用具有研究、制造和销售能力，并且符合国际标准的专业厂家的产品，不可选用多家产品；否则，在通道性能方面达不到要求，会影响综合布线系统的整体质量。

因为综合布线系统是为统一形形色色弱电布线的不一致、不灵活而创立的，所以如果在综合布线系统中再出现机械性能和电气性能不一致的多家产品，就会与综合布线系统的初衷背道而驰。因此，选择一致性的、高性能的布线材料是实施综合布线系统的重要一环。美国朗讯科技公司由贝尔实验室提供技术支持，综合布线产品性能一直比较稳定，可优先选择它。

产品选型的原则如下。

（1）产品选型必须与工程实际相结合。应根据智能化建筑和智能化小区的主体性质、所处地位、使用功能和客观环境等特点，从工程实际和用户信息需求方面考虑，选用合适的产品（包括各种线缆和连接硬件）。

（2）选用的产品应符合中国国情和有关技术标准（包括国际标准、中国国家标准和行业标准）。

（3）近期和远期相结合。根据近期信息业务和网络结构的需要，适当考虑今后信息业务种类和数量增加的可能性，预留一定的发展余地。但在考虑近期与远期结合时，不应强求一步到位，贪大求全，要按照信息特点和客观需要，结合工程实际，遵循统筹兼顾、因时制宜、逐步到位、分期形成的原则。在具体实施中，还要考虑综合布线产品尚在不断完善和提高，应注意科学技术的发展和符合当时的标准规定，不宜完全以厂商允诺保证的产品质量期限来决定是否选用其产品。

（4）技术先进和经济合理相统一。目前，中国已有符合国际标准的通信行业标准，对综合布线产品的技术性能应以系统指标来衡量。在产品选型时，所选设备和器材的技术性能指标一般要高于系统指标，这样在工程竣工后才能保证其能满足全系统的技术性能指标。但选用综合布线产品的技术性能指标也不宜过高，否则将增加工程成本。

6）综合布线系统的工程质量

要将一个优化的综合布线设计方案最终在智能建筑中完美实现，工程组织和工程实施是一个十分重要的环节。根据我们多年的经验,应该注意以下几点。

（1）科学设计、精心组织施工、规范化管理。所谓"管理",是保证材料品质、设计和安装工艺有一整套严格的管理制度。有些公司为了推销产品,不管公司状况如何,就代理各种业务。综合布线系统是综合多项技术的工程,实施工程后要保证满足用户在一定时期内不断扩展业务的需求,绝不允许掺"假"和粗制滥造行为的发生。

（2）选择技术实力雄厚、工程经验丰富的公司来施工。一般正规的综合布线公司应有一整套严格的分销代理程序。一个系统集成商,必须具有经验丰富的设计工程师和安装工程师,并有齐备的各种测试仪器及测试规程,这样才能为用户进行工程设计、安装和测试。

在中国,综合布线业务推广已有几年的时间,一般在当地都有相关的综合布线产品代理和系统集成商。用户完全可以先了解当地系统集成商的合法性和技术实力,再选择能满足自己需求及今后便于维护的系统集成商。当然,真正重要的是,必须对系统集成商进行实力考察。

（3）较关键的一点是用户必须真正从实际需求出发,首先对自己的综合性业务有一定的了解,根据自己的财力再委托专业公司进行规划设计和推敲,以防止竣工后实际功能不够使用或设计标准过高造成若干年后还用不完其功能的情况出现。

当然,一般新大楼都由一个筹建处来管理,但真正的应用需求应征求本单位有关业务部门的意见,或聘请有经验的专家进行咨询。目前有些单位为避免鱼目混珠,已开始委托专业招标公司来完成全过程,这不失为一种好的尝试。

7）综合布线设计要领

（1）总体规划。一般来说,国际通信技术标准是随着科学技术的发展逐步修订完善的。综合布线也是随着新技术的发展和新产品的问世逐步完善而趋向成熟的。在设计智能建筑的综合布线期间,提出并研究近期和长远的需求是非常必要的。目前,国际上各种综合布线产品都只提出了多少年质量保证体系,并没有提出多少年投资保证体系。为了保护建筑物投资者的利益,我们应遵循"总体规划,分步实施,水平布线尽量到位"的设计原则。干线大多数都设置在建筑物弱电间,更换或扩充比较省事。水平布线设置在建筑物的吊顶内、天花板或管道里,施工费比初始投资的材料费要高。如果更换水平布线,则会损坏建筑物结构,影响整体美观。因此,我们在设计水平布线时,要尽量选用档次较高的线缆及相关连接硬件(如选用100Mbit/s的双绞线),以缩短布线周期。

但是也要强调,在设计综合布线时,一定要从实际出发,不可脱离实际,盲目追求过高的标准,从而造成浪费。因为科学技术日新月异,我们很难预料今后科学技术发展的水平。不过,只要管道、线槽设计合理,更换线缆就比较容易。

（2）系统设计。综合布线是智能建筑业中的一项新兴产业,它不完全是建筑工程中的"弱电"工程。智能建筑是由智能建筑环境内的系统集成中心利用综合布线连接和控制"3A"系统的,因此综合布线设计是否合理,将直接影响"3A"系统的功能。

设计一个合理的综合布线系统一般有以下几个步骤。

- 分析用户需求。
- 获取建筑物平面图,并获得建筑物的成套建筑方案。
- 系统结构设计。

- 可行性论证。
- 绘制综合布线施工图。

（3）综合管理。通过上述探讨可知，一个设计合理的综合布线系统能把智能建筑内、外的所有设备互连起来。为了充分而又合理地利用这些线缆及相关连接硬件，我们可以将综合布线的设计、施工、测试及验收资料采用数据库技术进行管理。从一开始就应当全面利用计算机辅助建筑设计（CAAD）技术对建筑物进行需求分析、系统结构设计、布线路由设计，以及线缆和相关连接硬件的参数、位置编码等一系列的数据登录入库，使配线管理成为建筑集成化总管理数据库系统的一个子系统。同时，让本单位的技术人员去组织并参与综合布线系统的规划、设计及验收，这对今后管理、维护综合布线系统将大有用处。

1.1.2 综合布线系统的标准

综合布线系统是一个复杂的系统，它包括各种线缆、接插件、转接设备、适配器、检测设备及各种施工工具等，以及多项技术实现手段，所以实施时需要统筹考虑。

生产相关布线设备的厂家很多，各家产品有不同的特色和不同的设计思想与理念。要想让各家产品互相兼容，使综合布线系统更加开放、方便使用和管理、集成度更高，就必须制定一系列相关的标准，以及规范综合布线系统设计、实施、测试和服务等环节，规范各种线缆、接插件、转接设备、适配器、检测设备及各种施工工具等。

1. 标准介绍

智能建筑业已逐步发展成一种产业，如同计算机一样，也必须有大家共同遵守的标准或规范。国外的布线标准主要有 ISO/IEC 国际标准、欧洲的 EN 系列标准、北美的 TIA 系列标准。

除了比较完整的系统标准，还要不断地根据技术、产品、市场应用的发展与需要随时制定相关的技术草案，因此标准的内容是相当丰富的。国外标准化组织的成员大多为厂商代表，具有对标准技术条款的表决权。而且从标准的体系来看，国外布线标准比较规范与系列化。但是国外布线标准的条款技术要求往往较高，如果直接在布线工程中加以应用，则会变得难以操作，同时工程投资也会加大。所以，中国对国外的布线标准应该秉持原则引用，具体应根据相关国家标准的要求与工程实际情况制定技术要求，这样才比较符合国情。目前，国内的布线标准基本上都是先对国外的布线标准内容进行判断再消化、吸收，并加以等同采用。如果从工程角度出发，结合国内的实际情况，则偏重应用技术。

在中国，目前数据中心布线工程建设主要还是引用北美的 TIA—942 标准内容，引入的相关条款的技术要求主要体现在《数据中心设计规范》（GB 50174—2017）的相关章节中。该规范以机房建筑结构、装修、电气、空调、环境等方面的设计技术要求为主，机房布线的内容在整个标准的文本上自然就不能占用太多篇幅。因此，标准无法系统地将机房布线作为比较完整的、可操作的内容进行编制，这是标准不足的一个方面。在机房布线工程中，由于对机房布线标准的了解缺失，大家往往仍然按照楼宇布线的思路去进行规划与设计，将机房布线工程做得不伦不类，更谈不上对机房布线工程进行指标参数的测试，也就无法保障工程的质量及适应远期业务发展的需要。

在数据中心综合布线标准方面，国内大多数厂商采用国外标准 TIA—942。在国内制定的行业标准，如《数据中心设计规范》（GB 50174—2017）标准中，数据中心综合布线内容较简单，只表示了计算机机房内的布线系统构成。

GB 50174标准对机房主配线设备、水平配线区的交叉配线设备及配线区的信息插座或区域配线区的集合点配线设备在配置上提出了要求。它要求主机房按照A级、B级、C级数据中心确定信息点的数量，支持空间各个区域的信息插座数量可根据各自空间的功能和应用特点确定。但这些条款的内容过于笼统、简单，根本无法支持数据中心综合布线系统的规划与设计。即使对GB 50174标准进行了修订，但有关布线的内容少之又少，也不能形成一个完整的体系，这是一个行业的缺憾。

面对数据中心综合布线标准，国内综合布线和数据中心领域的技术专家始终紧盯各大国际标准化组织的规范进展和技术方向，并结合中国的实际情况，为高速发展中的数据中心建设提供技术与应用方面的有力支持。

（1）综合布线领域推出了以下白皮书：《数据中心布线系统设计与施工技术白皮书》《万兆铜缆系统工程设计、施工与检测技术白皮书》《智能布线系统设计与安装技术白皮书》《数据中心光纤布线系统应用技术白皮书》。这些都为中国数据中心综合布线市场的规范化发展和技术革新提供了及时指导。白皮书引用了国内、外数据中心相关标准的内容，从工程建设的需要出发，着重针对数据中心综合布线系统的构成和拓扑结构、产品选择、系统配置、设计步骤、施工程序、安装工艺及传输性能测试等各方面进行全方位的解读。

全国信息技术标准化技术委员会进行了《数据中心综合布线系统技术标准》的立项与编制工作。该规范应该是《数据中心布线系统设计与施工技术白皮书》（ISO/IEC 11801-5:2017）的等同引入与采用，但它不能完全满足国内数据中心综合布线系统工程建设的需要。不过，将它的新内容引入综合布线行业，可以为相关国家标准的编制提供新的设计理念，如将它与《数据中心布线系统工程应用技术白皮书》结合起来推向市场，会对综合布线领域产生积极的作用，可以填补现有标准中的不足，指导数据中心综合布线系统工程建设的规划、设计、施工、验收工作的顺利进行。

结构化综合布线的通用标准（ISO/IEC 11801-3:2017）颁布后，国内应该有针对性地引入、消化、吸收、转化这些标准，编制内容等同引用的国家标准，并为中国的综合布线企业争取参加国外标准化组织的活动与会议。同时，做好《综合布线系统工程设计规范》（GB 50311—2016）、《综合布线系统工程验收规范》（GB/T 50312—2016）等国家标准内容的修订、宣贯与培训。

机房布线工程不仅体现了数据中心的建设，而且涵盖了通信机房、广播媒体机房、楼宇的弱电机房等布线系统的建设，并涉及各个行业。它们既有共性的地方，又有个性的体现，不能一概而论。我们现在所说的机房布线还是指数据中心的布线。机房布线本身不是孤立的，它与机房的建筑结构、空间布局、装修效果、照明系统、综合（包括综合布线缆线、电力缆线、照明线、弱电系统缆线等）管路、空调气流组织、供电系统的构成、机柜（架）选用、缆线桥架的选用与设置、环境监测、网络构架等方面的设计密切相关，同样能够体现数据中心的环保与节能的设计内容。

针对数据中心的布线标准应该充分考虑以下15个关键词：选址地点与建设规模、功能区划分及业务需求、网络结构与产品的性能、配线列头柜的功能与设置位置、布线产品的等级确定、缆线长度的规定、配线系统配置容量确定、机柜（架）的选用、缆线敷设方式、缆线间距要求、电磁兼容要求、缆线防火要求、缆线接地要求、标签标识要求、工程检测与验收要求。

（2）国家综合布线标准（GB 50311—2016 与 GB/T 50312—2016）。综合布线标准由协会标准上升为国家标准。《综合布线系统工程设计规范》（GB 50311—2016）、《综合布线系统工程验收规范》（GB/T 50312—2016）上报了中华人民共和国工业和信息化部、中华人民共和国住房和城乡建设部、国家技术监督局审批，并于 2016 年 8 月 26 日发布，2017 年 4 月 1 日开始执行。

这两项标准是目前国内针对综合布线系统较为重要的标准，其内容已经从 1992 年的协会标准延续至今。2016 版的国家综合布线标准《综合布线系统工程设计规范》（GB 50311—2016）、《综合布线系统工程验收规范》（GB/T 50312—2016）的修订工作的完成，是综合布线行业的一件大事，将对规范综合布线行业和保证综合布线系统工程的质量起积极的作用。

新的综合布线标准会在原来三类、五类、超五类、六类综合布线内容的基础上，以六类、超六类、七类及光纤综合布线系统技术为主，进行内容上的修改、补充和完善，所以它并不是新编的标准。在新标准中仍然会保留与体现强制性条文的内容，且标准的编号仍为 GB。

标准内容为了体现公正性与权威性，使大家在执行标准的过程中可操作和可适用，在文本的条款内容，如系统的构成、系统分级、技术指标参数等方面，力求与国际标准 ISO/IEC 11801-3:2017 接轨，尤其在术语与指标参数方面做到了等同引用，但又与国内的相关标准内容保持相对一致。从适用于市场与工程的角度出发制定技术条款，是编制标准的宗旨。

总的来说，综合布线标准将布线内容从办公建筑向其他建筑进行延伸，在配置上既体现了共性，又考虑了个性，可应用于语音、数据、图像、多媒体等多种业务及弱电领域，满足了建筑智能化建设中各弱电子系统对信息处理朝着网络化和数字化发展的实际需求。这样就拓展了综合布线系统的适用范围，实现了我们建设综合布线系统的初衷——使用通用的传输介质与传输平台去完成各个系统信息之间的互联互通与集成。

2．标准要点

无论是《综合布线系统工程设计规范》（GB 50311—2016）还是 EIA/TIA 制定的标准，其标准要点都包括以下几点。

1）目的

（1）规范一个通用语音和数据传输的电信布线标准，以支持多设备、多用户的环境。

（2）为服务于商业的电信设备和综合布线产品的设计提供方向。

（3）能够对商用建筑中的结构化综合布线进行规划和安装，使之能够满足用户的多种电信要求。

（4）为各种类型的线缆、连接件及综合布线系统的设计和安装建立性能和技术标准。

2）范围

（1）标准针对的是"商业办公"电信系统。

（2）综合布线系统的使用寿命要求在 10 年以上。

3）标准内容

标准内容包括所用介质、拓扑结构、综合布线距离、用户接口、线缆规格、连接件性能、安装程序等。

4）几种布线系统涉及的范围和要点

（1）水平干线布线系统：涉及水平跳线架、水平线缆，线缆出入口/连接器、转换点等。

（2）垂直干线布线系统：涉及主跳线架、中间跳线架，建筑外主干线缆、建筑内主干线缆等。

（3）UTP（非屏蔽双绞线）布线系统：UTP布线系统按照传输特性将电缆划分为六类。

① 五类：该类电缆的最高传输频率为100MHz。

② 四类：该类电缆的最高传输频率为20MHz。

③ 三类：该类电缆的最高传输频率为16MHz。

④ 超五类：该类电缆的最高传输频率为155MHz。

⑤ 六类：该类电缆的最高传输频率为250MHz。

⑥ 七类：该类电缆的最高传输频率为600MHz。

目前主要使用五类电缆及超五类电缆。

（4）光缆布线系统：在光缆布线系统中分水平干线子系统和垂直干线子系统，它们分别使用不同类型的光缆。

① 水平干线子系统：62.5/125μm多模光缆（出入口有两条光缆），多数为室内型光缆。

② 垂直干线子系统：62.5/125μm多模光缆或10/125μm单模光缆。

综合布线系统标准是一个开放型的系统标准，被广泛应用。因此，按照综合布线系统标准进行布线，能为用户今后的应用提供方便，同时能保护用户的投资，便于以后进行系统维护和升级。

1.1.3 综合布线系统的设计等级

建筑物的综合布线系统，一般分为以下3种不同等级。

（1）基本型综合布线系统。

（2）增强型综合布线系统。

（3）综合型综合布线系统。

1. 基本型综合布线系统

基本型综合布线系统是一个经济、有效的布线系统，它支持语音或综合型语音/数据产品，并能够将其全面过渡到数据的异步传输或综合型综合布线系统。它的基本配置如下。

（1）每个工作区有1个信息插座。

（2）每个工作区有1条4对非屏蔽双绞线水平布线系统。

（3）完全采用110A交叉连接硬件，并与未来的附加设备兼容。

（4）每个工作区的干线电缆至少有两对双绞线。

它的特点如下。

(1)能够支持所有语音和数据传输应用。
(2)支持语音、综合型语音/数据的高速传输。
(3)便于维护人员维护和管理。
(4)能够支持众多厂家的产品和设备,以及特殊信息的传输。

2. 增强型综合布线系统

增强型综合布线系统不仅支持语音和数据的应用,而且支持图像、影像、影视、视频会议等。

它具有为增加功能提供发展的余地,并能够利用接线板进行管理。它的基本配置如下。
(1)每个工作区有两个以上信息插座。
(2)每个信息插座均有 4 对非屏蔽双绞线水平布线系统。
(3)具有 110 A 交叉连接硬件。
(4)每个工作区的电缆至少有 8 对双绞线。

它的特点如下。
(1)每个工作区有两个以上信息插座,灵活方便、功能齐全。
(2)每个插座都支持语音和数据高速传输。
(3)便于管理与维护。
(4)能够为众多厂商提供服务环境的布线方案。

3. 综合型综合布线系统

1)综合型综合布线系统配置

综合型综合布线系统是将双绞线和光缆纳入建筑物的布线系统。它的基本配置如下。
(1)在建筑物、建筑群的干线或配线子系统中配置 62.5pm 的光缆。
(2)在每个工作区的电缆内配有 4 对双绞线。
(3)每个工作区有两个以上信息插座。

2)综合型综合布线系统的特点

(1)每个工作区有两个以上信息插座,不仅灵活方便,而且功能齐全。
(2)任何一个信息插座都可支持语音和数据高速传输。
(3)有一个很好的环境,为客户提供服务。

3)综合型综合布线系统的设计要点

综合型综合布线系统的设计方案不是一成不变的,而是根据环境、用户要求来确定的。其设计要点如下。
(1)尽量满足用户的通信要求。
(2)了解建筑物、楼宇间的通信环境。
(3)确定合适的通信网络拓扑结构。
(4)选取适用的介质。
(5)以开放式为基准,尽量与大多数厂家的产品和设备兼容。

(6) 将初步的系统设计和建设费用预算告知用户。

(7) 先征求用户意见并订立合同书，再制定详细的设计方案。

1.1.4 综合布线系统的发展

综合布线技术从提出到成熟，一直到今天被广泛应用，虽然只有 30 多年的时间，但其发展同其他 IT 技术一样迅猛。随着网络在国民经济及社会生活各个领域的不断扩展，综合布线行业已成为 IT 行业非常热门的行业。由于宽带网络公司、宽带智能社区及研究院所、高等院校的宽带管理、宽带科研、宽带教学等如雨后春笋般成长，从而使网络充斥整个空间，因此对综合布线的需求连年增长。

随着计算机技术、通信技术的迅速发展，综合布线系统也在不断发展，但总的目标是向集成布线系统、智能大厦布线系统、智能小区布线系统方向发展。

1. 集成布线系统

集成布线系统是美国西蒙公司于 1991 年 1 月在中国推出的。它的基本思想是：现在的结构化布线系统对语音和数据系统的综合支持给我们带来了一个启示，能否使用相同或类似的综合布线思想来解决楼房自控制系统的综合布线问题，使各楼房控制系统像电话、计算机一样，成为即插即用的系统呢？带着这个问题，西蒙公司根据市场的需要，在 1999 年年初推出了整体大厦集成布线系统（Total Building Integration Cabling，TBIC）。TBIC 扩展了结构化布线系统的应用范围，以双绞线、光缆和同轴电缆为主要传输介质，支持语音、数据及所有楼宇自控系统弱电信号远传的连接，能为大厦铺设一条完全开放的、综合的"信息高速公路"。它的目的是为大厦提供一个集成布线平台，使大厦真正成为即插即用的大厦。

2. 智能大厦布线系统

根据楼宇智能化（5AS）的要求，一个 5AS 系统主要由通信自动化系统（CAS）、办公自动化系统（OAS）、建筑物自动化系统（BAS）、安全保卫自动化系统（SAS）及消防自动化系统（FAS）及其子系统组成。主、子系统的物理拓扑结构采用常规的星形结构，即从主跳线先连接到中间跳接再连接到楼层水平跳接，或直接从主跳线连接到楼层水平跳接。配线子系统从楼层水平跳接配置成单星形或多星形结构。单星形结构是指从楼层水平跳接直接连接到设备上；而多星形结构则要通过一层星形结构直接连接到区域配线跳接，为应用系统提供更大的灵活性。

3. 智能小区布线系统

智能小区布线系统由房地产开发商在建楼时投资。增加智能小区布线系统只需多投入 1%的成本，而这将为房地产开发商带来几倍的利润。目前，关于智能小区布线系统的安装，在国外出现了一种家庭集成商行业，其专门从事家庭布线系统的安装与维护。此外，也可由系统集成商安装。

对中国用户来说，在多层智能小区布线系统中，每个家庭必须安装一个分布装置。所谓分布装置，就是一个交叉连接的配线架，主要端接使用电缆、跳线、插座及设备连线等。分布装置配线架主要满足用户增强、改动通信设备的需要，并通过连接端口为服务供应商提供不同的系统供应。配线架必须安装在一个合适的地方，以便安装和维护，其可以使用跳线、设备线来提供互连方案，长度不超过10m；电缆长度从配线架开始到用户插座不可超过90m，即两端加上跳线和设备后，总长度不超过100m。所有新建筑物从插座到配线架的电缆必须埋于管道内，不可使电缆外露。主干必须采用星形拓扑结构连接，传输介质包括光缆、同轴电缆和非屏蔽双绞线，并使用管道保护。通信插座的数量必须满足需要，且要安装在固定的位置上。如果使用非屏蔽双绞线，则必须使用8芯T568A（或T568B）接线方式。如果某网络及服务需要连接一些电子部件，如分频器、放大器、匹配器等，则需安装于插座外。

智能小区布线系统除支持数据、语音、电视媒体应用外，还可提供对家庭的保安管理和对家用电器的自动控制及能源控制等。

智能小区和办公大楼的主要区别在于，智能小区门户独立，且每户都有许多房间，因此布线系统必须以分户管理为特征。一般来说，智能小区每户的每个房间的配线都应是独立的，使住户可以方便地自行管理自己的住宅。另外，智能小区和办公大楼布线的一个较大区别是，智能小区需要传输的信号种类较多，不仅要能传输语音和数据，还要能传输有线电视、楼宇对讲等。因此，智能小区每个房间的信息点较多，需要的接口类型也较丰富。由于智能小区具有以上特点，所以建议房地产开发商在建造智能小区时，最好选用专门的智能布线产品。

如今，综合布线技术正朝着满足多媒体、宽带化、高速率、大容量等信息传输要求的方向发展。

1.1.5　综合布线系统的基本构成

综合布线系统包括建筑群子系统、干线子系统和配线子系统。配线子系统中可以设置集合点，也可以不设置集合点，其基本构成如图1.4所示。

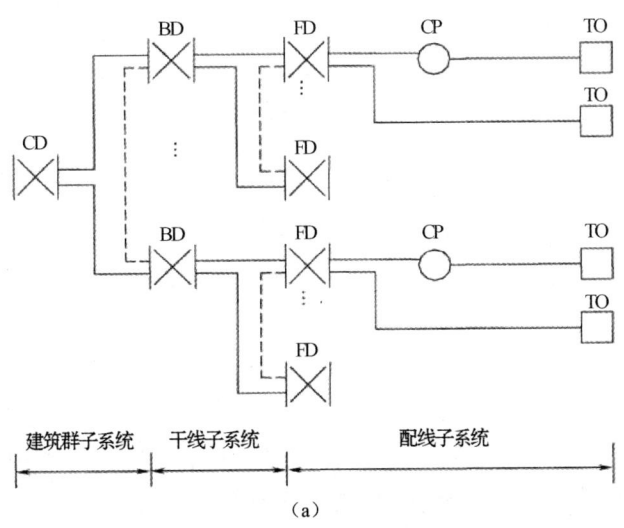

图1.4　综合布线系统的基本构成

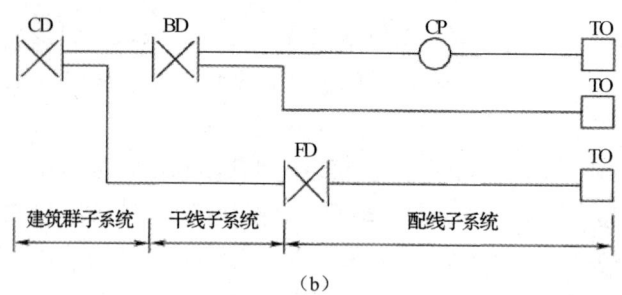

（b）

图1.4 综合布线系统的基本构成（续）

1．工作区

工作区又称服务区子系统，由跳线与信息插座所连接的终端设备组成，其中信息插座的类型有墙面型、地面型、桌面型等，常用的终端设备包括计算机、电话机、传真机、报警探头、摄像机、监视器、各种传感器件、音响设备等。

2．配线子系统

配线子系统又称水平子系统，由工作区信息插座、每层配线设备至信息插座的配线电缆、楼层配线设备、跳线等组成，能实现工作区信息插座和管理间子系统的连接，包括工作区与楼层管理间之间的所有电缆、连接硬件（如信息插座、插头、端接水平传输介质的配线架、跳线架）、跳线线缆及附件的连接。

3．干线子系统

干线子系统又称垂直子系统，负责连接电信到设备间，实现主配线架与中间配线架，计算机、程控交换机（PBX）、控制中心与各管理子系统间的连接，该子系统由所有的布线电缆组成，或由导线和光缆及将此光缆连接到其他地方的相关支撑硬件组成。

4．电信间

管理子系统也称电信间或配线间，电信间主要安装楼层机柜、配线架、交换机，以及连接垂直子系统和水平子系统的设备。

5．设备间

设备间又称网络中心或机房，由电缆、连接器和相关支撑硬件组成，是在建筑物适当地点进行网络管理和信息交换的场地。主要设备有计算机网络设备、服务器、防火墙、路由器、程控交换机、楼宇自控设备主机等。

6．进线间

进线间为建筑物外部信息通信网络管线的入口，并可作为入口设施的安装场地。当建筑群主干电缆和光缆、公用网和专用网电缆、光缆等室外缆线进入建筑物时，应在进线间由器件成端将其转换成室内电缆、光缆。

7．建筑群子系统

建筑群子系统也称楼宇子系统，包括缆线、端接设备和电气保护装置，主要实现楼与楼之间的通信连接。

🠞 任务工单

学生依据实施要求及操作步骤，在教师的指导下完成本工作任务，并填写任务工单。

任务名称	认识综合布线系统	实训地点	综合布线系统实训基地
任务	观察实训基地的综合布线系统，记录各子系统的相关数据		
任务目的	了解综合布线系统的结构及所采用的设备，认识综合布线系统的各子系统		

1．咨询

（1）综合布线系统的实际应用目的及可实现的功能。

（2）综合布线系统的总体结构。

（3）综合布线系统所采用的各类设备。

2．决策与计划

根据任务要求，确定所需要的设备及工具，并对小组成员进行合理分工，制订详细的工作计划。

（1）讨论并确定实验所需的设备及工具。

（2）成员分工。

（3）制定实训操作步骤。
　① _____
　② _____
　③ _____
　④ _____

3．实施过程记录

（1）分析实训基地楼宇综合布线结构的特点。

（2）记录综合布线所用设备的型号、名称。

（3）记录实践的相关数据。

4．检查与测试

根据任务要求，检查数据的正确性，并改正错误。

续表

（1）检查数据是否正确。 （2）分析原因并整改。 （3）尝试认识不同智能楼宇的各个综合布线系统的子系统。	

任务实施

参观访问一个采用综合布线系统构建的实训基地。实训基地可以用模型或实物展示各种布线环境，如建筑物、建筑物之间、穿越公路、地沟布线等。通过实物展现，学生能近距离接触综合布线系统的各子系统，了解各子系统的实施情况。

完成内容如下。

（1）了解该实训基地的基本情况，其中包括建筑物的面积、层数、功能用途、建筑物的结构，并将其记录下来。

（2）观察智能建筑信息点的布置、数量等，并将数据记录下来。

（3）参观建筑物的设备间，了解并记录设备间所用设备的名称和规格，注意各设备之间的连接情况，并记录相关数据。

（4）参观管理间，了解管理间的环境、面积和设备配置，并记录相关数据。

（5）观察干线子系统是采用何种方式进行敷设的。了解线缆的类型、规格和数量，并记录相关数据。

（6）观察水平子系统的走线路由。了解水平子系统所选用的介质类型、规格和数量，观察其布线方式，并记录相关数据。

（7）观察工作区的面积、信息插座的配置数量、类型、高度和线缆的布线方式，并记录相关数据。

任务评价

以团队小组为单位完成任务，以学生个人为单位进行实习考核。

序号	检查项目	分值	自我评分	小组评分	教师评分	备注
1	遵守安全操作规范	10				
2	态度端正、工作认真	10				
3	能正确说出综合布线系统的基本构成	10				
4	能正确识别实训基地楼宇布线系统的子系统	10				
5	能正确记录各子系统的相关数据	10				
6	表述清晰、规范	10				

续表

序号	检查项目	分值	自我评分	小组评分	教师评分	备注
7	测试结果	10				
8	遵守纪律	10				
9	做好 6S 管理工作	10				
10	完成任务工单的全部内容	10				

说明：

① 6S 管理是一种企业管理方法，包括整理（Seiri）、整顿（Seiton）、清洁（Seiso）、规范（Standardize）、素养（Shitsuke）和安全（Safety）六个方面。

② 每名同学总分为 100 分。

③ 每名同学每项为 10 分，计分标准为：不满足要求计 1～5 分，基本满足要求计 6～7 分，高质量满足要求计 8～10 分。

采用分层打分制，建议权重为：自我评分占 0.2，小组评分占 0.3，教师评分占 0.5，加权算出每名同学在本工作任务中的综合成绩。

任务总结

综合布线系统是智能化办公室建设数字化信息系统的基础设施，是将所有语音、数据等系统进行统一的规划设计的结构化布线系统，通常采用标准化部件和模块化组合方式，把语音、数据、图像和控制信号用统一的传输媒体进行综合，形成一套标准、实用、灵活、开放的布线系统，从而提升弱电系统平台的支撑能力。它将各种不同部分构成一个有机的整体，而不是像传统布线系统那样自成体系、互不相干。模块化的系统设计能提供良好的系统扩展能力及面向未来应用发展的支持，充分保证用户在布线方面的投资，为用户提供长远的效益。模块化设计也使传统布线系统当中存在的一些问题得到了有效解决，作为现代智能建筑的重要基础设施，对智能建筑的发展起到了显著的辅助作用。

素质课堂

"工匠精神"助力中国制造

中国作为全球的制造大国，正处在"中国制造"向"中国智造"的转型过程中，在这个关键时期，"工匠精神"显得尤为重要。"航天手艺人"胡双钱，就是这样一位拥有非凡技艺的匠人。胡双钱是中国商飞上海飞机制造有限公司数控机加车间钳工组组长，在他 40 多年的航空技术制造工作中，经手的零件不计其数，没有出过一次质量差错。2006 年，国产新一代大飞机 C919 被立项，在 C919 首架数百万个零部件的大飞机上，有 80%是中国第一次设计、生产的，胡双钱凭借多年积累的丰富经验和对质量的执着追求，承担了技术攻关工作，大胆创新零件制造工艺技术，圆满地完成了任务。多年来，胡双钱还承担了青年员工的培养工作，他把自己的技艺和精神毫无保留地传授给这些年轻人。在他的指导下，其所在班组的参赛选手在中国商飞上海飞机制造有限公司举行的技能大赛中，多次名列前茅。

思考与练习

一、选择题

1. 基本型综合布线系统是一种经济有效的布线方案，适用于综合布线系统配置最低的场合，主要以（　　）为传输介质。
   A. 同轴电缆　　　　　　　　　　B. 铜质双绞线
   C. 大对数电缆　　　　　　　　　D. 光缆

2. 有一个公司，每个工作区需要安装两个信息插座，并且要求该公司局域网不仅能支持语音/数据的应用，而且能支持图像/影像/影视/视频会议等，对于该公司应选择（　　）。
   A. 基本型综合布线系统　　　　　B. 增强型综合布线系统
   C. 综合型综合布线系统　　　　　D. 以上都可以

3. "3A"智能建筑中的3A指的是（　　）。
   A. BA　CA　OA　　　　　　　　B. FA　BA　DA
   C. BA　CA　FA　　　　　　　　D. MA　OA　TA

4. 综合布线系统能使（　　）、（　　）图像设备和交换设备及其他信息管理系统彼此相连，也能使这些设备及外部通信网络相连接。
   A. 语音、视频　　　　　　　　　B. 视频、数据
   C. 语音、数据　　　　　　　　　D. 射频、视频

5. 以下（　　）是欧洲的布线标准。
   A. GB 50311—2016（国家标准）　B. ISO/IEC 11801-3:2017（国际标准）
   C. EN50173　　　　　　　　　　D. TIA/EIA568B（美洲布线标准）

6. 以下哪几种业务不属于综合布线系统用户的需求分析范围？（　　）
   A. 消防系统　　　　　　　　　　B. 交通、物流
   C. 语音、数据　　　　　　　　　D. 图像

7. 不属于综合布线系统特点的是（　　）。
   A. 开放性　　B. 灵活性　　C. 单一性　　D. 经济性

8. 下列不属于综合布线系统构成的有（　　）。
   A. 工作区　　　　　　　　　　　B. 建筑物子系统
   C. 管理　　　　　　　　　　　　D. 进线间

二、简答题

1. 综合布线系统的基本含义是什么？
2. 简述综合布线与智能楼宇的关系。
3. 综合布线系统具有哪些特点？
4. 简述综合布线系统由哪几个子系统构成。
5. 综合布线系统有几个设计等级？分别适用于什么场合？

模块 2

网络布线线缆及设备选型

素质目标

- 正确使用网络，培养网络素养，提高判断力与辨别力。
- 建立正确的价值观，提高自我认知能力、独立思考能力、发现及解决问题的能力。
- 增强自信心，发挥积极的态度，促进科学技术的发展。

知识目标

- 熟悉双绞线的分类及其性能指标。
- 掌握水晶头端接和跳线制作及其测试方法。
- 熟悉同轴电缆的结构、分类、性能指标及其传输特性。
- 掌握同轴电缆连接器制作及其测试方法。
- 熟悉光纤的结构、分类及其传输特性。
- 熟悉光纤通信系统及其基本结构。
- 掌握光纤快速接续连接器制作及其测试方法。
- 熟悉布线常用设备的种类及作用。
- 掌握信息模块制作及其测试方法。

技能目标

- 能制作水晶头端接和跳线。
- 能制作同轴电缆连接器。
- 能制作光纤快速接续连接器。
- 能制作信息模块。
- 能根据相关规范及标准结合实际情况选择合适的线缆及设备。

任务 1　双绞线及其传输特性

学习目标

- 了解双绞线的结构。
- 熟悉双绞线的分类。
- 知晓双绞线的性能指标。
- 会选用双绞线。
- 会制作水晶头端接和跳线。

任务描述

通过学习，希望学生了解双绞线的结构、性能指标，知道如何选用双绞线，学会自己制作跳线。

任务引导

本任务将带领大家学习什么是双绞线，掌握双绞线的结构、特性和性能指标，学会如何选用双绞线，完成水晶头端接和跳线制作，让大家比较系统地了解并掌握与双绞线相关的知识和技能。

知识链接

2.1.1　双绞线及其结构

双绞线（Twisted Pair，TP）是网络工程综合布线中较常用的一种传输介质。双绞线由两根具有绝缘保护层的铜导线组成。它们各自包在彩色绝缘层内，按照规定的绞距互相扭绞成一对双绞线，其构造和外形图如图 2.1 所示（以五类 4 对 24AWG 非屏蔽双绞线为例）。把两根绝缘的铜导线按一定密度互相绞在一起，可降低信号干扰的程度，一根铜导线在传输中辐射的电波会被另一根铜导线发出的电波抵消。

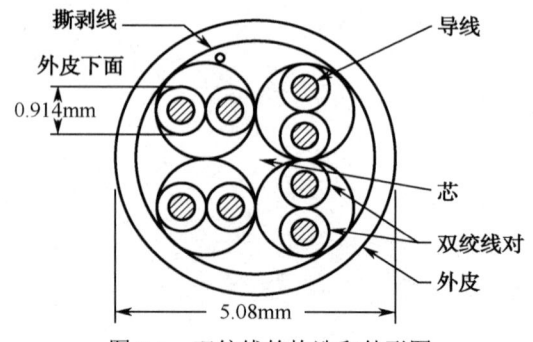

图 2.1　双绞线的构造和外形图

在一个电缆套管中的不同线对具有不同的扭绞长度，一般来说，扭绞长度为 38.1～140mm，按逆时针方向扭绞，相邻线对的扭绞长度在 12.7mm 以内。双绞线一个扭绞周期的长度叫作节距，节距越小（扭线越密），抗干扰能力越强。

把一对或多对双绞线放在一个绝缘套管中，就成了双绞线电缆。

2.1.2 双绞线的分类

1. 按缆线结构形式分类

按照绝缘层外部是否有金属屏蔽层，双绞线可以分为 UTP（非屏蔽双绞线）和 STP（屏蔽双绞线）两大类；屏蔽双绞线外面由一层金属材料包裹，但价格较高，安装也比较复杂；非屏蔽双绞线无金属屏蔽材料，只有一层绝缘胶皮包裹，价格相对便宜，组网灵活。

屏蔽双绞线电缆如图 2.2 所示，其外层由铝箔包裹，以减小辐射（并不能完全消除辐射），防止信息被窃听，同时具有较高的数据传输速率，100m 内可达到 155Mbit/s；屏蔽双绞线电缆的价格相对较高，安装时要比非屏蔽双绞线电缆困难，类似于同轴电缆，屏蔽双绞线电缆必须配有支持屏蔽功能的特殊连接器和相应的安装技术。

非屏蔽双绞线电缆无金属屏蔽材料，如图 2.3 所示，只有一层绝缘胶皮包裹，质量轻、易弯曲、易安装，能节省所占用的空间，具有独立性和灵活性，价格相对便宜，适用于结构化综合布线。

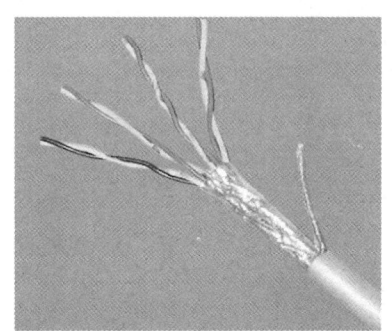

图 2.2 屏蔽双绞线电缆

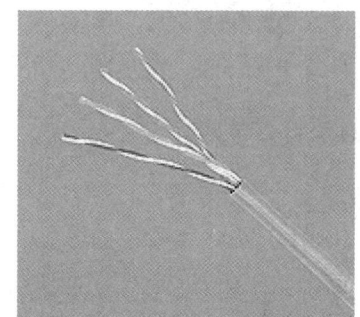

图 2.3 非屏蔽双绞线电缆

除某些特殊场合（如受电磁辐射严重、对传输质量要求较高）在布线中使用屏蔽双绞线电缆外，一般情况下都使用非屏蔽双绞线电缆。

2. 按电气特性分类

在 ANSI/TIA-568 标准中，将非屏蔽双绞线按电气特性分为三类、四类、五类、超五类、六类、七类非屏蔽双绞线，五类以下的非屏蔽双绞线因传输速率较慢已经很少用了，一般人们大都购买五类以上的非屏蔽双绞线。五类非屏蔽双绞线的最大传输速率为 100Mbit/s，五类非屏蔽双绞线上标有 CAT5 字样，而超五类非屏蔽双绞线上标有 5e 字样。

目前，网络工程综合布线中常用的是五类或超五类非屏蔽双绞线。

2.1.3 双绞线的性能指标

对于双绞线，表征其性能的几个指标包括衰减、近端串扰、直流环路电阻、特性阻抗、衰减串扰比（ACR）、电缆特性等。

1．衰减

衰减（Attenuation）是沿链路的信号损失度量。衰减与线缆的长度有关，随着长度的增加，信号衰减也随之增加。衰减以"dB"作为单位，表示源传送端信号到接收端信号强度的比率。由于衰减随频率而变化，因此应测量在应用范围内的全部频率上的衰减。

2．近端串扰

串扰分近端串扰（NEXT）和远端串扰（FEXT）。测试仪主要测量近端串扰，由于存在线路损耗，所以远端串扰的量值的影响较小。近端串扰损耗是测量一条非屏蔽双绞线链路中从一对线到另一对线的信号耦合。对于非屏蔽双绞线链路，近端串扰是一个关键的性能指标，也是较难精确测量的指标。随着信号频率的增加，其测量难度会加大。

近端串扰并不表示在近端点所产生的串扰值，而是表示在近端点所测量到的串扰值。这个量值会随电缆长度不同而改变，电缆越长，其值越小。同时，发送端的信号也会衰减，对其他线对的串扰也相对变小。实验证明，只有在 40m 内测量得到的近端串扰信号是较真实的。如果另一端是远于 40m 的信息插座，那么它会产生一定程度的串扰，但测试仪可能无法测量到这个串扰值。因此，最好在两个端点都进行近端串扰测量。现在的测试仪都配有相应的设备，使其在链路一端就能测量出两端的近端串扰值。

以上两个指标可通过 TSB-67 测试仪测试。

3．直流环路电阻

直流环路电阻会消耗一部分信号，并将其转变成热量，它是指一对导线电阻的和。ISO/IEC 11801-3:2017 规格的双绞线的直流环路电阻不得大于 19.2Ω。每对双绞线直流电阻间的差异不能太大（小于 0.1Ω），否则表示接触不良，必须检查连接点。

4．特性阻抗

与直流环路电阻不同，特性阻抗包括电阻和频率为 1～100MHz 的电感阻抗及电容阻抗，它与一对导线之间的距离及绝缘体的电气性能有关。各种电缆有不同的特性阻抗，而双绞线电缆有 100Ω、120Ω 及 150Ω 3 种。

5．衰减串扰比

在某些频率范围，串扰与衰减量的比例关系是反映电缆性能的另一个重要参数。衰减串扰比有时也用信噪比（Signal-Noice Ratio，SNR）表示，它由最差的衰减量与近端串扰量值的差值计算得到。衰减串扰比值越大，表示抗干扰的能力越强。一般系统要求其至少大于 10dB。

6．电缆特性

通信信道的品质是由它的电缆特性描述的。信噪比是在考虑干扰信号的情况下，对数据信号强度的一个度量。如果信噪比过低，则会导致数据信号在被接收时，接收器不能分辨数据信号和噪声信号，最终导致数据错误。因此，为了将数据错误限制在一定范围内，必须定义一个最小的可接收的信噪比。

2.1.4 双绞线的选用

目前，在网络综合布线系统工程中较常用的是五类或超五类双绞线。五类或超五类双绞线一般都是以"箱"为单位出售的，每箱双绞线的长度为305m。不同品牌双绞线的价格相差较大，有时相差一倍多。常见的双绞线电缆如图2.4所示。

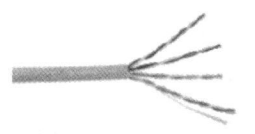
五类/超五类双绞线电缆
——非屏蔽4对双绞线

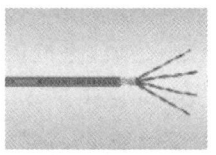
五类/超五类双绞线电缆
——单屏蔽4对双绞线

五类/超五类双绞线电缆
——双屏蔽4对双绞线

五类/超五类双绞线电缆
——非屏蔽25对双绞线

五类/超五类双绞线电缆
——非屏蔽50对双绞线

五类/超五类双绞线电缆
——非屏蔽室外25对双绞线

图2.4 常见的双绞线电缆

双绞线质量的优劣是决定局域网带宽的关键因素之一，只有标准的五类或超五类双绞线才能实现100Mbit/s以上的传输速率，而品质低劣的双绞线是无法满足高速率的传输需求的。

在选购五类双绞线的时候，用户通常要考虑以下6个方面。

1. 包装好

一般来说，好的双绞线的包装纸箱从质地到印刷都很精美，而且很多厂家都在外包装上贴了防伪标志。

2. 有标识

购买双绞线时需要注意的是，每隔两英尺有一段文字，以AMP公司的双绞线为例，该文字内容为"AMP SYSTEMS CABLE E138034 0100 24 AWG（VL）CMR/MPR OR C（VL）PCC FT4VERIFIED ETC CAT5 044766 FT 201612"。

其中：
- AMP代表公司名称。
- 0100表示阻抗是100Ω。
- 24表示线芯是24号的（线芯有22号、23号、24号、26号4种规格）。
- AWG表示美国双绞线规格标准。
- VL表示通过认证的标记。
- FT4表示4对线。

- CAT5 表示五类线。
- 044766 表示双绞线当前处的英尺数。
- 201612 表示生产年月。

在双绞线电缆内，不同线对具有不同的绞距长度。一般来说，4 对双绞线的绞距周长在 38.1mm 内，按逆时针方向扭绞，一对双绞线的扭绞长度在 12.7mm 以内。

若塑料包皮上没有厂商、标准，则通常为劣质产品。

3．颜色清

剥开双绞线外层的包皮，可看到里面有颜色不同的 4 对 8 根细线，颜色分别为橙色、绿色、蓝色和棕色。每个线对中有一根线是纯颜色的，另一根线是白色或与白色相间颜色的。这些细线的颜色是我们正确制作网线和连接设备的关键，所以没有颜色或颜色不清楚的双绞线不能购买。

4．绞合密

为了降低信号干扰，双绞线电缆的每个线对都是由两根绝缘的铜导线以逆时针方向绞合而成的，同一双绞线电缆中的不同线对具有不同的绞合度。

5．韧性好

为了使双绞线在移动中不至于断线，双绞线除外皮保护层外，内部的铜芯应该具有一定的韧性。另外，为了便于接头的制作和连接的可靠性，铜芯不能太软，也不能太硬。

6．有阻燃性

为了避免双绞线受高温起火而被燃烧和损坏，双绞线最外面的一层包皮除应具有很好的抗拉伸特性外，还应具有阻燃性，选购双绞线时可以用火烧一下。具有阻燃性并不代表其不会燃烧，而是在火中会有一点小的火头，但从火中取出来以后会立即停止燃烧。

2.1.5 双绞线的连接器

就设备规格而言，双绞线的连接器包括模块的 RJ 系列，如跳线头、跳线、配线架和理线架，模块式的插头和插座及一体化的连接器。连接器采用压接或插接的方式与网络连接在一起，依靠机械力量将组件固定在适当位置上，其电气性能要求其接触良好、信号衰减尽量小，接头牢固、可靠、耐腐防火。

1．RJ-45 连接器的含义

"RJ"是 Registered Jack 的缩写，即"注册的插座"。RJ 在 FCC（美国联邦通信委员会）标准和规章中的定义是：描述公用电信网络的接口，常用的有 RJ-11 和 RJ-45。计算机网络的 RJ-45 是标准 8 位模块化接口的俗称。在以往的四类、五类、超五类，包括六类布线中，采用的都是 RJ 型接口。在七类布线中，允许"非-RJ 型"接口，如 2002 年 7 月 30 日，西蒙公司开发的 TERA 七类连接件被正式选为"非-RJ 型"七类标准工业接口的标准模式。TERA 七类连接件的传输带宽高达 1.2GHz，超过了目前正在制定中的 600MHz 七类标准传输带宽。

2．RJ-45 连接器的常用类型

网络通信领域常见的基本 RJ 模块插座有 4 种，每种基本的插座可以连接不同构造的 RJ。例如，一个 6 芯插座可以连接 RJ-11（1 对）、RJ-14（2 对）或 RJ-25C（3 对）；一个 8 芯插座可以连接 RJ-61C（4 对）和 RJ-48C（4 对）。此外，8 芯插座还可连接 RJ-45S、RJ-46S 和 RJ-47S。RJ-45 模块与 RJ-45 连接头（水晶头）是综合布线系统中的基本连接器。图 2.5 所示为各种常见的 RJ-45 水晶头。

水晶头——RJ-45 屏蔽水晶头（五类/超五类）
主体采用聚碳酸酯（PC），符合 UL94V-0 材料要求。
金片分 15、30、50u（微英寸）镀金层。
铜合金表面镀锡屏蔽壳。
水晶头插拔 1000 次以上。
导体绝缘电阻最小为 100MΩ。
导体接触电阻最大为 39MΩ。
耐压强度：AC 1000V 50Hz。
10 磅拉力吊重测试

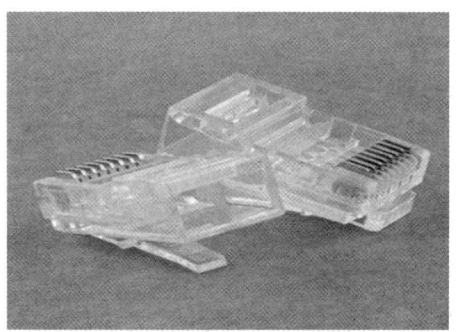

水晶头——RJ-45 非屏蔽水晶头（六类）
主体采用聚碳酸酯（PC），符合 UL94V-0 材料要求。
金片分 15、30、50u 镀金层。
两层式金片压线。
水晶头插拔 1000 次以上。
导体绝缘电阻最小为 100MΩ。
导体接触电阻最大为 39MΩ。
耐压强度：AC 1000V 50Hz。
10 磅拉力吊重测试

图 2.5　各种常见的 RJ-45 水晶头

3．RJ-45 水晶头的结构

RJ-45 水晶头由金属片和塑料构成，制作网线所需要的 RJ-45 水晶头前端有 8 个凹槽，简称 8P（Position，位置）。凹槽内的金属触点共有 8 个，简称 8C（Contact，触点）。因而，业界对此有"8P8C"的别称。特别需要注意的是 RJ-45 水晶头的引脚序号，当金属片面对我们的时候，从左至右引脚序号是 1~8。引脚序号对网络连接非常重要，不能搞错。图 2.6 所示为 RJ-45 水晶头详图。

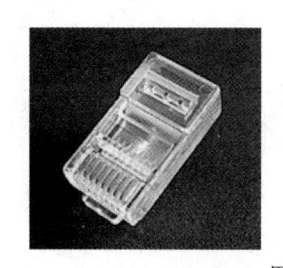

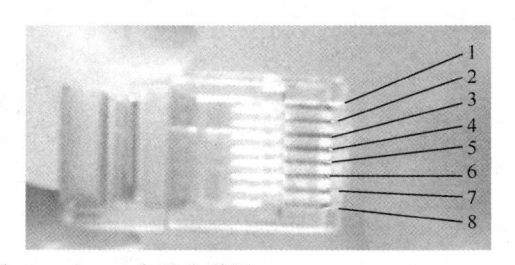

图 2.6　RJ-45 水晶头详图

4．RJ-45 跳线

跳线即铜连接线，是不带连接器的电缆线对或电缆单元，由标准的跳线电缆和连接硬件制成。跳线电缆有 2～8 芯不等的铜芯，连接硬件为两个 6 位或 8 位的模块插头，或它们有一个或多个裸线头。跳线主要用在配线架上连接各种链路，可作为配线架或设备连接电缆使用。其中，模块化跳线两头均为 RJ-45 连接头，采用 T568A 针结构，并能进行灵活的插拔设计，以防止松脱和卡死。跳线的长度为 0.305～15.25m。模块化跳线可在工作区中使用，也可作为配线间的跳线。RJ-45 跳线分为直通线和交叉线。

1）直通线

两端 RJ-45 水晶头中的线序排列完全相同的跳线称为直通线，它适用于计算机到集线设备的连接。线序排列的标准有两个，即 T568A 标准和 T568B 标准。

T568A 标准：绿白—1，绿—2，橙白—3，蓝—4，蓝白—5，橙—6，棕白—7，棕—8。

T568B 标准：橙白—1，橙—2，绿白—3，蓝—4，蓝白—5，绿—6，棕白—7，棕—8。

为了保持最佳的兼容性，普遍采用 T568B 标准来制作网线。无论是采用 T568A 标准还是采用 T568B 标准，在网络中都是可行的。双绞线的顺序与 RJ-45 水晶头的引脚序号一一对应。10Mbit/s 以太网的网线使用 1、2、3、6 引脚序号的芯线传递数据，而 100Mbit/s 的网卡需要使用 4 对线。由于 10Mbit/s 网卡能够使用按 100Mbit/s 网卡的方式制作的网线，而且双绞线又提供 4 对线，因此即使使用 10Mbit/s 网卡，一般也按使用 100Mbit/s 网卡的方式来制作网线。

标准中要求 1、2、3、4、5、6、7、8 线必须是双绞线。这是因为，在数据传输中，为了减少和抑制外界的干扰，发送和接收的数据均以差分方式传输，即每一对线互相扭在一起传输一路差分信号（这也是双绞线名称的由来）。

2）交叉线

交叉线适用于计算机与计算机的连接。交叉线在制作时两端 RJ-45 水晶头中的第 1、3 线和第 2、6 线应对换，即在制作两端的 RJ-45 水晶头时，一端采用 T568A 标准，另一端采用 T568B 标准。

图 2.7 所示为各类 RJ-45 跳线。

(a) 非屏蔽成型跳线　　　　　　　　(b) 单屏蔽成型跳线

图 2.7　各类 RJ-45 跳线

（c）双屏蔽成型跳线

图 2.7　各类 RJ-45 跳线（续）

任务工单

扫码观看水晶头端接和跳线制作的微课视频。

学生依据实施要求及操作步骤，在教师的指导下完成本工作任务，并填写任务工单。

水晶头端接和跳线制作

任务名称	水晶头端接和跳线制作	实训设备、材料及工具	双绞线、剥线钳、压线钳、测试仪、水晶头
任务	观看微课视频，完成水晶头端接和跳线制作，并进行测试		
任务目的	掌握水晶头端接和跳线制作及其测试方法		

1. 咨询

（1）水晶头端接的工作原理。

（2）水晶头的组成部分及功用。

2. 决策与计划

根据任务要求，确定所需要的设备及工具，并对小组成员进行合理分工，制订详细的工作计划。

（1）讨论并确定实验所需的设备及工具。

（2）成员分工。

（3）制定实训操作步骤。

① _____

② _____

③ _____

④ _____

3. 实施过程记录

（1）分析实践用的线缆的结构特点。

（2）实践操作，总结应该注意的问题。

（3）记录实践的相关数据。

续表

4．检查与测试
根据任务要求，检查操作的正确性，当出现故障时进行排除，并记录测试结果。 （1）检查操作是否正确。 （2）记录测试结果。 （3）分析原因，排除故障。

任务实施

RJ-45 水晶头端接和跳线制作步骤如下。

（1）利用斜口钳剪下所需要的双绞线长度，用双绞线剥线器将双绞线的外皮除去 2～3cm。有一些双绞线电缆上含有一条柔软的尼龙绳，如果在剥除双绞线的外皮时，觉得裸露出的部分太短，不利于制作 RJ-45 水晶头，那么可以先紧握双绞线外皮，再捏住尼龙绳把外皮的下方剥开，这样就可以得到较长的裸露线，如图 2.8 所示。

剥线完成后的双绞线电缆如图 2.9 所示。

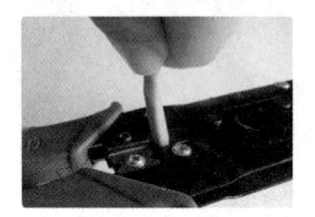

图 2.8　剥开双绞线　　　　　　　　图 2.9　剥线完成后的双绞线电缆

（2）进行理线操作。将裸露的双绞线中的橙色对线拨向自己的前方，棕色对线拨向自己的方向，绿色对线拨向左方，蓝色对线拨向右方（上橙、左绿、下棕、右蓝）。分开后的双绞线如图 2.10 所示。

将绿色对线与蓝色对线放在中间位置，而橙色对线与棕色对线保持不动，即放在靠外的位置。双绞线的顺序如图 2.11 所示，左一为橙色对线，左二为蓝色对线，左三为绿色对线，左四为棕色对线。

图 2.10　分开后的双绞线　　　　　　图 2.11　双绞线的顺序

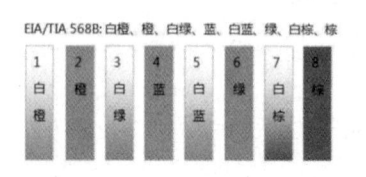

小心地拨开每一根对线，白色混线朝前。因为我们是遵循 T568B 标准来制作水晶头的，所以对线颜色是有一定顺序的。将双绞线分开，如图 2.12 所示。

需要特别注意的是，绿色线应该跨越蓝色线。这里最容易犯错的地方就是将白绿线与绿色线相邻放在一起，这样会造成串扰，使传输效率降低。正确顺序（左起）为：白橙、橙、白绿、蓝、白蓝、绿、白棕、棕。常见的错误接法是将绿色线放到第 4 只引脚的位置，如图 2.13 所示。

图 2.12　将双绞线分开　　　　　　　　　图 2.13　错误接法

应该将绿色线放在第 6 只引脚的位置，因为在 100Base-T 网络中，第 3 只引脚与第 6 只引脚是同一对，所以需要使用同一对线（见标准 T568B）。

（3）将裸露的双绞线用剪刀钳或斜口钳剪下只剩约 14mm 的长度。之所以剩下这个长度，是为了符合 EIA/TIA 标准，大家可以参考有关 RJ-45 水晶头和双绞线制作标准的介绍。

（4）将双绞线的每根线依序放入 RJ-45 水晶头的引脚内，第 1 只引脚内应该放白橙色的线，其余类推。插入双绞线如图 2.14 所示。

（5）确定双绞线的每根线已经正确放置后，如图 2.15 所示，就可以用 RJ-45 压线钳压接 RJ-45 水晶头。市面上还有一种 RJ-45 水晶头的保护套，可以防止水晶头在拉扯时造成接触不良。使用这种保护套时，需要在压接 RJ-45 水晶头之前就将这种保护套插在双绞线电缆中。

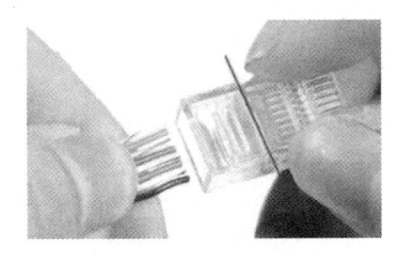

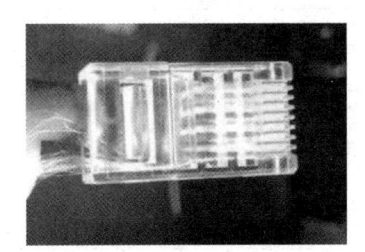

图 2.14　插入双绞线　　　　　　　　　图 2.15　检查双绞线是否正确放置

（6）重复（1）～（5），另一端 RJ-45 水晶头的引脚接法完全一样。这种连接方法适用于计算机和集线设备的连接，称为直通线。完成的 RJ-45 水晶头如图 2.16 所示。

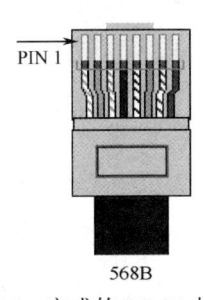

PIN 1

568B

图 2.16　完成的 RJ-45 水晶头

跳线就是指铜连接线，由标准的跳线电缆和连接硬件制成。跳线用在配线架上连接各种链路，可作为配线架或设备连接电缆使用。经常提到的双机互连跳线并非综合布线中使用的标准跳线，而是一种特殊的硬件设备连接线。当用双绞线将两台计算机直接连接时，或两台交换机通过 RJ-45 口对接时，就需要使用跳线。跳线也有专门的连接顺序。

跳线用于计算机与计算机的连接或集线设备的级联。其制作方法与水晶头端接基本相同，只是在线序上采用了第 1、3 线和第 2、6 线交换的方式，也就是一端采用 T568B 标准制作，另一端采用 T568A 标准制作。跳线的排列如图 2.17 所示。

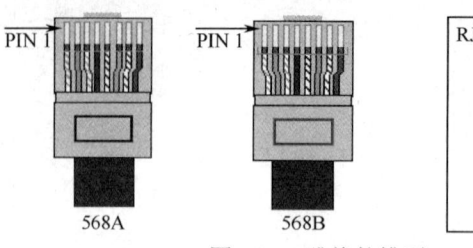

图 2.17　跳线的排列

任务评价

以团队小组为单位完成任务，以学生个人为单位进行实习考核。

序号	检查项目	分值	自我评分	小组评分	教师评分	备注
1	遵守安全操作规范	10				
2	态度端正、工作认真	10				
3	能正确说出各个耗材的名称	10				
4	能正确说出各个工具的作用	10				
5	能掌握布线端接的原理	10				
6	端接操作工艺	10				
7	测试结果	10				
8	遵守纪律	10				
9	做好 6S 管理工作	10				
10	完成任务工单的全部内容	10				

说明：

（1）每名同学总分为 100 分。

（2）每名同学每项为 10 分，计分标准为：不满足要求计 1～5 分，基本满足要求计 6～7 分，高质量满足要求计 8～10 分。

采用分层打分制，建议权重为：自我评分占 0.2，小组评分占 0.3，教师评分占 0.5，加权算出每名同学在本工作任务中的综合成绩。

任务总结

双绞线主要用来传输模拟的声音信息，但同样适用于数字信号的传输，特别是较短距离的信息传输。表征双绞线性能的指标包括衰减、近端串扰、直流环路电阻、特性阻抗、衰减串扰比、电缆特性；双绞线可分为非屏蔽双绞线和屏蔽双绞线，屏蔽双绞线的外层由一层金属材料包裹，价格相对要高一些；双绞线质量的优劣是决定局域网带宽的关键因素之一，只有标准的五类或超五类双绞线才能实现 100Mbit/s 以上的传输速率，而品质低劣的双绞线是无法满足高速率的传输需求的；在选购五类双绞线时，用户通常要从包装好、有标识、颜色清、绞合密、韧性好、有阻燃性这 6 个方面考虑。

任务2　同轴电缆及其传输特性

学习目标

- 了解同轴电缆的结构。
- 熟悉同轴电缆的分类。
- 知晓同轴电缆的性能指标。
- 会选用同轴电缆。
- 会制作同轴电缆连接器。

任务描述

同轴电缆能以低损耗的方式传输模拟信号和数字信号，适用于各种应用，其中常见的有电视广播系统、长途电话传输系统、计算机系统之间的短距离跳线及局域网互联等。通过学习，希望学生了解同轴电缆的结构、性能指标，知道如何选用同轴电缆，学会自己制作同轴电缆连接器。

任务引导

本任务将带领大家学习什么是同轴电缆，掌握同轴电缆的结构、分类和性能指标，学会如何选用同轴电缆及制作同轴电缆连接器，让大家比较系统地了解并掌握同轴电缆及其相关的知识与技能。

知识链接

2.2.1　同轴电缆的结构

同轴电缆（Coaxial Cable）是由一根空心的外圆柱导体（外导体）及其所包围的单根内导线（内导体）组成的，柱体同导线间由绝缘材料（绝缘介质）隔开，结构图如图2.18所示。

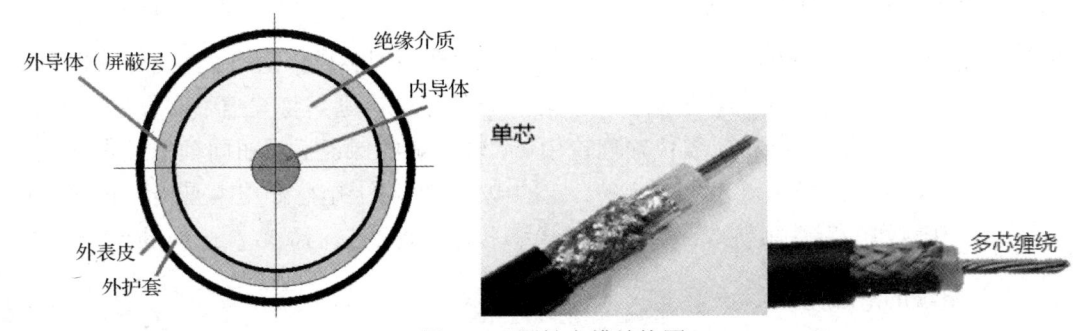

图2.18　同轴电缆结构图

2.2.2　同轴电缆的分类

同轴电缆从用途上可分为基带同轴电缆和宽带同轴电缆，主要为50Ω基带同轴电缆和75Ω

宽带同轴电缆两类。基带同轴电缆又分为细基带同轴电缆和粗基带同轴电缆。基带同轴电缆仅用于数字传输，数据传输速率可达 10Mbit/s。

在早期的网络中经常使用粗同轴电缆作为连接不同网络的主干电缆，如 20 世纪 80 年代早期以太网标准建立时，第一个定义的介质类型就是粗同轴电缆，但目前粗同轴电缆已经不经常被使用了。

细同轴电缆与视频网或电视网所采用的信息网络的电缆很相似，都是通过金属网形成屏蔽层的，能防止内部信号和外部环境相互干扰。只不过计算机通信所用的同轴电缆的阻抗、线缆的外径及外包层颜色等有所不同。在以太网规范中一般要求细同轴电缆的阻抗为 50Ω，采用基带类型的数据传输。但是，由于转发器等网络设备的使用，可以将信号放大并重新调整其时间，以便实现信号的长距离传输。

在细同轴电缆的中心有一个铜的或敷铜箔的铝导线，并在中轴上包裹着一层绝缘泡沫材料。有一种高质量的电缆是编的铜网，由铝箔的套管包围，缠绕着绝缘泡沫材料，而且电缆由外部的 PVC 或特氟纶套覆盖以绝缘。

细同轴电缆先连在同轴电缆连接器（Bayonet Nut Connector，BNC）上，再由同轴电缆连接器与 T 形接头连接。T 形接头的中部与计算机或网络设备的网络接口连接器（Network Interface Connector，NIC）连接在一起。如果计算机或网络设备是细同轴电缆中的最后一个站点，那么中继器就要连接在 T 形接头的一端。

细同轴电缆安装起来要比粗同轴电缆容易，而且便宜。下面是细同轴电缆的组网技术参数：

- 最大的干线段长度为 185m。
- 最大的网络干线电缆长度为 925m。
- 每条干线支持的最大节点数为 30 个。
- 同轴电缆连接器、T 形接头之间的最小距离为 0.5m。

采用细同轴电缆组网，除需要电缆外，还需要同轴电缆连接器、T 形接头及终端匹配器等。

2.2.3 同轴电缆的性能指标

1. 同轴电缆的特性阻抗

同轴电缆由两个不一样的、彼此之间用绝缘材料隔开的同芯导体组成。内导体是铜包铝或者铜芯线，外导体是铝管或金属编织网护套，若外导体接地，则其将充当中心导体的屏蔽层，具有抗外来干扰的作用。在同轴电缆传输理论中，同轴电缆能保证射频在同轴电缆内部进行传输。由于内、外导体相隔距离近，之间会有一定的电缆，实际上电感和电容是沿着传输线均匀分布的。所以传输线的特性阻抗取决于线路的电感和电容，而它们又取决于线的尺寸。

2. 同轴电缆的衰减特性

同轴电缆的衰减常数能反映电磁能量沿电缆传输时损耗的大小，是同轴电缆的主要传输特性之一。传输线中信号的衰减是由传输线中的分布电容和分布电感引起的。同轴电缆中的衰减与频率有关，随着频率的增加，串联电感的感抗增加，并联电容的容抗减少。当信号在电缆中传输时，经过一段距离后，信号会变得越来越弱，信号的减弱称为衰减，频率越高，损耗越大。电缆内、外导体的损耗与支承该导体的绝缘材料损耗相关，其中以导体损耗为主，内导体的损耗约占整个导体损耗的80%。为尽量减少损耗，使信号传送的距离更远，在生产电缆时采用介电常数较小的绝缘材料是唯一可行的办法。

3．同轴电缆的温度特性

环境温度变化是有线电视系统中信号电平波动的主要原因，由于同轴电缆的特性与环境温度变化有紧密的关系，特别是大系统的长干线更为突出，因此系统传输性能的好坏将随环境温度的变化而变化。当周围环境温度升高时，相应的同轴电缆的损耗会增加。环境温度变化是使同轴电缆电视系统中信号电平变化的最主要因素之一。

环境温度主要对同轴电缆的直流电阻及介质损耗产生影响。当环境温度升高时，如同频率增加一样，会使同轴电缆中的导体和介质损耗增加；当环境温度降低时，同轴电缆中的导体和介质损耗会随之减小。由于环境温度对同轴电缆损耗的影响较大，维护工作人员应特别注意。

2.2.4 同轴电缆的选用

同轴电缆通常用于传输有线电视信号、视频信号、数字信号和其他各种高频信号。根据用途不同，选用同轴电缆的标准也有差异。

质量好的同轴电缆从外观上看结构紧密、挺实，外护套光滑柔韧，编织网丝粗、密度大。除编织网丝数量外，屏蔽层编织角应小于45°，否则会使同轴电缆的屏蔽特性变差。工艺差的同轴电缆中心导体或绝缘部分都能从屏蔽层中拉出。

四屏蔽同轴电缆外导体的铝箔与物理发泡绝缘体的连接分黏接和搭接两种。搭接是将铝箔在物理发泡绝缘体上裹上一层，接头处重叠一部分，一般为3mm。黏接是铝箔与物理发泡绝缘体黏在一起。黏接比搭接屏蔽性能更好。最好的四屏蔽电缆都采用黏接。

有线电视系统和高频宽带监控系统所用的同轴电缆多为高频物理发泡电缆。由于电缆的低频抗干扰特性差，外界在低频段的干扰强度大、干扰频率高，在使用上会有意避开5MHz以下的频段。但上述系统工作的频带宽，因此在选择电缆时，应特别注意高频的衰减特性和反射损耗。在有线电视反向传输信号时，所有终端的噪声会汇集到前端。所以，为了尽量减小电缆受外界的干扰，通常选用4层屏蔽电缆或铝管电缆。

在施工中，不能破坏电缆的外形，否则会影响电缆的阻抗特性和屏蔽特性。电缆连接时，必须采用专用接头连接。制作前，应参考同轴电缆的接头制作方法。据统计，在工程中有80%以上故障出在接头上。当电缆对过强的干扰信号屏蔽达不到传输要求时，可以采用辅助措施解决，如在外导体加金属管或磁环，屏蔽信号或短路信号；在传输线两端加调制解调器；转移频率、躲避干扰，或采用增加视频幅度、压制干扰等方法。

2.2.5 同轴电缆连接器

同轴电缆接头的型号根据不同的标准和应用而有所不同，以下是一些常见的同轴电缆接头。

（1）BNC（Bayonet Neill-Concelman）接头：BNC接头是较常见和较广泛应用的同轴电缆接头，其特点是易于连接和断开，可应用的频率范围为从DC（直流）开始，一直延伸到40MHz。

（2）SMA（SubMiniature version A）接头：SMA 接头是一种常见的小型同轴电缆接头，通常应用于高频率，应用范围为 DC 到 18GHz，尤其在无线通信和射频设备中被广泛使用。

（3）N 型接头：N 型接头是一种大型同轴电缆接头，用于高功率和高频率，应用范围为 DC 到 11GHz，如基站天线和无线通信系统。

（4）TNC（Threaded Neill-Concelman）接头：TNC 接头是一种带有螺纹连接的变种接头，与 BNC 接头兼容，用于高频率，应用范围为 DC 到 11GHz。

（5）F 型接头：F 型接头主要用于电视和卫星系统中，通常用同轴电缆将其连接到电视机、机顶盒等设备中。

根据不同的应用和需求，可能会有其他型号的同轴电缆接头。在选择和使用同轴电缆接头时，要确保其与所使用的同轴电缆和设备兼容，并符合频率和功率的要求。

同轴电缆连接器采用压接或插接的方式与网络连接在一起，依靠机械力量将组件固定在适当位置上，同轴电缆连接器的电气性能要求其接触良好、信号衰减尽量小，接头牢固、可靠、耐腐防火。

任务工单

扫码观看同轴电缆连接器制作的微课视频。

学生依据实施要求及操作步骤，在教师的指导下完成本工作任务，并填写任务工单。

同轴电缆连接器制作

任务名称	同轴电缆连接器制作	实训设备、材料及工具	同轴电缆、F 型连接器、剥线钳、水口钳、六角压线钳
任务	观看微课视频，完成同轴电缆连接器的制作，并进行测试		
任务目的	掌握同轴电缆连接器的制作方法		

1. 咨询

（1）同轴电缆的对接方法。

（2）同轴电缆连接器的组成。

2. 决策与计划

根据任务要求，确定所需要的设备及工具，并对小组成员进行合理分工，制订详细的工作计划。

（1）讨论并确定实验所需的设备及工具。

（2）成员分工。

（3）制定实训操作步骤。

① _____

② _____

③ _____

④ _____

续表

3．实施过程记录 （1）分析实践用的线缆的结构特点。 （2）实践操作，总结应该注意的问题。 （3）记录实践的相关数据。 4．检查与测试 根据任务要求，检查操作的正确性，当出现故障时进行排除，并记录测试结果。 （1）检查操作是否正确。 （2）记录测试结果。 （3）分析原因，排除故障。

任务实施

F 型同轴电缆连接器是大家日常生活中都会见到的射频连接器，广泛应用于有线电视、卫星电视、有线电视调制解调器与电视机的连接等领域。

F 型同轴电缆连接器的制作步骤如下：

（1）工具准备好后，使用剥线钳剥除线缆 1～2cm 的绝缘外层。

（2）将网状的屏蔽线向后剥开，将屏蔽网修剪齐，将里面的屏蔽纸剪掉。

（3）使用剥线钳剥开同轴电缆的内绝缘层，露出线芯，操作过程中注意不要伤到铜芯。

（4）套入卡环，将 F 型同轴电缆连接器尾部对准线芯（内导体），插入线缆外皮中，注意屏蔽线不能接触铜芯。

（5）使用同轴电缆专用六角压线钳夹紧卡环，把外屏蔽网和电缆一起卡紧，进行连接器的固定，如果线芯过长，可以适当剪短。

（6）制作另一头的 F 型同轴电缆连接器。

任务评价

以团队小组为单位完成任务，以学生个人为单位进行实习考核。

序号	检查项目	分值	自我评分	小组评分	教师评分	备注
1	遵守安全操作规范	10				
2	态度端正、工作认真	10				
3	能正确说出各个耗材的名称	10				
4	能正确说出各个工具的作用	10				
5	能掌握同轴电缆的对接方法	10				
6	操作工艺	10				

续表

序号	检查项目	分值	自我评分	小组评分	教师评分	备注
7	测试结果	10				
8	遵守纪律	10				
9	做好 6S 管理工作	10				
10	完成任务工单的全部内容	10				

说明：

（1）每名同学总分为 100 分。

（2）每名同学每项为 10 分，计分标准为：不满足要求计 1~5 分，基本满足要求计 6~7 分，高质量满足要求计 8~10 分。采用分层打分制，建议权重为：自我评分占 0.2，小组评分占 0.3，教师评分占 0.5，加权算出每名同学在本工作任务中的综合成绩。

任务总结

同轴电缆与双绞线相比，同轴电缆的抗干扰能力强、屏蔽性能好、传输数据稳定，而且它不用连接在集线器或交换机上就可使用。同轴电缆从用途上可分为基带同轴电缆和宽带同轴电缆，基带同轴电缆又分细基带同轴电缆和粗基带同轴电缆。同轴电缆的性能指标涉及其特性阻抗、衰减特性及温度特性。同轴电缆通常用于传输有线电视信号、视频信号、数字信号和各种高频信号。根据用途不同，选用同轴电缆的标准也有差异。在施工中，不能破坏同轴电缆的外形，同轴电缆必须采用专用接头进行连接。

任务 3　光纤及其传输特性

学习目标

- 了解光纤的结构。
- 熟悉光纤的分类。
- 知晓光纤的物理特性及传输特性。
- 知晓光纤的性能指标。
- 理解光纤通信系统及其基本结构。
- 会选用光纤。
- 会制作光纤快速接续连接器。

任务描述

光纤（光导纤维）是一种传输光束的细而柔韧的媒质。光纤电缆由一捆光纤组成，简称光缆。通过学习，希望学生了解局域网中常用的光缆及光缆产品。

任务引导

本任务将带领大家学习什么是光纤，掌握光纤的结构及物理特性、性能指标、光纤通信系统及其基本结构，学会如何选用光纤，完成光纤快速接续连接器的制作，让大家比较系统地了解并掌握光纤及与其相关的知识和技能。

2.3.1 光纤及其结构

随着互联网的迅猛发展，光纤通信已经进入用户网，并逐步取代用户网中的音频电缆，从而走进千家万户。所谓光纤通信，是指将要传送的语音、图像和数据信号等调制在光载波上，以光纤作为传输媒介的通信方式。光纤是迄今为止发现的较适合传导光的传输媒介，是光纤通信系统中不可缺少的组成部分。

光纤技术是网络介质中较先进的技术，其用于以极快的速度传输较大信息的场合。光纤是用于电气噪声环境中的较好的电缆，因为它携带的是光脉冲，而不是电脉冲。所以它可作为计算机网络的主干线缆，为服务器之间提供较快的、容错性较好的数据通路。

光纤由纤芯、包层、涂覆层组成，如图2.19所示。纤芯和包层仅在折射率等参数上不同，结构上是一个完整整体；纤芯直径一般小于50μm，单模光纤的纤芯直径为7~9μm，多模光纤的纤芯直径为50~80μm。无论何种光纤，其包层直径都是一致的，包层直径一般为125μm。涂覆层的主要作用是为光纤提供保护，一次涂覆层材料为丙烯酸酯、有机硅或硅橡胶；为保护光纤，在一次涂覆层外有二次涂覆层，其材料为聚丙烯或尼龙等高聚物，二次涂覆层又称塑料套管（护套）；一次涂覆层与二次涂覆层之间一般有性能良好的填充油膏，也称缓冲层，如图2.20所示。

光纤通常被扎成束，外面有保护外壳。纤芯通常是由石英玻璃制成的横截面很小的双层同心圆柱体，质地脆、易断裂，因此需要外加保护层。

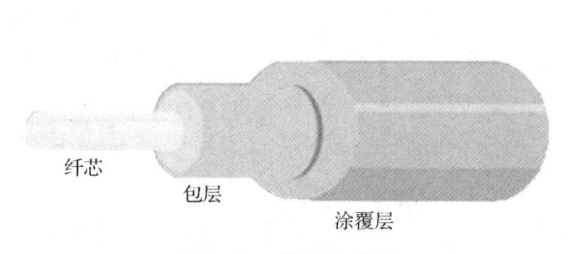

图2.19 光纤结构图　　　　图2.20 光纤涂覆层

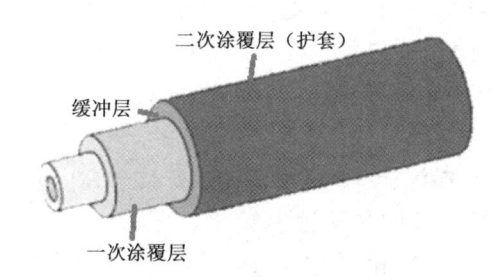

光纤是数据传输中非常有效的一种传输介质，其具有以下几个优点。

（1）频带较宽。

（2）电磁绝缘性能好。光缆中传输的是光束，由于光束不受外界电磁的干扰与影响，而且本身也不向外辐射信号，因此它适用于长距离的信息传输及要求高度安全的场合。当然，抽头困难是它固有的难题，因为割开的光缆需要再生和重发信号。

（3）衰减较小。可以说，在较长距离和范围内信号是一个常数。

（4）由于中继器的间隔较大，因此可以减少整个通道中继器的数目，从而降低成本。根据贝尔实验室的测试，当数据传输速率为420Mbit/s、距离为119km且无中继器时，其误码率为10e-8，可见其传输质量很好。而同轴电缆和双绞线每隔几千米就需要接一个中继器。

在使用光缆互连多个小型机的应用中，必须考虑光纤的单向特性，如果要进行双向通信，那么就应使用双股光纤。由于要对不同频率的光进行多路传输和多路选择，因此在通信器件市场上又出现了光学多路转换器。

在普通计算机网络中安装光缆是从用户设备开始的，因为光缆只能单向传输。为了实现双向通信，光缆就必须成对出现——一个用于输入，另一个用于输出。光缆两端接光学接口器。

安装光缆需格外谨慎。连接每条光缆时都要磨光端头，通过电烧烤或化学环氯工艺与光学接口连在一起，以确保光通道不被阻塞。光纤不能拉得太紧，也不能形成直角。

2.3.2 光纤的分类

1．按照材料分类

按照制造光纤所用的材料分类，光纤分为石英系光纤、多组分玻璃光纤、塑料包层石英芯光纤、全塑料光纤和氟化物光纤等。

全塑料光纤是用高度透明的聚苯乙烯或聚甲基丙烯酸甲酯（有机玻璃）制成的。它的特点是制造成本低廉，相对来说纤芯直径较大，与光源的耦合效率高，耦合进光纤的光功率大，使用方便。但由于其损耗较大、带宽较小，这种光纤只适用于短距离、低速率通信，如在短距离计算机网链路、船舶内通信等。目前通信中普遍使用的是石英系光纤。

2．按照传输方式分类

按照传输方式分类，光纤分为单模光纤（Single-Mode Fiber）和多模光纤（Multi-Mode Fiber）。

单模光纤的纤芯直径很小，在给定的工作波长中只能以单一模式光信号传输，常规有G.652、G.653、G.654、G.655等传输等级；单模光纤偏振色散（PMD）规范建议纤芯直径为8～10μm，包层直径为125μm；单模光纤传输百兆信号的距离可达几十千米，单模光纤只传输主模，也就是说光线只沿光纤的内芯进行传输，由于完全避免了模式射散，使单模光纤的传输频带很宽，因此单模光纤适用于大容量、长距离的光纤通信。

多模光纤是在给定的工作波长中，以多个模式光信号同时传输光纤的。与单模光纤相比，多模光纤的传输性能较差。多模光纤的纤芯直径为50～200μm，而包层直径的变化范围为125～230μm。国内计算机网络一般采用的纤芯直径为62.5μm，包层直径为125μm。根据光的模式，多模光纤分为OM1、OM2、OM3，多模光纤传输百兆信号的最远距离为2km。

在导入波长上，分单模1310nm、1550nm；多模850nm、1300nm。

3．按照工作波长分类

按照光纤的工作波长分类，光纤分为短波长光纤、长波长光纤和超长波长光纤。
常用光纤规格如下。

（1）单模光纤：8/125μm、9/125μm、10/125μm。
（2）多模光纤：50/125μm（欧洲标准）、62.5/125μm（美国标准）。
（3）工业、医疗和低速网络光纤：100/140μm、200/230μm。
（4）塑料光纤：98/1000μm，用于汽车控制。

4．按照折射率分类

按照折射率不同，光纤可分为阶跃型光纤和渐变型光纤。

阶跃型光纤：光纤的纤芯折射率高于包层折射率，使输入的光能在纤芯-包层交界面上不断产生全反射而前进。这种光纤纤芯的折射率是均匀的，包层的折射率稍低一些。光纤中心芯到玻璃包层的折射率是突变的，只有一个台阶，所以称为阶跃型折射率多模光纤，简称阶跃光纤，也称突变光纤。

渐变型光纤：光纤中心芯到玻璃包层的折射率是逐渐变小的，可使高次模的光按正弦形式传播，这能减少模间色散，提高光纤带宽，增加传输距离，但成本较高，现在的多模光纤多为渐变型光纤。渐变型光纤的包层折射率分布与阶跃型光纤的一样，为均匀的。渐变型光纤纤芯的折射率在中心最大，沿纤芯半径方向逐渐减小。由于高次模和低次模的光线分别在不同的折射率层界面上按折射定律产生折射，进入低折射率层中去，因此，光的行进方向与光纤轴方向所形成的角度会逐渐变小。

2.3.3 光纤的连接方式

光纤有 3 种连接方式，即永久性连接（熔接）、机械连接和活动连接。

1．永久性连接

永久性连接是指用辅助工具将敷设的光纤与尾纤的外皮剥去，切割、清洁后，在熔接盘等的保护下用放电的方法将两根光纤的连接点熔化并黏接在一起。永久性连接一般用在长途接续、永久或半永久固定连接中，其形成的光纤和单根光纤差不多，但性能有些衰减。

2．机械连接

机械连接主要是指用机械和化学的方法，先将敷设的光纤与尾纤的外皮剥去，切割、清洁后，插入接续匹配盘中对准，相切并锁定，然后把两根光纤黏接在一起。受过训练的人员大约用 5 分钟的时间就能完成机械连接，光的损失大约为 10%。

3．活动连接

活动连接是利用各种光纤连接器件（插头和插座），将站点与站点或站点与光缆连接起来的一种方式。连接头一般要损耗 10%～20%的光，但它重新配置系统较容易。

2.3.4 光纤的特性

1．光纤的物理特性

光纤是通过光线在折射率由里及外升高的石英玻璃或塑料介质芯片中全反射的原理来完成信号传输的。平常人眼能看见的光线通常称为可见光。可见光的波长范围为 390～760nm，波长大于 760nm 的部分称为红外光，波长小于 390nm 的部分称为紫外光。一般在光纤中用于通信的光信号为 850nm、1300nm 和 1550nm 3 种。与其他通信介质相比，光纤有以下特性。

（1）光纤很轻，每千米光纤重几十克。例如，通 21 000 话路的 900 对双绞线，其直径为 7.62cm，质量为 8000kg/km。而通信量为双绞线 10 倍的光缆，直径为 1.27cm，质量为 17.3kg/km。

（2）完全的电磁绝缘，不必担心内部信号存在泄露而导致安全问题，更不必考虑外部各种强弱电源系统会对光纤产生干扰而影响信号传输,特别适合用在电磁干扰较高的场合。

(3)使用光纤,我们不必再担心串扰及回波损耗等在安装过程中必须注意的微小细节。由于是光通路,光纤与玻璃或塑料性质相同,因此没有电流通过,不会产生热和火花。光纤不怕雷击、不怕静电,并具有较高的环境适应温度和较强的耐腐蚀性,可以放心地用于严禁烟火的厂矿企业、库房、人口密集区等场合。

(4)光纤可提供的带宽高达数百 Gbit/s,这可能是未来带宽网络的唯一选择。在保证通信质量的前提下,光纤的无中继传输距离远远大于其他种类线缆的无中继传输距离,一般可高达数千米。

(5)极高的通信安全保障。窃听电话、盗接闭路信号的事情时有发生,但几乎没有人能从一条正在工作的光纤中有任何"意外收获"。所以,光纤是未来网络通信的主要方向,无论是其相关产品的价格还是技术支持,都被人们所接受,因而光纤是人们较可靠的选择。

但是,在当前技术条件下,光纤还不能完全代替电缆或双绞线,因为光纤自身强度不够,布线"弯曲半径"比较大,用户端的光纤连接线还不能反复接插;另外,虽然光纤本身价格不贵,但所谓的"全光网络"价格较贵,加之光纤安装调试和维护均比较麻烦,因此光纤还未全面应用,双绞线还有很大的市场。

2. 光纤的传输特性

光纤传输要比传统的铜介质传输复杂得多,究其原因为光纤传输的是光脉冲信号,而不是电压信号,光纤传输能将网络数据的 0 和 1 信号转换为某种光源的灭和亮。这种光源通常来自于激光管或发光二极管,光源发出的光按照被编码的数据实现亮和灭的转换。

目前常用的光纤通常可分为两种,即单模光纤和多模光纤,两者的传输特性有所不同。对于单模光纤而言,一次只能容纳一路光信号通过。因其直径很小,光信号几乎是直线通过的,如图 2.21 所示。而多模光纤的直径较大,能同时容纳多路光信号通过,如图 2.22 所示。单模光纤的通行能力比多模光纤的通行能力要强,通常用于通信容量较大的主干线路,这是因为单模光纤可最大限度地利用带宽;而多模光纤存在"模态色散"的问题,在多模光纤中不同波长(也可理解为不同频率)的光信号,在多次反射后产生的传输延迟现象会影响光纤的带宽。所以,多模光纤一般用于数千米左右的传输,距离再远则需要中继器,或直接采用单模光纤。实际上,光脉冲信号在经过光纤后几乎都会产生脉冲畸变或脉冲展宽的现象,统称为光纤的脉冲色散(这并不是由信号强度衰减而引起的)。光纤的脉冲色散主要是模态色散、材料色散和波导色散 3 种原因造成的。其中,模态色散是指不同的传输模沿不同的途径到达终端,各种模的延迟不同,从而造成输出光脉冲的展宽不同。模态色散是造成多模光纤传输距离小于单模光纤传输距离的主要原因。

图 2.21 单模光纤   图 2.22 多模光纤

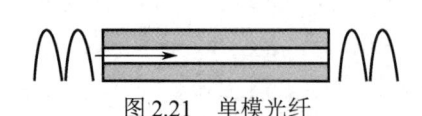

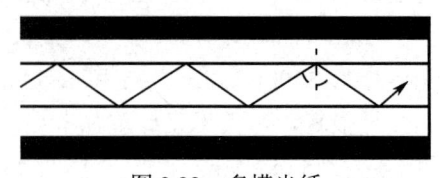

2.3.5 光纤的性能指标

1．衰减

光纤网络安装中的最大问题之一就是衰减。衰减是指作为数据载体的信号（光信号）在功率上的损失和减弱。它的单位是分贝（dB）或 dB/km，后者是针对某一特定的网络而言的，光纤连接中 3dB 的衰减相当于信号损失了 50%。

在光纤网络中，从发送端到接收端存在的衰减越大，两者之间的最大距离就越短。影响光纤中光信号衰减的主要因素有光纤连接中间的缝隙过大；连接器安装不正确；光纤本身质地不纯，混有杂质；网线受过多的弯折；网线受过分的拉伸。

2．许可度

许可度是指特定的光纤（多模光纤）能接受光信号作为其入射信号的程度。在多模光纤中，两个或几个信号间的许可度的差异越大，模态色散的影响就越大。

3．数值孔径

数值孔径是易被人们忽略的一个问题，但它是一个非常重要的性能指标，特别是在接合两根光纤时，数值孔径用来表示一根特定的光纤容纳光信号的参数，在数值上等于一个包含许可度的数学表达式的值。

数值孔径的数值是一个 0 与 1 之间的小数，值取 0 表示光纤没有接收任何光信号，值取 1 表示光纤接收了入射的所有光信号。数值孔径值越小，光纤接收入射的光信号就越少，光信号能传输的距离也就越短；反之，一个较大的值表示信号可以传输得更远，但是只能提供一个较低的带宽。

4．色散

色散是指不同波长的光穿过光纤时散射开的现象。而之所以产生色散，是因为不同波长的光在同一种介质中的传播速度是不同的。当它们反复反射穿过光纤时，不同波长的光会在光纤壁上以不同的角度反射，不同波长的光会越来越伸展分离，直到在完全不同的时间到达目的地。

2.3.6 光纤通信系统及其基本结构

1．光纤通信系统

光纤通信系统是以光波为载体、光纤为传输媒体的通信方式，起主导作用的是光源、光纤、光发送机和光接收机。其中，光源是光波产生的根源；光纤是传输光波的载体；光发送机的功能是产生光束，先将电信号转换为光信号，再把光信号导入光纤；光接收机的功能是负责接收从光纤上传输的光信号，并先将它转换为电信号，经解码后再做相应处理。

2．基本结构

光纤通信系统的基本结构如图 2.23 所示。

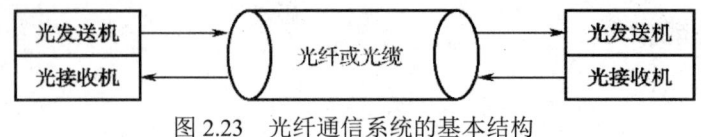

图 2.23　光纤通信系统的基本结构

1）光发送机

光发送机是实现电/光转换的光端机，它由光源、驱动器和调制器组成。其功能是先将电信号调制成光信号，使其成为已调光波，然后将已调的光信号耦合到光纤或光缆中进行传输。电端机就是常规的电子通信设备。

光纤的接收端由光电二极管构成，在遇到光时，它会给出一个点脉冲。光电二极管的响应时间一般为 1ns，这就是把数据传输速率限制在 1Gbit/s 内的原因。热噪声也是一个问题，因此光脉冲必须具有足够的能量以便被检测到。如果光脉冲能量足够强，则出错率可以降到非常低的水平。

2）光接收机

光接收机是实现光/电转换的光端机。它由光检测器和光放大器组成。其功能是将光纤或光缆传输来的光信号，先经光检测器转换为电信号，然后将这微弱的电信号经放大电路放大到足够的电平，送到接收端的电端机中。

3）光纤或光缆

光纤或光缆构成了光的传输通路。其功能是将发信端发出的已调光信号，经过光纤或光缆的远距离传输后，耦合到收信端的光检测器上，完成传输信息的任务。

4）中继器

中继器由光检测器、光源和判决再生电路组成。它的作用有两个：一个是补偿光信号在光纤中传输时受到的衰减；另一个是对波形失真的脉冲进行整形。首先输入光在中继器中被转换成电信号，如果电信号减弱，则其会被中继器重新放大到最大强度，然后转换成光再发送出去。连接计算机的是一根进入信号再生器的普通铜线。现在已有纯粹的光中继器，这种设备不需要进行光电转换，因而可以以非常高的带宽运行。

5）光纤连接器、耦合器等无源器件

由于光纤或光缆的长度受光纤拉制工艺和光缆施工条件的限制，且光纤的拉制长度也是有限度的（如 1km），因此一根光纤线路可能会存在多根光纤相连接的问题。于是，光纤间的连接、光纤与光端机的连接及耦合，对光纤连接器、耦合器等无源器件的使用是必不可少的。

2.3.7　光纤的选用

光纤的选用，可参照以下六步实施。

1. 选择正确的接头类型

不同的接头用于插入不同的设备。如果两端设备的端口相同，那么可以使用 LC-LC／SC-SC／

MPO-MPO 跳线。如果两端设备的端口不同，那么使用 LC-SC / LC-ST / LC-FC 跳线更适合。

2．确定单模光纤跳线还是多模光纤跳线

单模光纤跳线主要用于长距离数据传输。多模光纤跳线主要用于短距离数据传输。在不同传输标准下，选择单模光纤跳线还是多模光纤跳线，如表 2.1 所示。

表 2.1　不同传输标准的光纤跳线类型选择

序号	传输标准	光纤跳线类型
1	1000BASE-SX	多模 OM1、OM2 光纤跳线
2	1000BASE-LX	单模光纤跳线
3	1000BASE-EX	单模光纤跳线
4	1000BASE-ZX	单模光纤跳线
5	10GBASE-SR	多模 OM3、OM4 光纤跳线
6	10GBASE-LR	单模光纤跳线
7	10GBASE-ER	单模光纤跳线
8	10GBASE-ZR	单模光纤跳线
9	40G BASE-SR4	多模 OM3、OM4 光纤跳线
10	40G BASE-LR4	单模光纤跳线
11	40G BASE-ER4	单模光纤跳线
12	100FBASE-SR10	多模 OM3、OM4 光纤跳线
13	100FBASE-SR4	多模 OM3、OM4 光纤跳线
14	100FBASE-LR4	单模光纤跳线
15	100FBASE-ER4	单模光纤跳线

3．确定单工还是双工

单工意味着此光纤跳线只带有一根光缆，每端只有一个光纤连接器，用于单纤双向（Bidirectional，BIDI）的多模光模块。双工可以看成并排的两根光纤跳线，用于普通光模块。

双工光纤线缆是由两股玻璃纤维或塑料纤维组成的，位于线缆的同一个外层护套内。通常，双工光纤线缆采用拉链绳结构。双工光纤常用于需要传输和接收信号的设备之间的通信，特别用于接收那些在单独的光纤上传输和接收的信号。因此，如果使用一根双工光纤，而不是两根单工光纤，则无须切换，可同时进行双向通信。

4．选择光纤跳线的长度

光纤跳线的长度不同，通常为 0.5～100m。具体可根据自己连接设备的距离选择最合适的光纤跳线长度。正常情况下，长度在 500m 内是没有问题的，如果考虑后期维护等综合因素的影响，长度一般不会超过 200m。

5．选择连接器抛光类型

由于 APC（斜面物理接触，光纤端面通常研磨成 8°斜面）连接器的损耗低于 UPC（超物理端面，UPC 有一个轻微的弧度）连接器的损耗，通常，APC 连接器的光学性能优于 UPC 连

接器的光学性能。在当前市场中，APC 连接器被广泛地用于诸如 FTTx（光纤到 x，为各种光纤通信网络的总称），以及无源光网络（PON）和波分复用（WDM）对回波损耗更敏感的应用中。但是 APC 连接器通常比 UPC 连接器贵，所以要根据自己的实际情况考虑是否需要 APC 连接器。

对于那些要求高精度光纤信号的应用系统来说，APC 连接器应该作为第一选择，但是对于其他不太敏感的系统，选择 UPC 连接器同样表现良好。

6．选择合适的光纤护套

光纤护套的材质有 PVC、LSZH、Plenum、Riser 等。

PVC（聚氯乙烯）材质的光纤护套是较常见的，具有机械性能好、电绝缘性高、柔韧度强、坚固且阻燃性好等特性，但对光、热的稳定性较差，更适用于室内光纤线缆的外护套，价格较低。

LSZH（低烟无卤）材质的光纤护套，具有低烟、低毒、低腐蚀与高阻燃等特性，安全环保，是室外安全护套的理想选择，价格较高。

Plenum 级材质的光纤护套，具有高阻燃性，同时在极高温度下几乎不会产生毒气或腐蚀性气体；Plenum 级材质的光纤线缆是通风管道或空气处理设备中，空气回流增压系统的布线首选。

Riser 级材质的光纤护套，相比于 Plenum 级材质的光纤护套，阻燃性能较弱；Riser 级材质的 OFNR 级光纤线缆一般用于大楼垂直主干布线区域。

2.3.8 光纤连接器

光纤连接器包括在装配时只连接一根光纤的连接器和在装配时只连接两根光纤的连接器。按连接方式，光纤连接器又可分为弹簧夹式（SC、双 ST、FDDI）光纤连接器、卡口式（ST）光纤连接器和旋拧式（FC）光纤连接器几种。

每个光纤连接器都要求厂家对产品型号、使用方法、可接收材料，甚至是连接所使用的工具做出详细说明。

对于光纤连接器，除上述技术性能要求外，当其插入插座时，插头中的光纤芯就与插座中的芯对准连接在一起了，这时有两个重要问题必须注意：一是光纤芯必须完全对齐，端对端的连接必须达到完全平齐，不能在轴向上有任何改变，一般采用黏合剂黏接或用压接工具固定光纤；二是当有诸如擦痕、凹陷、突起、裂锭之类的缺陷时，必须在连接过程中增加一个打磨的步骤或"切开"固定的步骤。

在安装任何光纤系统时，都必须考虑以低损耗的方法把光纤或光缆相互连接起来，以实现光纤链路的接续。光纤链路的接续又可分为永久性的接续和活动性的接续两种。永久性的接续大多采用熔接法、黏接法或固定连接器来实现；活动性的接续一般采用活动连接器来实现。

光纤活动连接器俗称活接头，一般称为光纤连接器，用于连接两根光纤或光缆以形成连续光通路的可以重复使用的无源器件，已经广泛被应用在光纤传输线路、光纤配线架和光纤测试仪器、仪表中，是目前使用数量最多的光无源器件之一。

1．光纤连接器的基本构成

目前，大多数光纤连接器是由三部分组成的，即两个配合插头和一个耦合管。两个配合插头装进两根光纤尾端；耦合管起对准套管的作用。另外，耦合管多配有金属或非金属法兰盘，以便光纤连接器的安装固定。法兰盘如图 2.24 所示。

图 2.24 法兰盘

2．光纤连接器的对准方式

光纤连接器的对准方式有两种，即高精密组件对准和主动对准。

（1）高精密组件对准是较常用的对准方式，该对准方式先将光纤穿入并固定在插头的支撑套管中，再将对接端口进行打磨或抛光处理，在套筒耦合管中实现对准。

（2）主动对准对组件的精度要求较低，其光纤连接器可按低成本的普通工艺制造。另外，可利用光学仪表（如显微镜、可见光源）辅助调节，以对准光纤芯。

3．光纤连接器的分类

按照不同的分类方法，光纤连接器可以分为不同的种类。常用的光纤连接器如图 2.25 所示。按照传输媒介的不同，光纤连接器可分为单模光纤连接器和多模光纤连接器；按照结构的不同，光纤连接器可分为 FC 型光纤连接器、SC 型光纤连接器、ST 型光纤连接器、MT-RJ 型光纤连接器、LC 型光纤连接器、MU 型光纤连接器等；按照插针端面的不同，光纤连接器可分为 PC 型光纤连接器、UPC 型光纤连接器和 APC 型光纤连接器 3 种；按照光纤芯数的不同，光纤连接器可分为单芯光纤连接器、多芯光纤连接器。在实际应用中，一般按照光纤连接器结构的不同来区分。

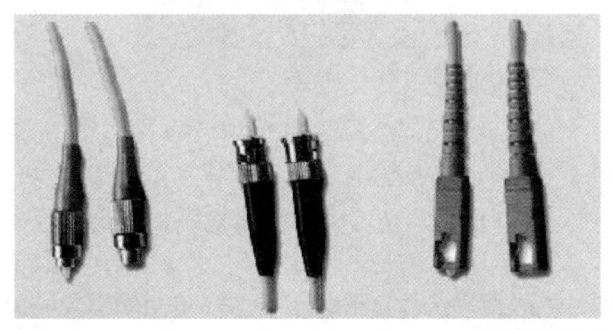

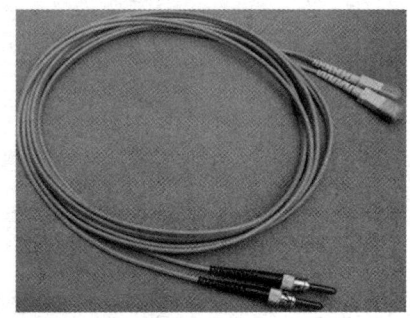

图 2.25 常用的光纤连接器

4．常见的光纤连接器

（1）FC 型光纤连接器如图 2.26 所示。FC 是 Ferrule Connector 的缩写，表明其外部加强方式为采用金属套，紧固方式为采用螺丝扣。最早 FC 型连接器采用的陶瓷插针的对接端面是平面。此类连接器结构简单、操作方便、制作容易，但光纤端面对微尘较敏感，且容易产生菲涅耳反射，提高回波损耗性能较困难。后来，人们对该类连接器做了改进，采用对接端面为球面的插针，但外部结构没有改变，使插入损耗和回波损耗性能有了较大幅度的提高。

（2）SC 型光纤连接器如图 2.27 所示。SC 型光纤连接器的外壳形状为矩形，所采用的插针与耦合套筒的结构、尺寸和 FC 型光纤连接器采用的插针与耦合套筒的结构、尺寸完全相同，其中插针的端面研磨方式多采用 PC 型研磨方式或 APC 型研磨方式；紧固方式采用插拔销闩式，无须旋转。此类连接器价格低廉、插拔操作方便、介入损耗波动小、抗压强度较高、安装密度也较高。

图 2.26　FC 型光纤连接器　　　　　　　图 2.27　SC 型光纤连接器

（3）ST 型光纤连接器如图 2.28 所示。ST 型光纤连接器外壳形状为圆形，所采用的插针与耦合套筒的结构、尺寸和 FC 型光纤连接器采用的插针与耦合套筒的结构、尺寸完全相同，其中插针的端面研磨方式多采用 PC 型研磨方式或 APC 型研磨方式；紧固方式为采用螺丝扣。此类连接器适用于各种光纤网络，操作简便，且具有良好的互换性。

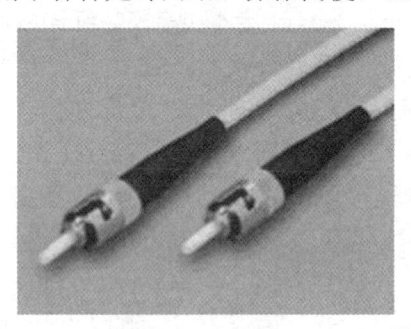

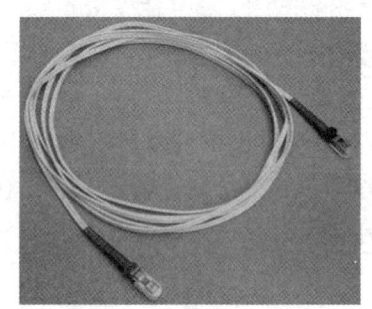

图 2.28　ST 型光纤连接器

（4）MT-RJ 型光纤连接器。MT-RJ 型光纤连接器带有与 RJ-45 型局域网（LAN）电连接器相同的闩锁机构，通过安装于小型套管两侧的导向销对准光纤，为便于与光信号收/发机相连，连接器端面的光纤为双芯（间隔 0.75mm）排列设计，是用于数据传输的主要高密度光纤连接器。

（5）LC 型光纤连接器如图 2.29 所示。LC 型光纤连接器是由著名的贝尔实验室开发的，采用操作方便的模块化插孔（RJ）闩锁机理制成。此类连接器所采用的插针和套筒的尺寸是普通 SC 型、FC 型等光纤连接器所用尺寸的一半，即 1.25m，其提高了光纤配线架中光纤连接器的密度。目前，在单模 SFF（小型化光纤连接器的简称）方面，LC 型光纤连接器实际上已经占据了主导地位，其在多模方面的应用也在迅速增长。

（6）MU 型光纤连接器如图 2.30 所示。MU（Miniature Unit Coupling）型光纤连接器是以 SC 型光纤连接器为基础研发的世界上最小的单芯光纤连接器之一。该连接器采用直径为

1.25mm 的套管和自保持机构，其优势在于能实现高密度安装。MU 型光纤连接器系列包括用于光缆连接的插座型光连接器（MU-A 系列）、具有自保持机构的底板连接器（MU-B 系列）及用于连接 LD/PD（激光二极管/光探测器）模块与插头的简化插座（MU-SR 系列）等。随着光纤网络向更大带宽、更大容量方向迅速发展及 DWDM（Dense Wavelength Division Multiplexing，密集波分复用）技术的广泛应用，社会对该类连接器的需求会迅速增长。

图 2.29　LC 型光纤连接器

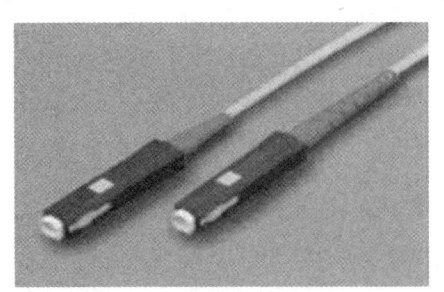

图 2.30　MU 型光纤连接器

5．光纤跳线

各种光纤跳线如图 2.31 所示。其由一段 1～10m 的光纤与光纤连接器组成。在光纤的两端各接一个光纤连接器，即可做成光纤跳线。光纤跳线可以分为单线光纤跳线和双线光纤跳线。由于光纤一般只进行单向传输，需要通信的设备通常要连接收/发两根光纤，因此，如果使用单线光纤跳线，则需要两根，而使用双线光纤跳线则只需要一根。

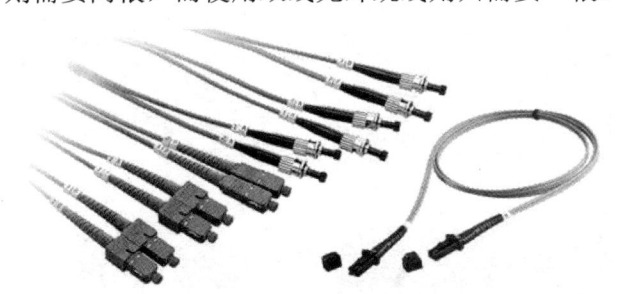

图 2.31　各种光纤跳线

根据光纤跳线两端的光纤连接器的类型不同，光纤跳线分为以下几种。

- ST-ST 跳线：两端都为 ST 型光纤连接器的光纤跳线。
- SC-SC 跳线：两端都为 SC 型光纤连接器的光纤跳线。
- FC-FC 跳线：两端都为 FC 型光纤连接器的光纤跳线。
- ST-SC 跳线：一端为 ST 型光纤连接器，另一端为 SC 型光纤连接器的光纤跳线。
- ST-FC 跳线：一端为 ST 型光纤连接器，另一端为 FC 型光纤连接器的光纤跳线。
- SC-FC 跳线：一端为 SC 型光纤连接器，另一端为 FC 型光纤连接器的光纤跳线。

任务工单

扫码观看光纤快速接续连接器制作的微课视频。

学生依据实施要求及操作步骤，在教师的指导下完成本工作任务，并填写任务工单。

光纤快速接续连接器制作

任务名称	光纤快速接续连接器制作	实训材料及工具	光纤、光纤快速连接器、光纤剥线钳、光纤切割刀、光纤清洁工具等
任务	观看微课视频，完成光纤快速接续连接器的制作，并进行测试		
任务目的	掌握光纤快速接续连接器的制作和测试方法		

1. 咨询
（1）光纤的连接方式。

（2）光纤快速接续连接器的组成部分及功用。

2. 决策与计划
根据任务要求，确定所需要的设备及工具，并对小组成员进行合理分工，制订详细的工作计划。
（1）讨论并确定实验所需的设备及工具。

（2）成员分工。

（3）制定实训操作步骤。
　① _____
　② _____
　③ _____
　④ _____

3. 实施过程记录
（1）分析实践用的线缆结构的特点。

（2）实践操作，总结应该注意的问题。

（3）记录实践的相关数据。

4. 检查与测试
根据任务要求，检查操作的正确性，当出现故障时进行排除，并记录测试结果。
（1）检查操作是否正确。

（2）记录测试结果。

（3）分析原因，排除故障。

任务实施

光纤快速接续连接器如图2.32所示。其制作步骤如下。

（1）排好各种部件以便装配。光纤快速接续连接器是一种能够很好地满足现场布线和光纤到户工程要求的连接头，其被广泛应用于施工现场需要快速连接的地方，为作业提供一种快速、稳定的连接方式。光纤快速接续连接器现场组装时无须进行胶水固化和研磨,这为工程师进行线路安装、维护和修理,以及光纤到户工程提供了很大便利。

(2)将皮线穿入螺帽中,如图 2.33 所示。皮线光缆多为单芯结构或双芯结构,也可做成四芯结构,横截面为 8 字形;加强件位于两圆的中心,可采用金属结构或非金属结构;光纤位于 8 字形的几何中心。皮线光缆内的光纤采用 G.657 小弯曲半径光纤,可以以 20mm 的弯曲半径敷设,适合在楼内以管道方式或布明线方式入户。

图 2.32　光纤快速接续连接器

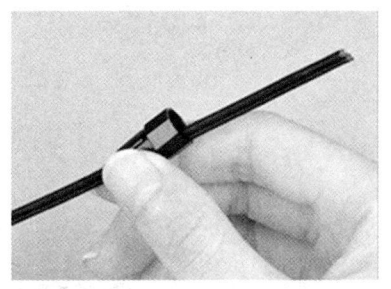

图 2.33　皮线穿入螺帽

(3)剥去皮线光缆外皮,保留涂覆层,涂覆层长度约为 50mm,如图 2.34 所示。

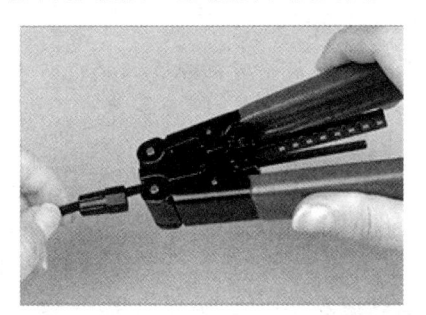

图 2.34　剥去皮线光缆外皮

(4)剥去涂覆层,用酒精和纱布擦拭裸纤,如图 2.35 和图 2.36 所示。

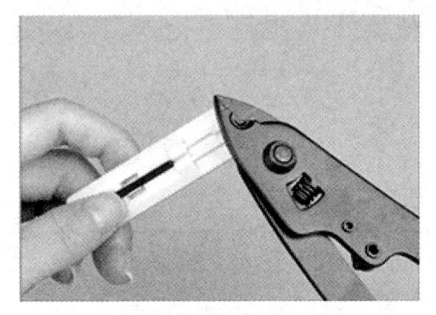

图 2.35　剥去涂覆层

图 2.36　擦拭裸纤

(5)用光纤切割刀进行切割,预制光纤制作完毕,如图 2.37 所示。注意,切割后的光纤端面不要碰触任何物体,否则会影响切割效果。

(6)沿光纤快速接续连接器尾端导轨穿入预制光纤,当光纤出现弯曲状态时则停止穿入,如图 2.38 所示。

(7)右手维持光纤使其处于弯曲状态,左手向前推动固定环,锁紧光纤,如图 2.39 所示。

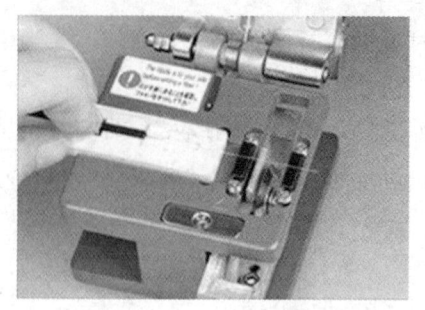

图 2.37　切割光纤　　　　　　　　　图 2.38　穿入光纤

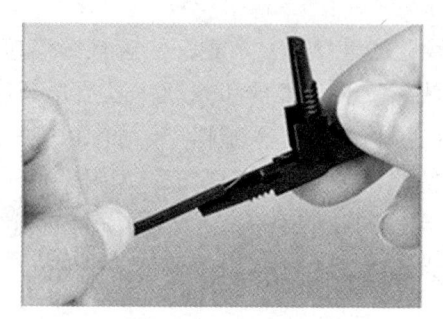

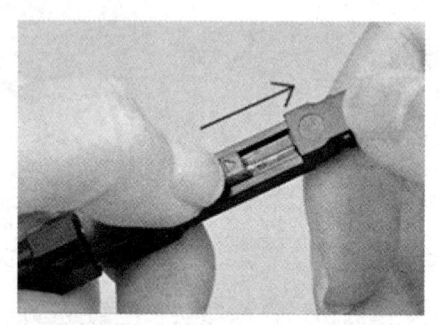

图 2.39　锁紧光纤

（8）合上光纤快速接续连接器的尾盖，拧紧螺帽，装上外壳，即可完成接续，如图 2.40 和图 2.41 所示。

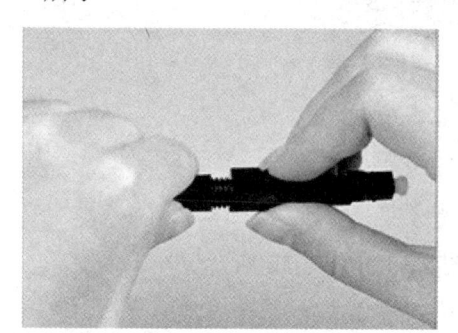

图 2.40　拧紧螺帽　　　　　　　　　图 2.41　装上外壳

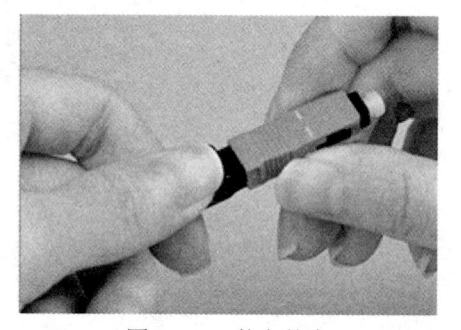

任务评价

以团队小组为单位完成任务，以学生个人为单位进行实习考核。

序号	检查项目	分值	自我评分	小组评分	教师评分	备注
1	遵守安全操作规范	10				
2	态度端正、工作认真	10				
3	能正确说出各个耗材的名称	10				
4	能正确说出各个工具的作用	10				
5	能掌握光纤的连接方式	10				
6	操作工艺	10				
7	测试结果	10				
8	遵守纪律	10				

续表

| 9 | 做好 6S 管理工作 | 10 | | | |
| 10 | 完成任务工单的全部内容 | 10 | | | |

说明：
（1）每名同学总分为 100 分。
（2）每名同学每项为 10 分，计分标准为：不满足要求计 1～5 分，基本满足要求计 6～7 分，高质量满足要求计 8～10 分。
采用分层打分制，建议权重为：自我评分占 0.2，小组评分占 0.3，教师评分占 0.5，加权算出每名同学在本工作任务中的综合成绩。

◎ 任务总结

光纤是一种传输光束的柔韧的媒质，而光缆则是由一捆光纤组成的。光缆是数据传输中非常有效的一种传输介质。光纤的分类方式有多种，按照制造光纤所用的材料分类，光纤分为石英系光纤、多组分玻璃光纤、塑料包层石英芯光纤、全塑料光纤和氟化物光纤等；按照传输方式分类，光纤分为单模光纤和多模光纤；按照光纤的工作波长分类，光纤分为短波长光纤、长波长光纤和超长波长光纤；按照缆芯结构分类，光缆分为骨架式光缆、层绞式光缆、中心束管式光缆和带状光缆等。光纤的特性主要包括物理特性和传输特性，光纤的性能指标包括衰减、许可度、数值孔径、色散。光纤通信系统是以光波为载体、光纤为传输媒体的通信方式，起主导作用的是光源、光纤、光发送机和光接收机。光纤的选用，参照六个步骤：选择正确的接头类型、确定单模光纤跳线还是多模光纤跳线、确定单工还是双工、选择光纤跳线的长度、选择连接器抛光类型、选择合适的光纤护套。

任务 4 布线常用设备

◎ 学习目标

- 了解综合布线常用设备的种类及作用。
- 熟悉信息插座的结构、位置和配置、类型。
- 知晓配线架的作用与分类。
- 认识管材、桥架、电缆支撑硬件、机柜。
- 认识常用压接工具。
- 会制作信息模块。

◎ 任务描述

在综合布线系统中，设备有很多，规格也比较复杂。由于硬件的功能、用途、装设位置及设备结构有所不同，其技术性能要求也不同。通过学习，希望学生了解综合布线常用设备，学会如何制作信息模块。

◎ 任务引导

本任务将带领大家认识综合布线常用设备，掌握信息插座的结构、位置和配置、类型，学会如何制作信息模块，让大家比较系统地了解并掌握综合布线常用设备的相关知识与技能。

▶ 知识链接

2.4.1 信息插座

1. 信息插座的结构

信息插座由底座、模块和面板构成，其核心是模块化插孔。镀金的导线或插座孔可维持其与模块化插头弹片间稳定而可靠的电连接。由于模块化插头弹片与插孔间的摩擦作用，电接触随模块化插头的插入而得到进一步加强。插孔主体设计采用了整体锁定机制，这样当模块化插头（如 RJ-45 插头）插入时，模块化插头和插孔的界面处会产生最大的拉拔强度。信息插座上的接线块通过线槽来连接双绞线，面板上的锁定弹片可以在信息出口装置上固定信息模块，底座可起固定作用。图 2.42 所示为信息模块的正视图、侧视图和立体图。

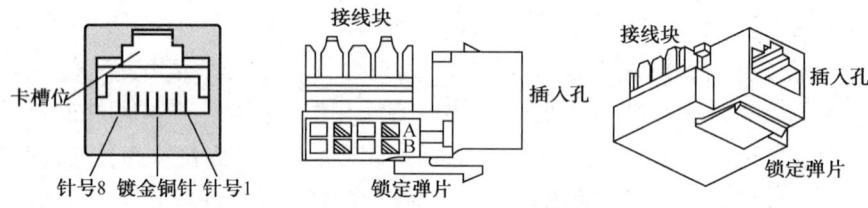

图 2.42　信息模块的正视图、侧视图和立体图

常见的非屏蔽模块高 2cm、宽 2cm、厚 3cm，塑体抗高压，有阻燃性，可卡接到任何 M 系列模式化面板、支架或表面安装盒中，并可在标准面板上以 90°直角或 45°斜角安装。模块使用了 T568A 和 T568B 布线通用标准。

为方便插拔及安装操作，用户通常会使用 45°斜角。为达到这一目标，用户可以用目前的标准模块加上 45°斜角的面板完成，也可以将模块安装端直接设计成 45°斜角。45°斜角模块如图 2.43 所示。

图 2.44 所示为 AMP 推出的一种通信插座系统的各种接口。这种插座系统由不同的通信接口和插座组成，不仅支持语音、数据应用模块，而且包括同轴接口、视频接口。

图 2.43　45°斜角模块

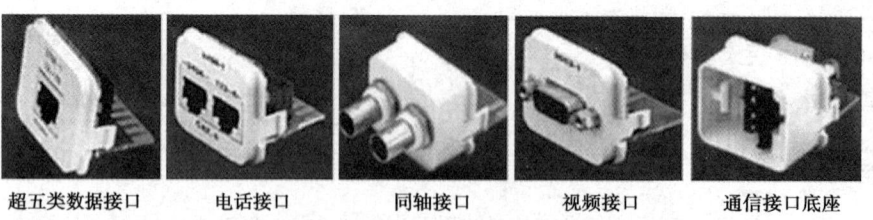

图 2.44　AMP 推出的一种通信插座系统的各种接口

在一些新型的设计中，多媒体所应用的模块接口看起来与标准的数据、语音模块接口没有太大的区别，这种趋于统一模块化的设计方向带来的好处是各模块能使用同样大小的空间及安装配件。同一安装尺寸设计的模块化应用接口如图 2.45 所示。目前，无论是国外还是国内，一个发展趋势是 VDV（Voice-Data-Video，语音、数据、视频）综合应用的集成。而新型设计

模块已在用户使用性方面做出了很大努力。

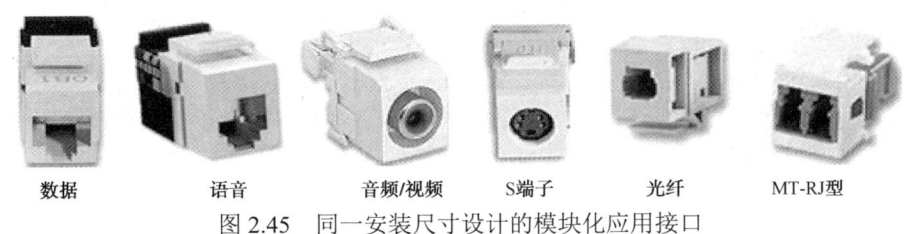

数据　　语音　　音频/视频　　S端子　　光纤　　MT-RJ型

图 2.45　同一安装尺寸设计的模块化应用接口

2．信息插座的位置和配置

1）信息插座的位置

信息插座的外形类似于电源插座，而且和电源插座一样也是固定在墙壁上的，其作用是为计算机提供一个网络接口。由于使用普通的双绞线或光缆即可将计算机通过该插座连接到主网络，因此信息插座是终端（工作站）与配线子系统连接的接口。配线子系统的布线是直接连接跳线板和各个信息插座，也就是说，在配线子系统中双绞线的两端是直接压到配线架和信息插座中的，不需要跳线。图 2.46 所示为信息插座在布线系统中的位置。

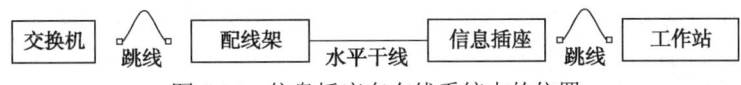

交换机　跳线　配线架　水平干线　信息插座　跳线　工作站

图 2.46　信息插座在布线系统中的位置

2）信息插座的配置

对于整个综合布线系统的设计而言，应该根据实际情况，确定所需要的信息插座的个数和分布情况。信息插座的个数和位置将决定整个网络的设计和规划。配置信息插座时应注意以下几个方面。

（1）根据楼层平面图来计算每层楼的布线面积。

（2）估算信息插座的数量，一般应设计两种平面图供用户选择。

① 基本型综合布线系统，一般每个房间或每 10m² 要设计一个信息插座。

② 增强型、综合型综合布线系统，一般每个房间或每 10m² 要设计两个信息插座。

（3）确定信息插座的类型。信息插座分为嵌入式信息插座和表面安装式信息插座两种，不同的信息插座可以满足不同的需求。通常新建的建筑物应采用嵌入式信息插座；而在已有的建筑物上，既可以采用表面安装式信息插座，又可以采用嵌入式信息插座。

3．信息插座的类型

（1）根据信息插座所使用的面板不同，信息插座可以分为以下三类。

① 墙上型信息插座。墙上型信息插座多为嵌入式信息插座，适用于与主体建筑同时完成的布线工程，主要安装于墙壁内或护壁板中，如图 2.47 所示。

② 桌上型信息插座。桌上型信息插座适用于主体建筑完成后进行的网络布线工程，一般既可以安装于墙壁内，又可以直接固定在桌面上，如图 2.48 所示。

③ 地上型信息插座。地上型信息插座也被称为嵌入式信息插座，大多为铜制插座，而且

具有防水功能，可以根据实际需要随时打开使用，主要适用于地面或架空地板，如图2.49所示。

图2.47　墙上型信息插座　　　图2.48　桌上型信息插座　　　图2.49　地上型信息插座

（2）根据信息插座所用的信息模块不同，信息插座分为以下三种。

① RJ-45 信息模块。RJ-45 信息模块是依据国际标准 ISO/IEC 11801-3:2017、ANSI/TIA-568 设计制造的，该模块为 8 线式插座模块，适用于双绞线电缆的连接。

RJ-45 信息模块的类型与双绞线的类型对应，根据其对应的双绞线的类型，RJ-45 信息模块可以分为三类 RJ-45 信息模块、四类 RJ-45 信息模块、五类 RJ-45 信息模块、超五类 RJ-45 信息模块和六类 RJ-45 信息模块等。RJ-45 信息模块和 RJ-45 插座分别如图 2.50 和图 2.51 所示。

图 2.50　RJ-45 信息模块　　　　　　　图 2.51　RJ-45 插座

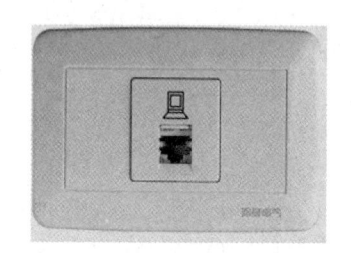

② 光纤插座模块。光纤插座模块为光纤布线在工作区的信息出口，如图 2.52 所示。为了满足不同场合应用的要求，光纤插座模块有多种类型。

③ 转换插座模块。在综合布线系统中会出现不同类型的线缆连接情况，而通过转换插座模块可以实现不同类型的水平干线与工作区跳线的连接。目前常见的转换插座是 FA3-10 型转换插座，这种插座可以实现 RJ-45 与 RJ-11（4 对非屏蔽双绞线与电话线）之间的连接，可以充分应用已有资源，将一个 8 芯信息口转换为 4 个两芯电话线插座，如图 2.53 所示。

图 2.52　光纤插座模块　　　　　　　图 2.53　FA3-10 型转换插座

4．信息模块的制作

Systimax SCS 61 系列电缆在 MPS100E 模块上的端接过程如图 2.54 所示。

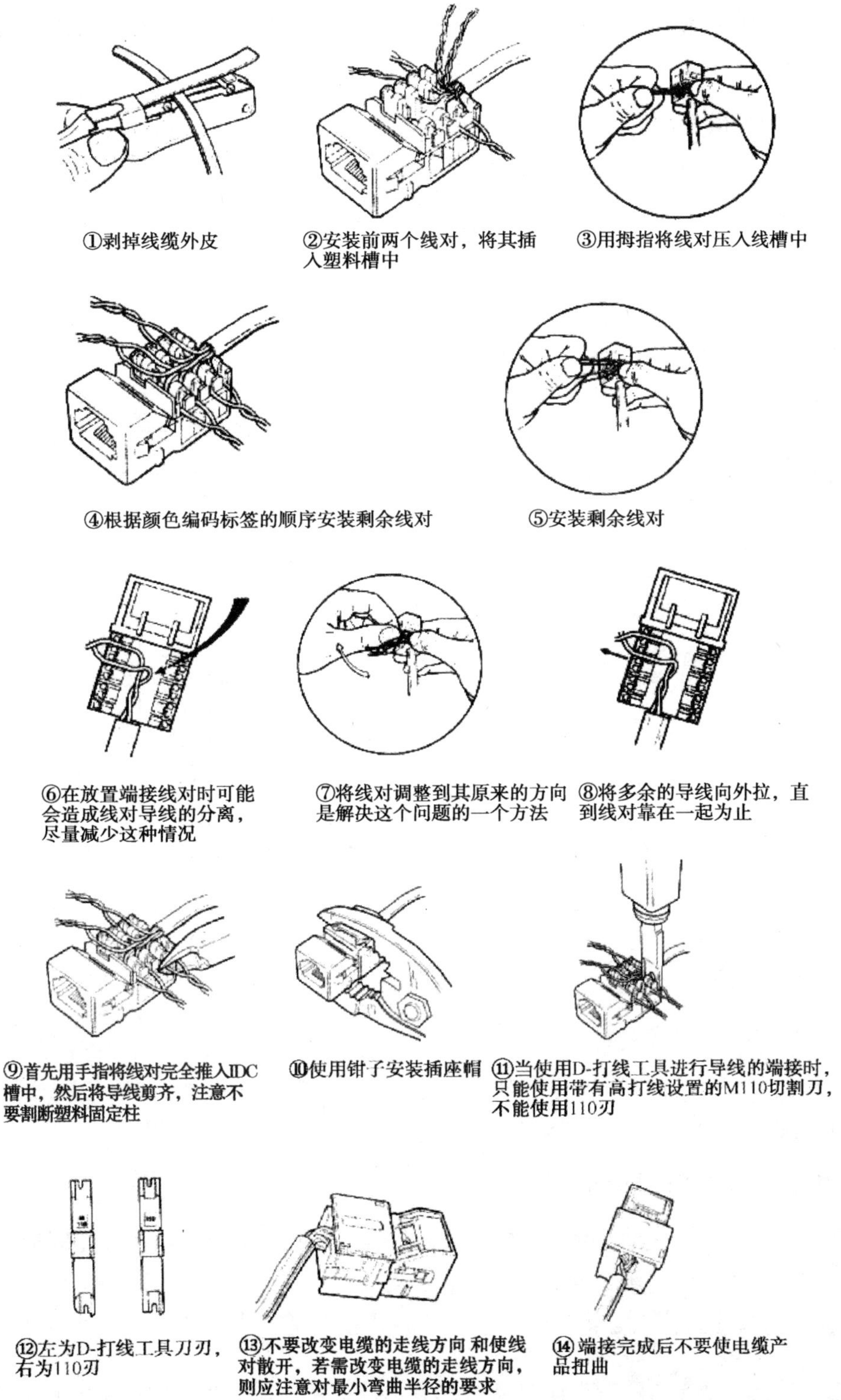

① 剥掉线缆外皮
② 安装前两个线对，将其插入塑料槽中
③ 用拇指将线对压入线槽中
④ 根据颜色编码标签的顺序安装剩余线对
⑤ 安装剩余线对
⑥ 在放置端接线对时可能会造成线对导线的分离，尽量减少这种情况
⑦ 将线对调整到其原来的方向是解决这个问题的一个方法
⑧ 将多余的导线向外拉，直到线对靠在一起为止
⑨ 首先用手指将线对完全推入IDC槽中，然后将导线剪齐，注意不要割断塑料固定柱
⑩ 使用钳子安装插座帽
⑪ 当使用D-打线工具进行导线的端接时，只能使用带有高打线设置的M110切割刀，不能使用110刃
⑫ 左为D-打线工具刀刃，右为110刃
⑬ 不要改变电缆的走线方向和使线对散开，若需改变电缆的走线方向，则应注意对最小弯曲半径的要求
⑭ 端接完成后不要使电缆产品扭曲

图 2.54　Systimax SCS 61 系列电缆在 MPS100E 模块上的端接过程

2.4.2 配线架

配线架是网络的神经中枢，是管理系统中最重要的组件之一，是实现垂直干线和水平干线

交叉连接的枢纽。配线架通常安装在机柜或墙上。通过安装附件，配线架可以满足非屏蔽双绞线、屏蔽双绞线、同轴电缆、光纤及音/视频的需要。

1. 配线架的作用

在小型网络中是不需要使用配线架的。例如，在一间办公室内部建立网络，首先我们可以根据每台计算机与交换机或集线器的距离剪一根双绞线，然后在每根双绞线的两端接 RJ-45 水晶头做成跳线，用跳线直接把计算机与交换机或集线器连接起来。如果计算机要在房间中移动位置，那么只需要更换一根双绞线就可以。

但是在综合布线系统中，网络一般要覆盖一座楼宇或几座楼宇。一层楼上的所有终端都需要通过线缆连接到电信间中的分交换机上。这些线缆数量很多，如果都直接接入交换机，则很难辨别交换机接口与各终端间的关系，也就很难在电信间对各终端进行管理；而且在这些线缆中有一些是暂时不用的，如果将这些不使用的线缆接入了交换机或集线器的端口，那么会浪费很多的网络资源。因此，为了便于管理，节约网络资源，在综合布线系统中必须使用配线架，如图 2.55 所示。

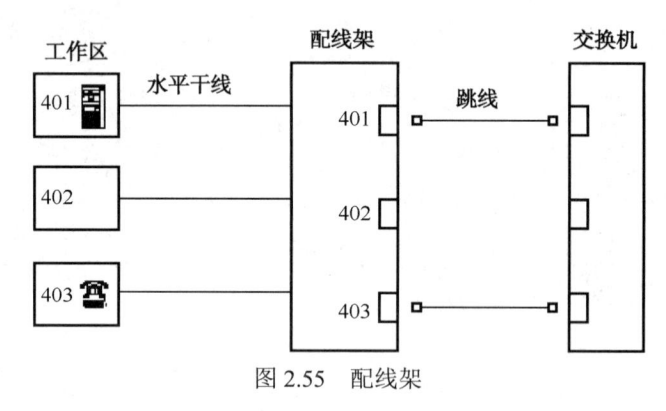

图 2.55 配线架

2. 配线架的分类

1）按照配线架所在位置分类

根据配线架所在位置的不同，配线架可以分为主配线架和中间配线架。主配线架用于建筑物与建筑群的配线，中间配线架用于楼层的配线。

2）按照配线架所接线缆的类型分类

配线架中主要是信息模块的集合，信息模块的类型必须与连接线缆的类型对应。在网络工程中，配线架常分为双绞线配线架和光纤配线架。

3）按照配线架的端口数量分类

配线架的端口主要有 24 口和 48 口两种形式，应根据所需管理的终端的数量进行选择。

3. 双绞线配线架

双绞线配线架的作用是在电信间中将双绞线进行交叉连接，用在主配线间和各分配线间。

双绞线配线架的型号很多,每个厂商都有自己的产品系列,并且其产品中的三类、五类、超五类、六类和七类线缆分别有不同的规格和型号,在具体项目中,应参阅产品手册,根据实际情况进行配置。

1)端接双绞线配线架的工具

将干线接入双绞线配线架时使用的工具主要有两种:一种是线缆准备工具,另一种是打线工具。

2)端接双绞线配线架的具体步骤

(1)在双绞线配线架上安装理线器,用于支撑和理顺过多的电缆。
(2)利用尖嘴钳将线缆剪至合适的长度。
(3)利用线缆准备工具(剥线钳)剥除双绞线的绝缘层包皮。
(4)依据所执行的标准和配线架的类型,将双绞线的4对线按正确的颜色顺序一一分开。
(5)依据配线架上所指示的颜色,将导线一一置入线槽。
(6)利用打线工具端接配线架与双绞线,既可以使用普通打线工具端接,又可以使用多对打线工具端接。在使用上,多对打线工具和普通打线工具没有区别,其只是能同时打8根线。
(7)重复(2)~(6)的操作,端接其他双绞线。
(8)将线缆理顺,并利用尼龙扎带将双绞线与理线器固定在一起。
(9)利用尖嘴钳整理扎带,使各条线缆能够整齐排列。

端接好的双绞线配线架的背面和正面分别如图2.56和图2.57所示。

图2.56 双绞线配线架的背面

图2.57 双绞线配线架的正面

4．光纤配线架

光纤配线架（Optical Distribution Frame，ODF）是光传输系统中一个重要的配套设备，它主要用于光缆终端的光纤熔接、光连接器安装、光路的调节、多余尾纤的存储及光缆的保护等，对光纤通信网络的安全运行和灵活使用有重要作用。

1）光纤配线架的功能

光纤配线架作为光缆线路的终端设备拥有 4 项基本功能，即固定功能、熔接功能、调配功能及存储功能。

2）光纤配线架的选择

光纤配线架根据结构的不同可分为壁挂式光纤配线架和机架式光纤配线架。壁挂式光纤配线架可直接固定于墙体上，一般为箱体结构，适用于光缆条数和光纤芯数都较小的场所。机架式光纤配线架可直接安装在标准机柜中，适用于较大规模的光纤网络。图 2.58 所示为光纤配线架。

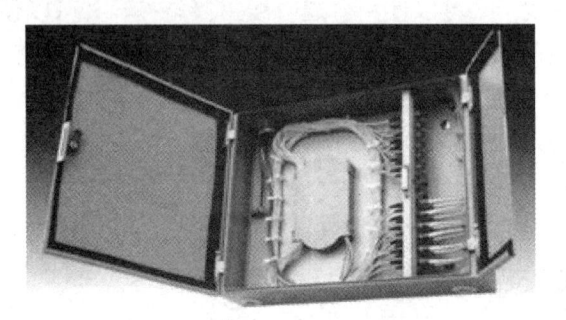

图 2.58　光纤配线架

机架式光纤配线架又分为两种，一种是固定配置的配线架，光纤耦合器被直接固定在机箱上；另一种采用模块化设计，用户可根据光缆的数量和规格选择相对应的模块，以便网络的调整和扩展。各种光纤配线架如图 2.59 所示。

图 2.59　各种光纤配线架

2.4.3 管材和桥架

在网络综合布线系统中，除线缆外，布线用的线槽和管材及桥架也是重要的组成部分。管材一般采用金属管或 PVC 管，其应该具有一定的抗压力，可明敷或暗敷在混凝土内，不怕受压破裂；管材需具有耐一般酸碱性的能力，并能耐腐蚀、防虫、防鼠害；管材的阻燃性能要好，要能避免火势蔓延；管材的传热性能要差，要能长时间有效保护线路，保证系统的运行。另外，在外观上还要求管材做到表面光滑、壁厚、均匀。

1. 管材

在网络综合布线系统中，金属槽、PVC 塑料槽、金属管、PVC 塑料管是网络综合布线系统的基础性材料。在网络综合布线系统中使用的线槽主要有以下几种。

- 金属槽和附件。
- 金属管和附件。
- PVC 塑料槽和附件。
- PVC 塑料管和附件。

1）金属槽和 PVC 塑料槽

金属槽由槽底和槽盖组成，一般每根金属槽的长度为 2m，金属槽与金属槽连接时要使用相应尺寸的铁板和螺丝固定，如图 2.60 所示。

在综合布线系统中，一般使用的金属槽有 50mm×100mm、100mm×100mm、100mm×200mm、100mm×300mm、200mm×400mm 等多种规格。

但 PVC 塑料槽的型号、规格更多，型号上分 PVC-20 系列、PVC-25 系列、PVC-25F 系列、PVC-30 系列、PVC-40 系列、PVC-40Q 系列等；规格上分 20mm×12mm、25mm×12.5mm、25mm×25mm、30mm×15mm、40mm×20mm 等。PVC 塑料槽的外形如图 2.61 所示。

与 PVC 塑料槽配套的附件有阳角、阴角、直转角、平三通、左三通、右三通、连接头、终端头、接线盒（暗盒、明盒）等。

图 2.60 金属槽

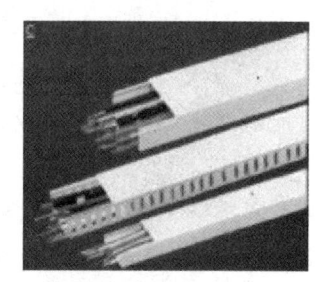

图 2.61 PVC 塑料槽的外形

2）金属管和 PVC 塑料管

金属管用于分支结构或暗埋的线路，它的规格也有很多种，按外径（以 mm 为单位）不同，工程施工中常用的金属管规格有 D16、D20、D25、D32、D40、D50、D63、D110 等。

在金属管内穿线比线槽布线难度更大一些，在选择金属管时要注意管径选得大一些，一般管内填充物占 30%左右，以便于穿线。金属管还有一种软管（俗称蛇皮管），供弯曲的地方使用。

PVC 塑料管（见图 2.62）分为两大类，即 PE 阻燃导管和 PVC 阻燃导管。

PE 阻燃导管是一种塑制半硬导管，按外径不同，其规格有 D16、D20、D25、D32 4 种。其外观为白色，具有强度高、耐腐蚀、挠性好、内壁光滑等优点，明、暗装穿线兼用。它以盘为单位，每盘重 25kg。

PVC 阻燃导管是以聚氯乙烯树脂为主要原料，加入适量的助剂，经过加工设备挤压成型的刚性导管，其中小管径 PVC 阻燃导管可在常温下进行弯曲。按外径不同，PVC 阻燃导管的规格有 D16、D20、D40、D45、D63、D25、D110 等。

与 PVC 塑料管安装配套的附件有接头、螺圈、弯头、弯管弹簧；一通接线盒、二通接线盒、三通接线盒、四通接线盒、开口管卡、专用截管器、PVC 黏合剂等。图 2.63 所示为部分 PVC 塑料管附件。

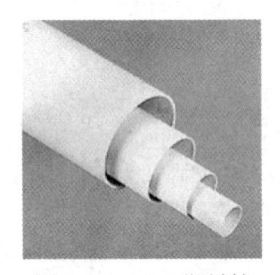

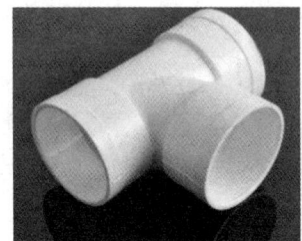

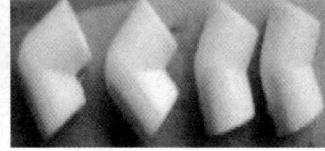

图 2.62　PVC 塑料管　　　　　　　　　　图 2.63　部分 PVC 塑料管附件

2．桥架

"桥架"是布线行业的一个术语，是建筑物内布线不可缺少的部分。桥架分为普通桥架、重型桥架和槽型桥架。其中，普通桥架还可以分为普通型桥架和直边普通型桥架。

普通型桥架主要由以下配件组合而成：梯架、弯架、三通、四通、多节二通、凸弯通、凹弯通、调高板、端向连接板、调宽板、垂直转角连接件、连接板、小平转角连接板、隔离板等。

直边普通型桥架主要由以下配件组合而成：梯架、弯通、三通、四通、多节二通、凸弯通、凹弯通、盖板、弯通盖板、三通盖、凸弯通盖板、凹弯通盖板、花孔托盘、花孔弯通、花孔四通托盘、垂直转角连接板、小平转角连接板、端向连接板护板、隔离板、调宽板、端头挡板等。

由于重型桥架和槽型桥架在网络布线中很少使用，所以本节不再叙述。

由于建筑物内多种管线平行交叉，空间有限，特别是大型写字楼、金融商厦、酒店、场馆等建筑，信息点密集，线缆敷设除采用楼板沟槽和墙内埋管方式外，在竖井和屋内天棚吊顶中还广泛采用电缆桥架。其中有些属于有源线缆，有些则是无源线缆（如数据电缆、视频同轴电缆）。因此，在对布线方式和路由选择的排列进行设计时，应该加以区别，不仅要符合规范要求，还要考虑布线的安全性、可扩性、经济性和美观性，以便后期维修。电缆桥架作为承载各种电缆敷设的载体，从属于布线的需要，同样应遵循上述原则加以实施。弱电系统的各种线缆分别布放在桥架内，其最佳路由选择和安装方式要根据走向的要求，并结合建筑结构和空调、电气等管线协商的位置加以确定。无源线缆不能与有源电缆并排铺设,如果受条件所限只能铺放在同一个桥架内,则其间必须采用金属隔板分隔,引出的线缆尽量避免平面交叉。当桥架穿越楼板、墙体或伸缩缝时,应该在建筑图上标出并预留相应的空间和位置,避免因遗漏等到施工时临时钻孔而伤及土建结构。为了防止电磁辐射的干扰,在桥架的设计中应考虑桥架的封闭性。

电缆桥架又分为槽式、托盘式等结构,由支架、托臂和安装附件等组成。选型时应注意桥架的所有零部件是否符合系列化、通用化及标准化的成套要求。建筑物内的桥架可以独立架设,也可以附设在各种建(构)筑物和管廊支架上,应体现结构简单、造型美观、配置灵活和维修方便等特点。全部零部件均需进行镀锌处理,安装在建筑物外、露天的桥架,如果邻近海边或处于腐蚀区,则桥架材质必须具有防腐、耐潮气、附着力好、耐冲击、强度高的物理特点。

为了减轻质量,还可以采用铝合金电缆和玻璃钢桥架,其外形尺寸、荷载特性均与钢质桥架相近。由于铝、钢比重不同,按质量计算,铝、钢之比约为1∶3,根据两种材质的市场价折算,铝合金桥架的造价费用比同类镀锌钢桥架的造价费用要高出1.5~2.0倍。但因为铝合金桥架具有美观、质量轻、安装方便等优点,近年来已在一些工程中应用。

2.4.4 电缆支撑硬件

在综合布线系统工程中,必须对所有安装在开放式吊顶上方的通信电缆进行支撑,因此在布线工业中有很多电缆支撑产品可以支撑通信电缆。常见的电缆支撑产品如下。
- J形钩。
- 吊线环。
- 电缆夹。
- 电缆扎带。

1. J形钩

J形钩是指形状像字母"J"的电缆支撑硬件,其设计使通信电缆可以轻易地安装在J形钩硬件内。J形钩是一个预制电缆支撑设备,它能接在建筑物的墙壁上或横梁上,放置在电缆路径间隔为1.2~1.5 m的位置上,或者放置在指定的支撑点上。

2. 吊线环

吊线环是末端有开环的电缆支撑设备。在综合布线系统工程中,将吊线环用螺钉固定在木制横梁上,或者用夹子固定在钢制横梁上。吊线环对于支撑一根电缆或由5~10根电缆组成的小型电缆组非常方便。

3. 电缆夹

电缆夹是一种常见的电缆支撑元件,许多生产厂商都在生产。电缆夹是很小的、弯曲的金属夹,它可以通过吸附作用直接固定在建筑物横梁或悬线上。在综合布线系统工程中,电缆夹通常用来支撑一根电缆。

4．电缆扎带

电缆扎带是一种相对新型的电缆支撑设备，通常是一些塑料宽带子。电缆扎带包在一组电缆外，其两端必须挂在 J 形钩、支架或某种电缆支撑设备上。

2.4.5　机柜

标准机柜和墙柜被广泛应用于计算机网络设备、有/无线通信器材、电子设备的叠放中。机柜具有增强电磁屏蔽、削弱设备工作噪声和减少设备占用地面面积的优点。对于一些高档机柜，其还具备空气过滤功能，以提高精密设备工作环境的质量。因为很多工程级设备的面板宽度都采用 19 英寸，所以 19 英寸机柜是较常见的一种标准机柜。

标准机柜的结构比较简单，主要包括基本框架、内部支撑系统、布线系统和通风系统。标准机柜有宽度、高度及深度 3 个常规指标。其高度一般为 0.7～2.4m，根据柜内设备的多少和统一格调而定，通常厂商可以定制特殊的高度，常见的成品 19 英寸机柜的高度为 1.6m 和 2m。机柜的深度一般为 400～800mm，根据柜内设备的尺寸而定，通常厂商也可以定制特殊的深度，常见的成品 19 英寸机柜深度为 500mm、600mm 及 800mm。19 英寸机柜内设备安装所占的高度用 U 表示（1U=44.45mm）。19 英寸标准机柜的设备面板一般都是按 nU 的规格制造的。对于一些非标准设备，大多可以通过附加适配挡板装入 19 英寸机柜并固定。

机柜的材料与机柜的性能有密切关系，制造 19 英寸机柜的材料主要有铝型材料和冷轧钢板。由铝型材料制造的机柜比较轻便，适合堆放轻型器材，且价格相对便宜。铝型材料也有进口和国产之分，由于质地不同，因此制造出来的机柜物理性能也有一定的差别，尤其是一些较大规格的机柜，物理性能更容易出现差别。由冷轧钢板制造的机柜具有机械强度高、承重量大的特点。同类产品中钢板用料的厚薄和质量及工艺都直接关系到产品的质量和性能，有些廉价的机柜使用普通薄铁板制造，虽然价格便宜，外观也不错，但性能大打折扣。

19 英寸标准机柜从组装方式来看，大致可以分为一体化焊接型机柜和组装型机柜。一体化焊接型机柜价格相对便宜，焊接工艺和产品材料是关键，而劣质产品遇到较重的负荷时容易产生变形。目前，组装型机柜是比较流行的，其包装中都是散件，需要时可以迅速组装，而且调整方便，灵活性强。另外，机柜的制作水准和表面油漆工艺，以及内部隔板、导轨、滑轨、走线槽、插座的精细程度和附件质量也是衡量标准机柜品质的参考指标。好的标准机柜不但符合主流的安全规范，而且设备装入平稳、固定稳固。机柜前、后门和两边侧板的密闭性好，柜内设备受力均匀，配件丰富，适合各种应用的需要。

与机柜相比，机架具有价格相对便宜、搬动方便的优点。不过机架一般为敞开式结构，不像机柜采用全封闭结构或半封闭结构，所以自然不具备增强电磁屏蔽、削弱设备工作噪声等特性。同时，在空气洁净程度较差的环境中，设备表面更容易积灰。机架主要适合一些要求不高的设备叠放，以减少占地面积。由于机架的价格比较便宜，因此对于要求不高的场合，采用机架可以节省不少费用。图 2.64～图 2.66 所示分别为 19 英寸标准机柜实物图、挂墙式网络机柜实物图及开放式机架实物图。

图 2.64　19 英寸标准机柜实物图 　　图 2.65　挂墙式网络机柜实物图 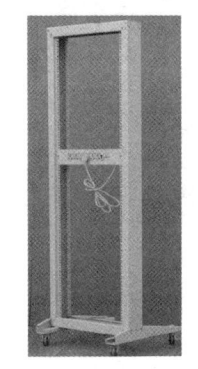　　图 2.66　开放式机架实物图

2.4.6　常用压接工具

常用压接工具如图 2.67 所示。

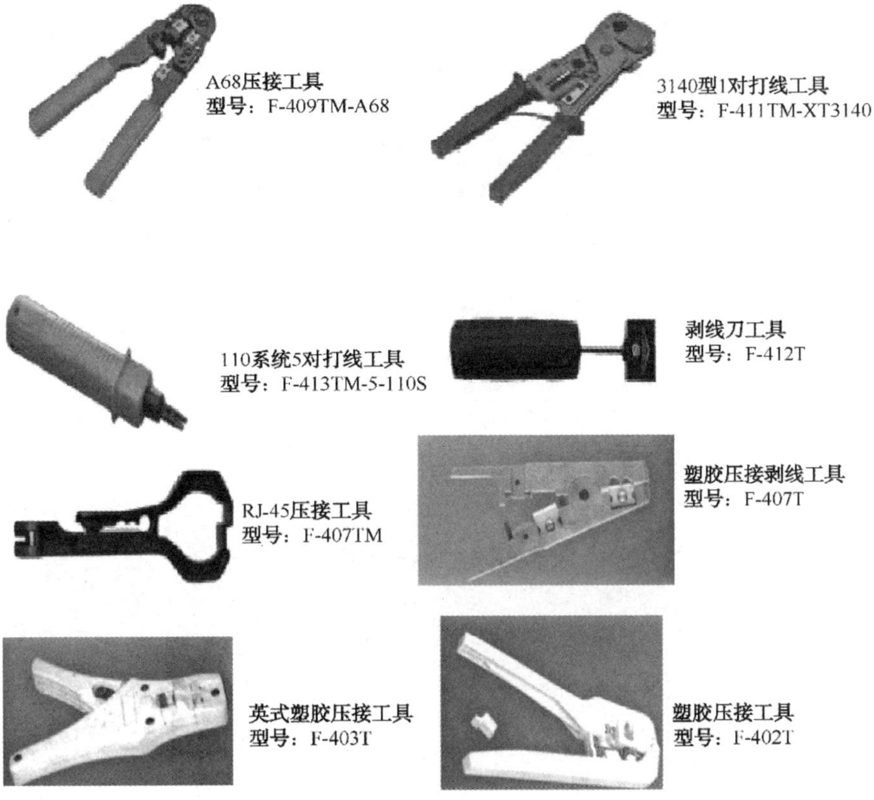

A68压接工具　型号：F-409TM-A68

3140型1对打线工具　型号：F-411TM-XT3140

110系统5对打线工具　型号：F-413TM-5-110S

剥线刀工具　型号：F-412T

RJ-45压接工具　型号：F-407TM

塑胶压接剥线工具　型号：F-407T

英式塑胶压接工具　型号：F-403T

塑胶压接工具　型号：F-402T

图 2.67　常用压接工具

任务工单

扫码观看信息模块制作的微课视频。

学生依据实施要求及操作步骤，在教师的指导下完成本工作任务，并填写任务工单。

信息模块制作

任务名称	信息模块制作	实训设备、材料及工具	信息模块、双绞线、打线工具、测试仪等
任务	观看微课视频，完成信息模块的制作，并进行测试		
任务目的	掌握信息模块制作及其测试方法		

1．咨询

（1）信息模块的类型。

（2）信息模块的组成部分及功用。

2．决策与计划

根据任务要求，确定所需要的设备及工具，并对小组成员进行合理分工，制订详细的工作计划。

（1）讨论并确定实验所需的设备及工具。

（2）成员分工。

（3）制定实训操作步骤。

① _____

② _____

③ _____

④ _____

3．实施过程记录

（1）画出信息模块的外形图，并在图上标记线序。

（2）实践操作应该注意的问题。

（3）记录实践的相关数据。

4．检查与测试

根据任务要求，检查操作的正确性，当出现故障时进行排除，并记录测试结果。

（1）检查操作是否正确。

（2）记录测试结果。

（3）分析原因，排除故障。

任务实施

信息模块的制作步骤如下。

（1）从双绞线头部开始将外套层去掉20mm左右，并将8根导线理直。

（2）按照信息模块的标识色块，将双绞线的线色与其对应一致，卡入信息模块端口中。RJ-45信息模块满足超五类传输标准，符合T568A和T568B标准的线序，适用于设备间与工作区的通信插座连接。信息模块的端接方式的主要区别在于模块的内部固定连线方式。

（3）用打线工具将双绞线打入信息模块中。

（4）将信息模块卡入信息插座面板。

（5）检查后进行测试。

任务评价

以团队小组为单位完成任务，以学生个人为单位进行实习考核。

序号	检查项目	分值	自我评分	小组评分	教师评分	备注
1	遵守安全操作规范	10				
2	态度端正、工作认真	10				
3	能正确说出各个耗材的名称	10				
4	能正确说出各个工具的作用	10				
5	能区分信息模块的类型	10				
6	操作工艺	10				
7	测试结果	10				
8	遵守纪律	10				
9	做好 6S 管理工作	10				
10	完成任务工单的全部内容	10				

说明：

（1）每名同学总分为 100 分。

（2）每名同学每项为 10 分，计分标准为：不满足要求计 1~5 分，基本满足要求计 6~7 分，高质量满足要求计 8~10 分。

采用分层打分制，建议权重为：自我评分占 0.2，小组评分占 0.3，教师评分占 0.5，加权算出每名同学在本工作任务中的综合成绩。

任务总结

在综合布线系统中，除较为主要的传输介质，如双绞线和光纤等网络布线线缆外，还有很多的布线设备在使用；综合布线系统常用的设备主要有信息插座、配线架、管材、桥架、电缆支撑产品、机柜及常用压接工具等。其中，信息插座能为计算机提供一个网络接口；配线架是网络的神经中枢，是管理系统中较重要的组件，是实现垂直干线与水平干线交叉连接的枢纽；布线用的管材及桥架能长时间有效地保护线路，以保证系统的运行；所有安装在开放式吊顶上方的通信电缆需用电缆支撑产品进行支撑；标准机柜和墙柜被广泛应用于计算机网络设备、有/无线通信器材、电子设备的叠放中；各类压接工具是提高综合布线系统施工效率的好帮手。

素质课堂

华为新型 5G 芯片——逆风飞翔的中国之光

华为 Mate 60 Pro 是华为技术有限公司于 2023 年 8 月 29 日上架的一款智能手机，华为 Mate 60 Pro 为全球首款支持卫星通话的大众智能手机，即使在没有地面网络信号的情况下，也可以拨打及接听卫星电话。华为 Mate 60 Pro 的心脏，便是华为新型 5G 芯片——麒麟 9000S 芯片。

麒麟 9000S 芯片采用了 5nm 工艺制造，集成了 158 亿个晶体管，是目前世界上最复杂的芯片之一。它拥有一个八核心 CPU、一个二十四核心 GPU、一个双核心 NPU、一个 ISP、一个 DSP、一个 5G 基带等多个功能模块；它支持 SA/NSA 双模 5G 网络，能覆盖全球的主要频段；它还支持 Wi-Fi 6+、蓝牙 5.2 等多种无线通信协议；它的处理速度比上一代芯片的处理速度提高了 10%，功耗比上一代芯片的功耗降低了 15%；它还具有人工智能、图像处理、音频处理等多种先进的功能，支持 4K 视频录制、3D 人脸识别、无线充电等。

麒麟 9000S 芯片是一款在技术上达到了国际先进水平，在创新上展现了华为公司和中国人民的智慧和勇气的芯片。

思考与练习

一、选择题

1. 光纤分为单模光纤和多模光纤，与多模光纤相比，单模光纤的主要特点是（　　）。
   A．高速度、短距离、高成本、粗芯线
   B．高速度、长距离、低成本、粗芯线
   C．高速度、短距离、低成本、细芯线
   D．高速度、长距离、高成本、细芯线
2. 双绞线可分为非屏蔽双绞线和屏蔽双绞线两大类，它们的英文缩写是（　　）。
   A．UTP 和 STP　　　　　　　　　B．FTP 和 STP
   C．STP 和 FTP　　　　　　　　　D．STP 和 UTP
3. 在下列参数中，（　　）是测试值越小越好的参数。
   A．衰减　　　　B．远端串扰　　　C．近端串扰　　　D．衰减串扰比
4. 光纤规格 62.5 / 125 中的 "125" 表示（　　）。
   A．光纤纤芯的直径　　　　　　　B．光纤包层直径
   C．光纤中允许通过的光波波长　　D．允许通过的最高频率
5. 按 T568A 标准，标准的直通线的线序关键是（　　）。
   A．绿白—1，绿—2，橙白—3，橙—6
   B．橙白—3，橙—6，棕白—7，棕—8
   C．绿白—1，绿—2，橙白—3，蓝—4
   D．绿白—1，绿—2，蓝白—3，橙—6
6. 当信号在一个线对上传输时，会同时将一小部分信号感应到其他线对上，这种信号感应就是（　　）。
   A．衰减　　　　B．串扰　　　　C．特性阻抗　　　D．回波损耗
7. 光缆是数据传输中一种非常有效的传输介质，其优点有（　　）。
   A．频带较宽　　　　　　　　　　B．电磁绝缘性能好

C．衰减较小　　　　　　　　　　D．中继器的间隔较大
8．标准的五类或超五类双绞线才能实现（　　）以上的传输速率。
　　A．100Mbit/s　　B．200Mbit/s　　C．300Mbit/s　　D．600Mbit/s
9．根据信息插座所使用的面板不同，信息插座的类型可以分为（　　）。
　　A．墙上型、桌上型、地上型　　　B．开放型、隐蔽性
　　C．便携式、落地式　　　　　　　D．落地式、挂墙式
10．依据机柜外形，机柜类型有立式、挂墙式和（　　）。
　　A．落地式　　　B．便携式　　　C．开放式　　　D．简易式

二、简答题

1．试比较非屏蔽双绞线和屏蔽双绞线的优点和缺点。
2．请分析同轴电缆的适用场景。
3．请描述光纤通信系统的基本结构。
4．简述配线架的作用及接入方法。
5．请说明信息插座所用的信息模块主要有哪些。

模块 3

综合布线系统设计

素质目标

- 能自主查阅相关国内外标准规范进行工程设计。
- 养成主动学习、独立思考、主动探究的习惯。
- 具有良好的团队合作精神和客户服务意识,能与同事及客户进行有效的合作、沟通和交流。

知识目标

- 熟悉各子系统的概念及设计要点。
- 掌握各子系统布线方案的选择方法。
- 掌握信息点的统计方法及点数统计表的制作。
- 掌握布线图、施工图设计与绘制的操作方法。
- 掌握端口对应表、材料表的制作方法。
- 掌握工程招投标过程及招投标文件的设计与撰写方法。

技能目标

- 能进行工作区的设计,制作点数统计表。
- 能绘制布线图、施工图,明确配线子系统及干线子系统安装所需的工具、材料、位置等技术和工艺要求。
- 能依据电信间的设计要点,进行信息点的正确标识。
- 能结合机房的具体要求和实际需求,对设备间进行具体可行的设计。
- 具备材料计算、图纸设计技能。
- 能设计中小型综合布线系统方案。

任务 1　工作区的设计

🡢 学习目标

- 熟悉综合布线系统工作区的设计要点。
- 掌握综合布线系统工作区布线方案的选择方法。
- 掌握综合布线系统工作区布线材料及设备的选择方法。
- 掌握不同工作区场景中的信息点设计方法。
- 能制作综合布线系统工作区的点数统计表。

🡢 任务描述

按照 GB 50311—2016 国家标准的规定，工作区是一个独立的需要设置终端设备的区域。工作区应由配线布线系统的信息插座延伸到设备间的连接电缆及适配器组成。本任务要求对中小型布线系统工作区的信息点进行设计，并制作点数统计表，统计信息点的数量。

🡢 任务引导

本任务将带领大家理解工作区的概念，掌握工作区的设计要点、布线方案的选择方法，学会对布线材料及设备的选择等知识。

🡢 知识链接

结构化布线系统是基于模块化子系统的概念构筑而成的，每个模块化子系统既相互独立，又相互协作，构成了一个完整的建筑综合布线系统。结构化布线系统的每个模块子系统的设计和安装都独立于其他的布线子系统。所有的模块子系统都互相连接，并以一个单独的布线系统的形式共同工作，这使在不影响其他模块子系统的情况下可以对某个模块子系统进行更改，从而推进结构化布线系统的发展，并增加其灵活性。

综合布线系统的基本构成包括建筑群子系统、干线子系统和配线子系统，如图 3.1 所示。

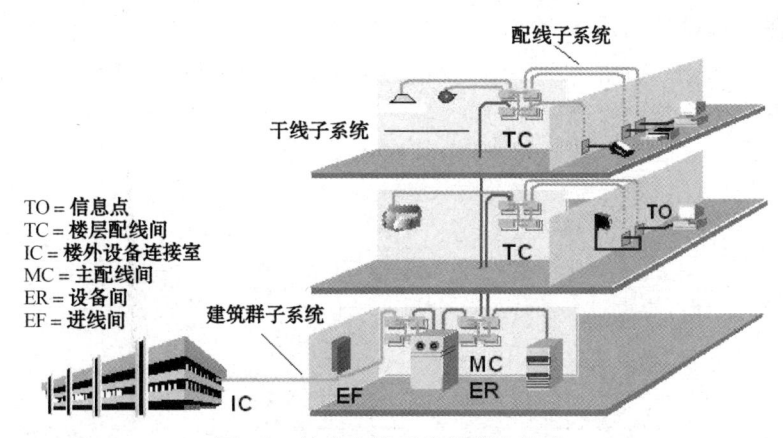

图 3.1　综合布线系统的基本构成

综合布线系统的工程设计应符合下列规定。

（1）一个独立的需要设置终端设备（TE）的区域宜划分为一个工作区。工作区应包括信息插座（TO）模块、终端设备处的连接缆线及适配器。

（2）配线子系统应由工作区内的信息插座模块、信息插座模块至电信间配线设备的水平缆线、电信间的配线设备及设备缆线和跳线等组成。

（3）干线子系统应由设备间至电信间的主干缆线、安装在设备间的建筑物配线设备及设备缆线和跳线组成。

（4）建筑群子系统应由连接多个建筑物之间的主干缆线、建筑群配线设备及设备缆线和跳线组成。

（5）设备间应为在每栋建筑物的适当地点进行配线管理、网络管理和信息交换的场地。综合布线系统设备间宜安装建筑物配线设备、建筑群配线设备、以太网交换机、电话交换机、计算机网络设备。入口设施也可安装在设备间内。

（6）进线间应为建筑物外部信息通信网络管线的入口部位，并可作为入口设施的安装场地。

（7）管理人员应将工作区、电信间、设备间、进线间、布线路径环境中的配线设备、缆线、信息插座模块等设施按一定的模式进行标识、记录和管理。

3.1.1　工作区的设计要点

局域网络由多个工作区组成，工作区是一个从信息插座延伸至终端设备的区域。工作区的布线要求相对简单，从而容易移动、添加和变更设备。工作区包括水平配线系统的信息插座、连接信息插座和终端设备的跳线及适配器。

一个独立的工作区通常拥有一台计算机和一部电话机，设计等级分为基本型设计等级、增强型设计等级和综合型设计等级。目前绝大部分新建工程采用增强型设计等级，为语音点和数据点互换奠定了基础。

一个语音点可端接的电话机数量应视用户采用的线路而定。如果是二线制电话机，则可端接四部电话机；如果是四线制电话机，则只能端接两部电话机；如果是六线制、八线制电话机，则只能端接一部电话机，应根据用户的实际情况来决定。

工作区能在终端设备和输入/输出之间实现搭接，它相当于在电话配线系统中连接电话机的用户线及电话机部分，如图3.2所示。终端设备可以是电话机、微型计算机和数据终端，也可以是仪器仪表、传感器的探测器。

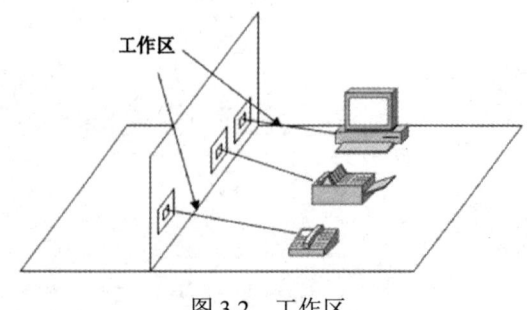

图3.2　工作区

工作区可支持电话机、数据终端、微型计算机、电视机、监视器及控制器等设备的设置和安装。

工作区设计要考虑以下要点。

（1）工作区内线槽要布置得合理、美观。
（2）信息插座要设计在距离地面 30cm 以上的位置（见图 3.3）。
（3）信息插座与计算机设备的距离保持在 5m 的范围内。
（4）购买的网卡接口类型要与线缆接口类型保持一致。
（5）明确所有工作区信息模块、信息插座、面板的数量。
（6）明确 RJ-45 的数量。
（7）将基本链路长度限定在 90m 内，信道长度限定在 100m 内。

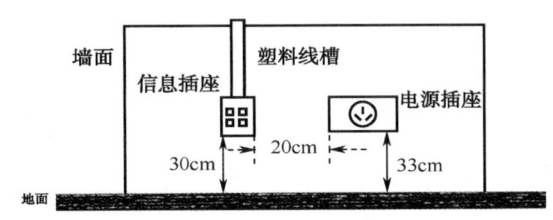

图 3.3 信息插座距离地面的高度

建筑物的类型及功能较多，大体上可以分为商业、文化、媒体、体育、医院、学校、住宅、通用工业等。因此，在划分工作区面积时，应先对应用场合进行具体分析。工作区面积划分表如表 3.1 所示。

表 3.1 工作区面积划分表

建筑物类型及功能	工作区面积/m²
网管中心、呼叫中心、信息中心等终端设备较密集的场地	3～5
办公区	5～10
会议、会展	10～60
商场、生产机房、娱乐场所	20～60
体育场馆、候机室、公共设施区	20～100
工业生产区	60～200

3.1.2 布线方案的选择

工作区内的布线方式主要包括高架地板式、护壁板式和埋入式等。

1. 高架地板式

若服务器机房或其他重要场合采用高架防静电地板，则可采用高架地板式布线方式（见图 3.4）。该方式施工简单、管理方便、布线美观，并且可以随时扩充。

首先在高架地板下安装布线管槽，其次将缆线穿入管槽，最后将缆线分别连接至安装于地板上的信息插座和配线架即可。当采用该方式布线时，应当选用地上型信息插座，并将其固定在高架地板上。

2. 护壁板式

护壁板式是指将布线管槽沿墙壁固定并隐藏在护壁板内的布线方式。该方式由于无须挖墙壁和地面，因此不会对原有建筑造成破坏，主要用于集中办公场所、营业大厅等机房的布线。该方式通常使用桌上型信息插座，并且被明装固定于墙壁上，如图 3.5 所示。

图 3.4　高架地板式

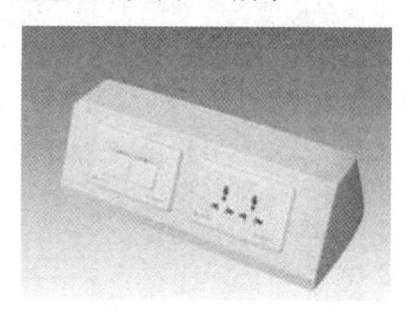

图 3.5　护壁板式

3. 埋入式

如果要布线的楼宇还在施工，那么可以采用埋入式布线方式，将线缆穿入 PVC 管槽内、地板垫层中或墙壁内。该方式通常使用墙上型信息插座，并且底盒被暗埋于墙壁中，如图 3.6 所示。

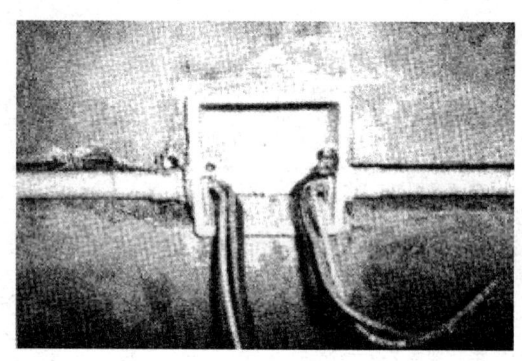

图 3.6　埋入式

3.1.3　布线材料及设备的选择

工作区的每个信息插座都应该支持电话机、数据终端、计算机及监视器等设备，同时为了便于管理和识别，有些厂家的信息插座做成了多种颜色，如黑、白、红、蓝、绿、黄。这些颜色的设置应符合 TIA/EIA 606 标准。工作区的布线材料主要是连接信息插座与计算机的跳线及必要的适配器。

1. 跳线

对跳线的选择，应当遵循以下规定。

（1）跳线使用的线缆必须与水平布线相同，并且完全符合布线系统标准的规定。

（2）每个信息点需要一根跳线。

（3）跳线的长度通常为 2～3m，最长不超过 5m。

（4）如果水平布线采用超五类非屏蔽双绞线，那么从节约投资的角度来看，可以手工制作跳线。

（5）如果采用六类或七类双绞线，则建议购置成品跳线。

（6）如果水平布线采用光缆，那么光纤跳线的芯径与类别必须与水平布线保持一致。

2．适配器

工作区适配器的选用应符合下列要求。

（1）在设备连接器处采用不同信息插座的连接器时，可以使用专用电缆或适配器。

（2）当在单一信息插座上进行两项服务时，应用 Y 形适配器。

（3）在配线子系统中选用的电缆（介质）类别不同于设备所需的电缆类别时，应采用适配器。

（4）在连接使用不同信号的数模转换或数据速率转换等相应的装置时，应采用适配器。

（5）对于网络规程的兼容性，可用协议转换适配器。

（6）根据工作区内不同的电信终端设备（如 ISDN 终端），可配备相应的终端匹配器。

3.1.4 工作区的设计实例

一个独立的需要设置终端设备的区域宜划分为一个工作区，每个工作区需要设置一个计算机数据点或语音点，或者按用户需要设置。每个工作区的信息点数量可按用户的性质、网络构成和需求来确定。

1．独立单人办公室信息点设计

当设计独立单人办公室信息点时，必须考虑数据点和语音点，如图 3.7 所示。当办公桌靠墙摆放时，信息插座安装在墙面，其中心垂直距地 300mm。当办公桌摆放在中间时，信息插座使用地弹式地面插座，安装在地面。

当设计独立多人办公室信息点时，信息插座可以设计安装在墙面或地面上。

办公室内的安装设备有计算机、传真机、打印机等。

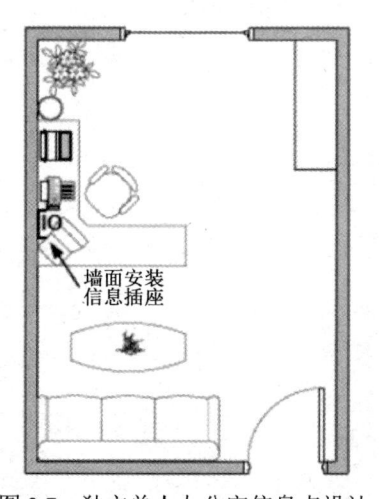

图 3.7 独立单人办公室信息点设计

2. 集体办公区信息点设计

当设计集体办公区信息点布局时，必须考虑空间的利用率和便于办公人员工作，以进行合理的设计，信息插座要根据工位的摆放设计安装在墙面或地面上。

该集体办公区面积为 60m², 可供 17 人办公，设计了 34 个信息点，其中 17 个数据点，17 个语音点。每个信息插座上包括 1 个数据点、1 个语音点。每个点铺设 1 根 4-UTP 超五类网线，数据点和语音点共用一根超五类网线。墙面上 9 个信息插座的安装中心垂直距地 300mm。中间 8 个信息点使用地埋式插座安装在地面上。所有信息插座使用双口面板安装。所有布线使用 PVC 管暗埋铺设。集体办公区信息点设计如图 3.8 所示。

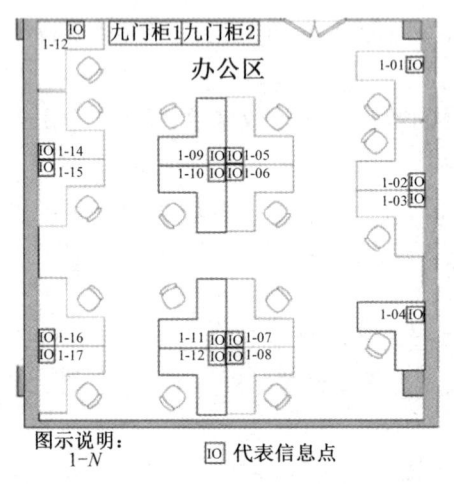

图 3.8　集体办公区信息点设计

3. 超市信息点设计

一般在大型超市的综合布线设计中，其主要信息点集中在收银区和管理区。如果不能确定其用途和布局时，可以在建筑物的墙面和柱子上设置一定数量的信息插座，以便今后使用。超市信息点设计如图 3.9 所示。

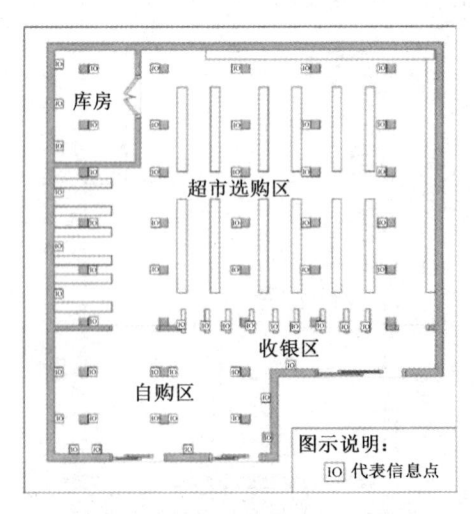

图 3.9　超市信息点设计

模块 3 综合布线系统设计

➡ 任务工单

学生依据实施要求及操作步骤，在教师的指导下完成本工作任务，并填写任务工单。

任务名称	制作点数统计表	实训设备及软件	PC、Microsoft Excel
任务	使用 Microsoft Excel 完成点数统计表的制作		
任务目的	掌握工作区信息点的统计方法		

1. 咨询
(1) 点数统计表的作用。

(2) 工作区信息点的设计要求。

2. 决策与计划
根据任务要求，确定所需要的设备及工具，并对小组成员进行合理分工，制订详细的工作计划。
(1) 讨论并确定实验所需的设备及工具。

(2) 成员分工。

(3) 制定实训操作步骤。
① _____
② _____
③ _____
④ _____

3. 实施过程记录
(1) 分析实践用的楼宇工作区的布线特点。

(2) 实践操作，总结应该注意的问题。

(3) 记录实践的相关数据。

4. 检查与测试
根据任务要求，检查表格的正确性，更正错误，记录数据统计结果。
(1) 检查表格要素是否正确。

(2) 记录工作区信息点的统计结果。

(3) 检查数据，更正错误。

(4) 尝试对不同楼宇工作区信息点进行统计。

➡ 任务实施

利用 Microsoft Excel 软件进行制作，一般常用的表格格式为房间按照列表示，楼层按照行表示。第一行为项目名称或设计对象的名称,第二行为房间或区域的名称,第三行为房间号,每个房间分为两列,分别表示数据点和语音点,最后几列分别合计数据点数、语音点数和信息点数。

(1)制作 Excel 表格格式、表名及行、列表头。

① 新建 Excel 工作表,合并 A1~P1 单元格,输入项目名称"XX 公司综合布线系统建设工程信息点点数统计表",设置字体为"宋体",字号为"20",字形为"加粗"。

② 合并 A2~A4 单元格,输入"楼层编号",设置字体为"宋体",字号为"11"。

③ 合并 B2~M2,输入"房间或区域编号",设置字体为"宋体",字号为"11"。

④ 分别合并 B3C3、D3E3、F3G3、H3I3、J3K3、L3M3,在 6 个新合并的单元格中依次输入"01、02、03、04、05、06",设置字体为"宋体",字号为"11"。

⑤ 分别合并 N2~N4、O2~O4、P2~P4,在 3 个新合并的单元格中依次输入"数据点数合计、语音点数合计、信息点数合计",设置字体为"宋体",字号为"11"。

⑥ 在 B4、D4、F4、H4、J4、L4 单元格中输入"数据";在 C4、E4、G4、I4、K4、M4 单元格中输入"语音",设置字体为"宋体",字号为"11"。

⑦ 设置 A2~P4 单元格区域中单元格格式的边框为"外边框"和"内边框"。

制作 Excel 表格格式的效果如图 3.10 所示。

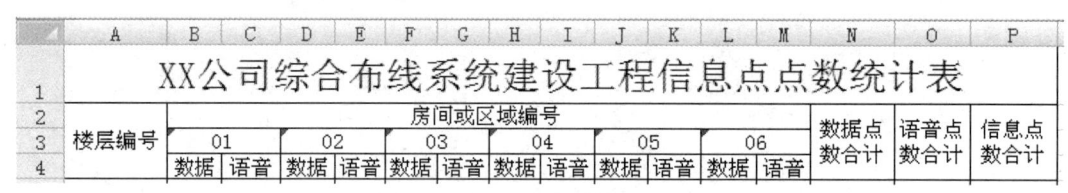

图 3.10 制作 Excel 表格格式的效果

(2)输入楼层编号和合计。

① 分别合并 A5A6、A7A8、A9A10、A11A12、A13A14。在 5 个新合并的单元格中依次输入"楼层一、楼层二、楼层三、楼层四、合计",设置字体为"宋体",字号为"11"。

② 设置 A5~P14 单元格区域中单元格格式的边框为"外边框"和"内边框"。

输入楼层编号和合计的制作效果如图 3.11 所示。

图 3.11 输入楼层编号和合计的制作效果

(3)设置整个表的单元格格式为"水平居中对齐、垂直居中对齐"。

(4)在信息点点数统计表中录入各个楼层对应点的点数信息。

录入点数信息的制作效果如图 3.12 所示。

XX公司综合布线系统建设工程信息点点数统计表

楼层编号	房间或区域编号 01		02		03		04		05		06		数据点数合计	语音点数合计	信息点数合计
	数据	语音	数据	语音	数据	语音	数据	语音	数据	语音	数据	语音			
楼层一	2		2		2		4		2		4				
		2		2		2		4		2		4			
楼层二	2		4		2		2		4		2				
		2		4		2		2		4		2			
楼层三	4		2		2		2		2		2				
		4		2		2		2		2		2			
楼层四	2		4		4		2		2		2				
		2		4		4		2		2		2			
合计															

图 3.12　录入点数信息的制作效果

（5）信息点点数统计。

利用 Microsoft Excel 中的统计函数分别计算“楼层一”～“楼层四”的“数据点数合计”、“语音点数合计”、“信息点数合计”和“合计”。

信息点点数统计的制作效果如图 3.13 所示。

XX公司综合布线系统建设工程信息点点数统计表

楼层编号	房间或区域编号 01		02		03		04		05		06		数据点数合计	语音点数合计	信息点数合计
	数据	语音	数据	语音	数据	语音	数据	语音	数据	语音	数据	语音			
楼层一	2		2		2		4		2		4		16		
		2		2		2		4		2		4		16	
楼层二	2		4		2		2		4		2		16		
		2		4		2		2		4		2		16	
楼层三	4		2		2		2		2		2		14		
		4		2		2		2		2		2		14	
楼层四	2		4		4		2		2		2		16		
		2		4		4		2		2		2		16	
合计	10		12		10		10		10		10		62		124
		10		12		10		10		10		10		62	

图 3.13　信息点点数统计的制作效果

（6）添加必要的设计信息说明。

在点数统计表的最后添加设计信息说明，包括“项目名称”、“制表人”、“制表时间”和“图表版本号”，以便日后查询。

设计信息说明的制作效果如图 3.14 所示。

项目名称	制表人	XXX
XX公司综合布线系统建设工程信息点点数统计表	制表时间	XX年XX月XX日
	图表版本号	01-01-01

图 3.14　设计信息说明的制作效果

任务评价

以团队小组为单位完成任务，以学生个人为单位进行实习考核。

序号	检查项目	分值	自我评分	小组评分	教师评分	备注
1	遵守安全操作规范	10				
2	态度端正、工作认真	10				

续表

序号	检查项目	分值	自我评分	小组评分	教师评分	备注
3	能正确说出表格中各个要素的名称	10				
4	能对信息点进行正确的命名和编号	10				
5	能正确统计信息点的数量	10				
6	表格制作规范	10				
7	测试结果	10				
8	遵守纪律	10				
9	做好 6S 管理工作	10				
10	完成任务工单的全部内容	10				

说明：

（1）每名同学总分为 100 分。

（2）每名同学每项为 10 分，计分标准为：不满足要求计 1～5 分，基本满足要求计 6～7 分，高质量满足要求计 8～10 分。

采用分层打分制，建议权重为：自我评分占 0.2，小组评分占 0.3，教师评分占 0.5，加权算出每名同学在本工作任务中的综合成绩。

➡ 任务总结

工作区是指信息端口以外的空间，但通常习惯将电信插座列入工作区。通过双绞线能实现 RJ-45 插座与各种类型、各种厂商生产的设备的连接，包括计算机、网络集线器、交换机、路由器、电话机、传真机。工作区子系统信息点的数量直接决定综合布线系统工程的造价，其数量越多，工程造价越高。工作区每个信息点的设计都非常重要，首先要满足使用功能，然后要考虑美观及费用成本等。

任务 2　配线子系统的设计

➡ 学习目标

- 熟悉综合布线系统配线子系统的设计规范。
- 掌握综合布线系统配线子系统的布线材料。
- 掌握综合布线系统配线子系统的布线方案。
- 会利用 Microsoft Visio 绘制综合布线系统图。

➡ 任务描述

配线子系统是综合布线系统的一部分，其能实现信息插座和管理间子系统的连接。综合布线配线子系统设计包含分析每个楼层的设备间到信息点的布线距离、布线路径；明确和确认每个工作区信息点的布线距离和路径；确定布线材料的规格和数量；统计数据点、语音点水平电缆的长度等。本任务要求利用 Microsoft Visio 来创建综合布线系统图，并轻松地展现配线子系统的设计和布局。

🡪 任务引导

本任务将带领大家学习配线子系统的设计规范，掌握线缆、信息插座、配线架等布线材料的选择方法，以及配线子系统的布线方案的设计方式及相关技能。

🡪 知识链接

3.2.1 配线子系统的设计规范

配线子系统（见图3.15）是指从工作区的信息点出发，到水平配线间（楼层弱电间）的配线架（一般在一个楼层上）之间的布线系统。基于智能大厦对通信系统的要求，需要把通信系统设计成易于维护、更换和移动的配置结构，以适应通信系统及设备未来发展的需要。配线子系统分布于智能大厦的各个角落，绝大部分通信电缆包括在这个子系统中。相对于干线子系统，配线子系统一般安装得十分隐蔽。在智能大厦交工后，由于配线子系统很难接近，因此更换和维护水平线缆的费用很高，技术要求也很高，如果经常对水平线缆进行维护和更换，则会影响智能大厦内用户的正常工作，严重时会中断用户的通信系统。由此可见，配线子系统的管路敷设、线缆选择将成为综合布线系统中重要的一环。因此，电气工程师应初步掌握综合布线系统的基本知识，从施工图中领悟设计者的意图，并从实用角度出发为用户着想，以减少或消除日后用户对配线子系统的更改，这是十分重要的。

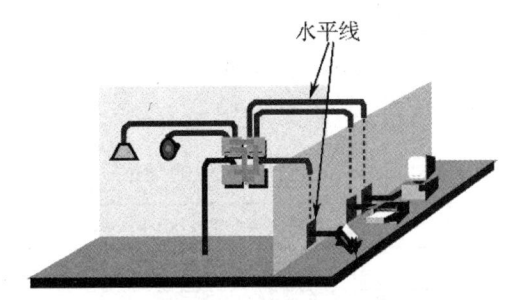

图3.15 配线子系统

配线子系统的设计应根据工程提出的近期终端设备和远期终端设备的设置要求、用户性质、网络构成及实际需要，确定建筑物各层需要安装的信息插座模块的数量及其位置，且配线应留有扩展余地。

1. 配线子系统的结构

星形结构是配线子系统最常用的拓扑结构之一，每个信息点都必须通过一根独立的线缆与电信间的配线架连接。每个楼层都有一个通信配线间为此楼层的各个工作区服务。为了使每种设备都连接到星形结构的布线系统上，信息点可以使用外接适配器，这样有助于提高配线子系统的灵活性。图3.16所示为配线子系统的结构图。

2. 设计要点

配线子系统应根据楼层用户类别及工程提出的近、远期终端设备要求来确定每层的信息点（TO）数量。在确定信息点数量及位置时，应考虑终端设备将来可能发生的移动、修改、重新安排，以便选定一次性建设方案和分期建设方案。

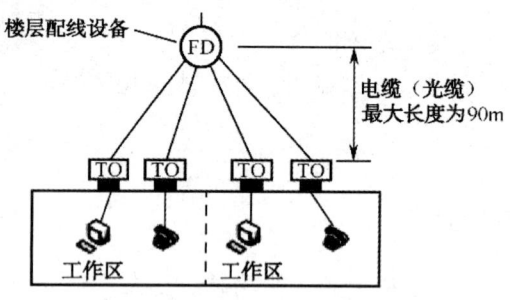

图 3.16 配线子系统的结构图

当工作区为开放式大密度办公环境时，宜采用区域式布线方法，即从楼层配线设备（FD）上将多对电缆布至办公区域。根据实际情况采用合适的布线方法，也可通过集合点（CP）将线引至信息点。

配线电缆宜采用 8 芯非屏蔽双绞线，语音口电缆和数据口电缆宜采用五类、超五类或六类双绞线，以增强系统的灵活性。对于高速率应用场合，宜采用多模光纤或单模光纤，每个信息点的光纤宜为 4 芯。

信息点应为标准的 RJ-45 型插座，并与线缆类别相对应。多模光纤插座宜采用 SC 插接形式，单模光纤插座宜采用 FC 插接形式。信息插座应在内部做固定连接，不得空线、空脚。在要求屏蔽的场合，插座必须有屏蔽措施。

每个工作区的信息点数量可根据用户性质、网络构成和需求来确定。表 3.2 对信息点数量进行了分类，供设计时参考。

表 3.2 信息点数量的确定

建筑物功能区	信息点数量（每个工作区）			备注
	电话	数据	光纤（双工端口）	
办公区（一般）	1 个	1 个		
办公区（重要）	1 个	2 个	1 个	对数据信息有较大需求
出租或大客户区域	2 个或以上	2 个或以上	1 个或以上	指整个区域的配置量
办公区（e2 工程）	2～5 个	2～5 个	1 个或以上	涉及内、外网络

3. 配线子系统的长度

按照 GB 50311—2016 国家标准的规定，配线子系统对缆线的长度做了统一规定。配线子系统各缆线长度（见图 3.17）的划分应符合下列要求。

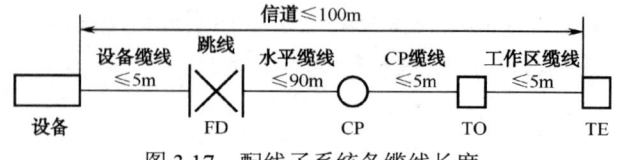

图 3.17 配线子系统各缆线长度

配线子系统信道的最大长度不应大于 100m。其中，水平缆线的长度不大于 90m，一端工作区设备连接的跳线不大于 5m，另一端设备间（电信间）的跳线不大于 5m，如果两端的跳线之和大于 10m，则水平缆线的长度（90m）应适当减小，以保证配线子系统信道的最大长度不大于 100m。

信道总长度不应大于 2000m。信道总长度等于综合布线系统水平缆线、建筑物主干缆线及建筑群主干缆线的长度之和。

当建筑物或建筑群配线设备（FD 与 BD、FD 与 CD、BD 与 BD、BD 与 CD）之间组成的信道出现 4 个连接器件时，主干缆线的长度不应小于 15m。

开放型办公室综合布线系统长度的计算。对于商用建筑物或公共区域大开间的办公楼、综合楼等场地，由于其使用对象数量的不确定性和流动性等因素，宜按开放型办公室综合布线系统的要求进行设计，并应符合下列规定：当采用多用户信息插座时，每个多用户信息插座要包括适当的备用量在内，能支持 12 个工作区所需的 8 位模块式通用插座；各段缆线长度可按表 3.3 选用。

表 3.3 各段缆线长度

电缆总长度/m	水平布线电缆 H/m	工作区电缆 W/m	电信间跳线和设备电缆 D/m
100	90	5	5
99	85	9	5
98	80	13	5
97	75	17	5
97	70	22	5

CP 的设置。如果在配线子系统施工中需要增加 CP，那么同一根水平线缆上只允许有一个 CP，而且 CP 与楼层配线设备配线架之间水平线缆的长度应大于 15m。

CP 的端接模块或配线设备应安装在墙体或柱子等建筑物固定的位置上，不允许随意放置在线槽或线管内，更不允许暴露在外面。

CP 只允许在实际综合布线系统施工中应用，其规范了线缆的端接做法，适合解决综合布线系统施工中个别线缆穿线困难时中间接续的问题。但要尽量避免应用 CP，在前期项目设计中不允许出现 CP。

3.2.2 配线子系统的布线材料

水平布线所需要的布线材料包括线缆（光缆或双绞线）、信息插座及配线架等。

1. 线缆

配线子系统的线缆应采用超五类双绞线或六类双绞线，电磁干扰较严重的位置可采用超五类屏蔽双绞线或六类屏蔽双绞线，个别对安全性、稳定性和传输速率要求较高的位置（如网络服务器或图形工作站）也可采用室内多模光缆。

2. 信息插座

每个工作区信息插座模块的数量不宜少于两个，并要满足各种业务的需求。因此在通常情况下，宜采用双口面板（见图3.18）。底盒数量应根据插座盒面板设置的开口数确定，每个底盒支持安装的信息点数量不宜大于两个。

工作区的信息插座模块应支持不同的终端设备接入，每个8位模块式通用插座应连接一根4对双绞线电缆，每个双工光纤连接器或两个单工光纤连接器及适配器连接一根2芯光缆。

光纤信息插座模块安装的底盒大小应充分考虑水平光缆（2芯或4芯）终接处的光缆盘留空间，以及满足光缆对弯曲半径的要求。

图3.18 双口面板

信息插座模块的需求量一般为

$$m=n\times(1+3\%)$$

式中，m 表示信息插座模块的总需求量；n 表示信息点的总量；3%表示富余量。

3．配线架

配线架应当根据水平布线的线缆类别选择。如果水平布线使用双绞线作为传输介质，那么应当采用双绞线配线架，并且与线缆采用同一标准，如统一采用CAT5E标准或CAT6标准；如果水平布线使用光缆作为传输介质，那么应当采用光缆终端盒作为配线设备。此外，配线架所提供的端口数量应当与信息模块的数量匹配。由于水平布线往往拥有大量的信息点，因此通常选择24口配线架或48口配线架。图3.19所示为48口超五类配线架。

图3.19 48口超五类配线架

3.2.3 配线子系统的布线方案

设计者要根据建筑物的结构特点，从路由最短、造价最低、施工方便、布线规范等几个方面考虑布线方案。但由于建筑物中的管线较多，往往某些方面会存在矛盾，因此设计配线子系统时必须折中考虑，优选最佳的水平布线方式。一般有以下3种类型的布线方式可供选择。

1．直接埋管方式

直接埋管方式通过一系列密封在混凝土中的金属布线管道进行布线，如图3.20所示。

这些金属布线管道从配线间向信息插座的位置辐射。根据通信和电源布线要求、地板厚度和占用的地板空间等条件，直接埋管方式的金属管可采用厚壁镀锌管或薄型电线管。为了经济、合理地利用金属管，允许在同一根金属管内穿几条综合布线系统的水平线缆。这种方式在以前的设计中普遍使用。

现代楼宇不仅有较多的电话语音点，而且有较多的计算机数据点，并且要求电话语音点能与计算机数据点互换，以增加综合布线系统的使用灵活性。因此，综合布线系统的水平线缆比较粗，如三类 4 对非屏蔽双绞线外径为 4.7mm，截面积为 17.3mm^2；五类 4 对非屏蔽双绞线外径为 5.6mm，截面积为 24.62mm^2，各厂家的线缆基本相同。屏蔽双绞线则更粗。在设计中，三类双绞线与五类双绞线混用，统一取截面积为 20mm^2。对于目前使用较多的 SC 镀锌钢管及阻燃高强度 PVC 管，占空比取 30%～50%。

图 3.20　直接埋管方式

现代楼宇房间内的信息点较多，一般 10m^2 可布 1 个语音点和 1 个数据点。按一个房间的面积为 60m^2 计算，房内有 6 个语音点和 6 个数据点，共 12 个信息点。如果用一根 SC40 管穿 12 根电缆，那么由弱电间出来的 SC40 管就较多，常规做法是将这些管子埋在走廊的垫层中形成排管。

由于排管数量比较多，因此钢管的费用会相应增加，该方式相对于吊顶内走线槽方式的价格优势不大，而局限性较大，直接埋管方式在现代建筑中已慢慢被其他方式取代。不过在地下层，信息点比较少，且没有吊顶，一般还会使用直接埋管方式。

此外，直接埋管方式的改良方式也被应用，即由弱电井到各房间的排管不埋在地面垫层中，而是先吊在走廊的吊顶中，当明确弱电井到各房间的适当位置后，再用分线盒分出较细的支管，沿房间吊顶顺墙而下到信息出口中。由于排管走吊顶，可以隔一段距离加过线盒以便穿线，因此远端房间离弱电井的距离不受限制；吊顶内排管的管径也可选择较大的，如 SC50。但这种改良方式明显不如先走桥架再走支管方式灵活，所以应用范围不广，一般用在塔楼的塔身层面积不大且没有必要架设线槽的场合。

2．先走桥架再走支管方式

线槽由金属或阻燃高强度 PVC 材料制成，有单件扣合方式和双件扣合方式两种类型，并配有转弯线槽、T 形线槽等。图 3.21 所示为金属桥架。常用的金属线槽规格如表 3.4 所示。

图 3.21　金属桥架

表 3.4　常用的金属线槽规格

单位：mm

宽×厚	镀锌钢板壁厚
50×25	1.0
75×50	1.0
100×75	1.2
150×100	1.4
300×100	1.6

线槽通常安装在吊顶内或悬挂在天花板上方，用在大型建筑物或布线系统比较复杂且需要有额外支撑物的场合，用横梁式线槽将线缆引向所要布线的区域。由弱电间出来的线缆先走吊顶内的线槽，到各房间后，经分支线槽从横梁式电缆管道分叉后将电缆穿过一段支管引向墙壁，顺墙而下到本层的信息出口中，或顺墙而上引到上一层的信息出口中，最后端接在用户的信息插座上。先走桥架再走支管方式如图 3.22 所示。

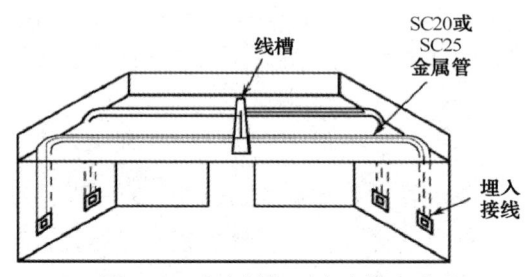

图 3.22　先走桥架再走支管方式

3．地面线槽方式

地面线槽方式是把长方形的线槽埋在地面垫层中，每隔 4～8m 设置一个过线盒或出线盒（在支路上出线盒也起分线盒的作用），直到信息出口的接线盒，如图 3.23 所示。70 型地面线槽的外形尺寸为 70mm×25mm（宽×厚），有效截面积为 1470mm^2，占空比取 30%，可穿 24 根水平线（三类线、五类线可以混用）；50 型地面线槽的外形尺寸为 50mm×25mm，有效截面积为 960mm^2，可穿 15 根水平线。分线盒与过线盒有两槽分线盒和三槽分线盒两种，其端面均为正方形，每面可接两根或三根地面线槽。因为分线盒与过线盒均有 4 个端面，所以它们均具有将 2～3 个分路汇成一个主路的功能或 90°转弯的功能。四槽以上的分线盒都可用两槽分线盒或三槽分线盒拼接。

图 3.23　地面线槽方式

任务工单

扫码观看用 Microsoft Visio 绘制综合布线系统图的微课视频。

学生依据实施要求及操作步骤，在教师的指导下完成本工作任务，并填写任务工单。

用 Microsoft Visio 绘制综合布线系统图

任务名称	用 Microsoft Visio 绘制综合布线系统图	实训设备及软件	PC、Microsoft Visio
任务	使用 Microsoft Visio 完成综合布线系统图的绘制		
任务目的	掌握综合布线系统图的绘制方法		

1. 咨询

（1）识别综合布线系统图和网络拓扑图。

（2）Microsoft Visio 的基本使用方法。

2. 决策与计划

根据任务要求，确定所需要的设备及工具，并对小组成员进行合理分工，制订详细的工作计划。

（1）讨论并确定实验所需的设备及工具。

（2）成员分工。

（3）制定实训操作步骤。

① _____
② _____
③ _____
④ _____

3. 实施过程记录

（1）分析实践用的楼宇各个综合布线子系统的设计方案。

（2）绘制操作，应该注意的问题。

（3）标注各综合布线子系统的相关数据。

4. 检查与测试

根据任务要求，检查图形的正确性，更正错误。

（1）检查综合布线系统图的图形要素是否正确。

（2）检查数据，更正错误。

（3）尝试绘制不同楼宇的综合布线系统图。

任务实施

Microsoft Visio 是一款专业的矢量绘图软件，被广泛应用于通信工程的产品研发、工程设计、设备安装及网络维护等全流程中，可轻松绘制网络拓扑图、机房布置图、设备安装图、工作原理图及相关操作流程图等。图 3.24 所示为用 Microsoft Visio 2003 绘制的简单网络拓扑结构示意图，其为 Microsoft Visio 2003 中的一个界面，中央是从左侧图元面板中拉出的一些网络设备图元（分别为交换机、路由器、防火墙、工作站、域控制器）。可以看到，这些设备图元的外观非常漂亮。当然，可以从软件中直接提取的图元远不止这些。

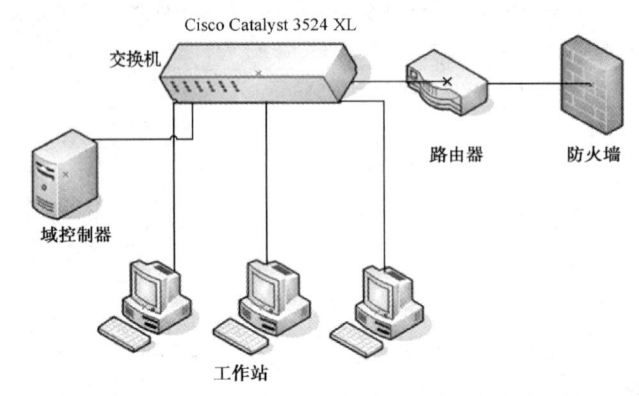

图 3.24 用 Microsoft Visio 2003 绘制的简单网络拓扑结构示意图

  Microsoft Visio 是微软公司开发的高级绘图软件，属于 Office 系列，其功能强大，易于使用，就像 Microsoft Word 一样。它可以帮助网络工程师创建商业和技术方面的图形，对复杂的概念、过程及系统进行组织和文档备案。Microsoft Visio 2003 可以通过直接与数据资源自动同步数据图形，提供最新的图形，还可以通过定制来满足特定的需求。下面是利用 Microsoft Visio 2003 绘制综合布线系统图的基本步骤。

  （1）运行 Microsoft Visio 2003，先在"Microsoft Visio"窗口（见图 3.25）左侧的"类别"列表中选择"框图"选项，然后在"模板"区域中选择一个对应的选项，或者在 Microsoft Visio 2003 主界面中通过选择"新建"→"框图"菜单命令下的某项菜单选项操作，都可打开如图 3.26 所示的"绘图 1- Microsoft Visio"窗口（在此仅以选择"框图"选项为例）。

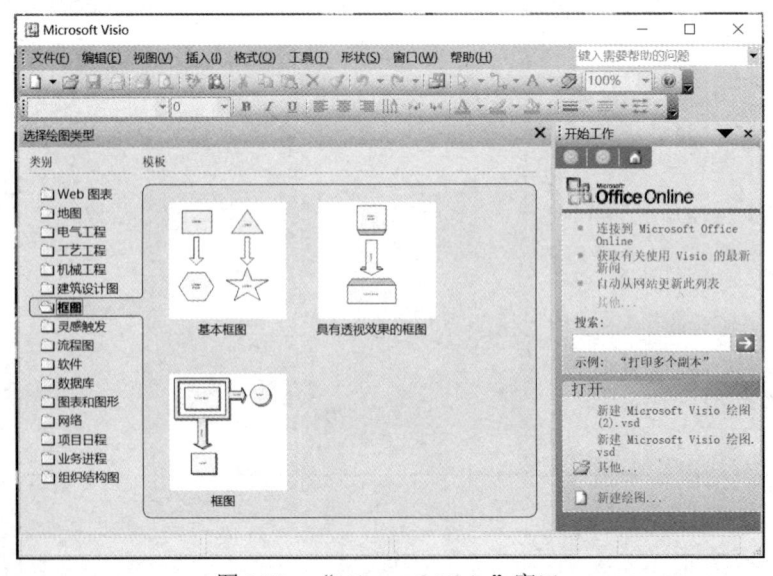

图 3.25 "Microsoft Visio"窗口

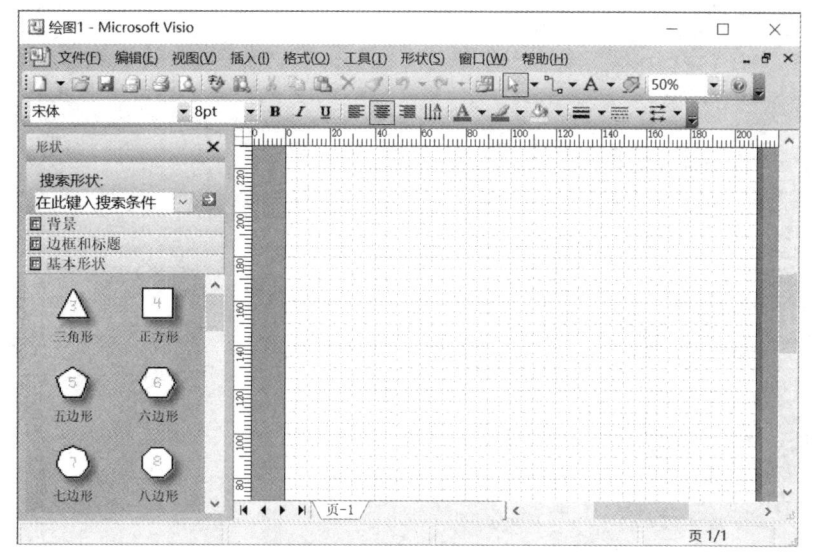

图 3.26 "绘图 1- Microsoft Visio"窗口

（2）在图 3.26 左侧的图元列表中选择"基本形状"→"矩形"菜单命令，首先按住鼠标左键把矩形图元拖动到右侧绘制平台中的相应位置，然后松开鼠标左键，即可得到一个矩形图元，如图 3.27 所示。在按住鼠标左键的同时，还可以拖动矩形图元四周的绿色方格来调整其大小。单击鼠标左键的同时旋转图元顶部的小圆圈，可以改变图元的摆放方向；把鼠标放在图元上，当出现 4 个方向的箭头时按住鼠标左键可以调整图元的位置。图 3.28 所示为调整矩形图元的大小、方向和位置后的图示。双击图元可以查看它的放大图。

（3）为矩形标注文字。单击工具栏中的"文本"按钮，在图元下方会显示一个小的文本框，此时可在文本框中输入交换机的型号或其他标注，如图 3.29 所示。输入完成后在空白处单击鼠标，即可完成标注，矩形图元又恢复到调整后的大小。

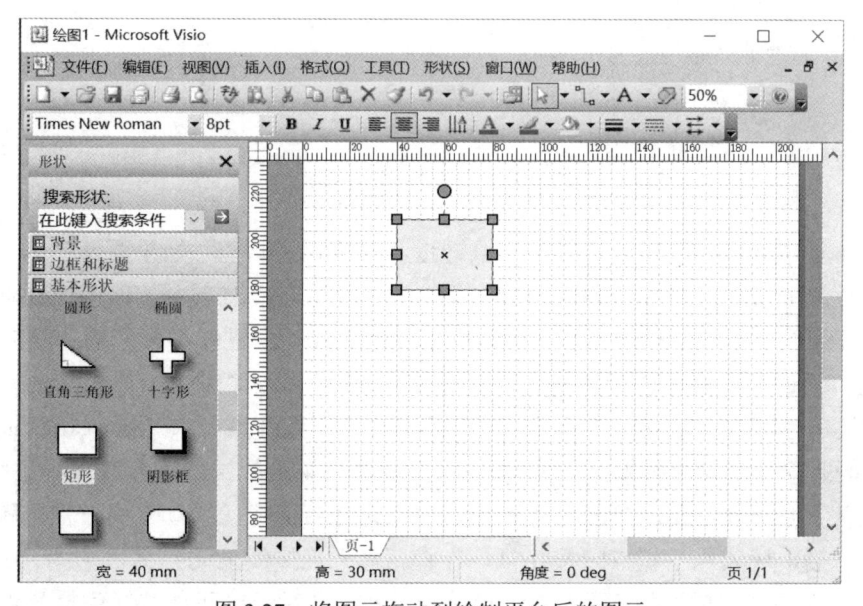

图 3.27 将图元拖动到绘制平台后的图示

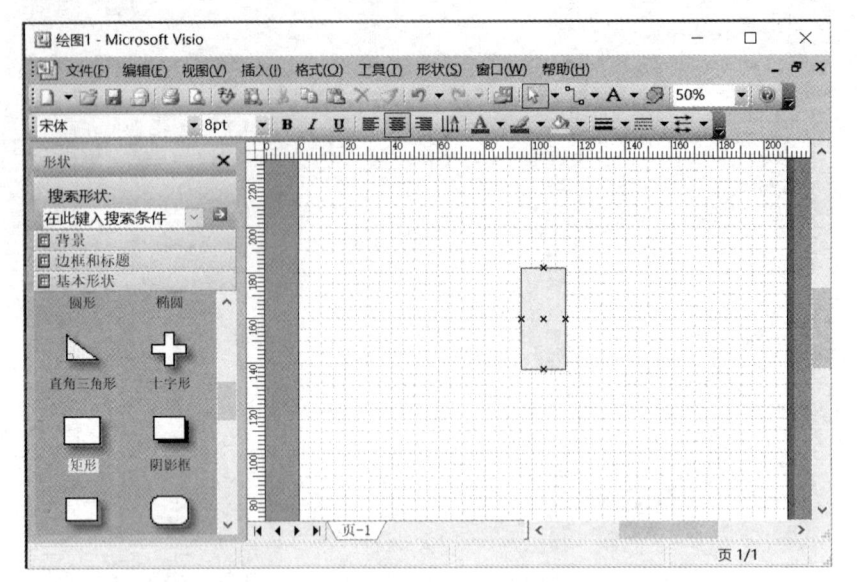

图3.28 调整矩形图元的大小、方向和位置后的图示

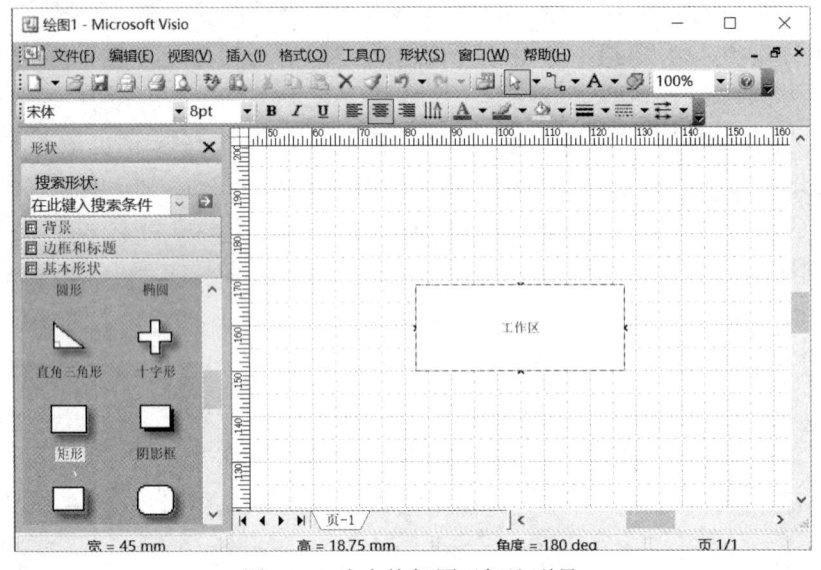

图3.29 为交换机图元标注型号

标注文本的字体、字号和格式等都可以通过工具栏进行调整。如果要使字体、字号和格式调整后适用于所有标注，则可在图元上单击鼠标右键，在弹出的快捷菜单中选择"格式"→"文本"菜单命令，在弹出的"文本"对话框（见图3.30）中进行详细配置。需要标注的文本框的位置也可通过拖动鼠标进行调整。

（4）以同样的方法添加另外的图形元素，并把它们连接起来。在 Microsoft Visio 2003 中介绍的连接方法很复杂，其实可以不用管它，只需要使用工具栏中的连接线工具进行连接即可。选择连接线工具后，单击要连接的两个图元之一，此时会出现一个红色的方框，移动鼠标选择相应的位置，当出现紫色星状点时按住鼠标左键，可把连接线拖动到另一个图元。注意，此时如果出现一个大的红方框，则表示不宜选择此连接点，只有当出现小的红色星状点时才可松开鼠标，此时连接成功。图3.31所示为图元之间的连接示例。

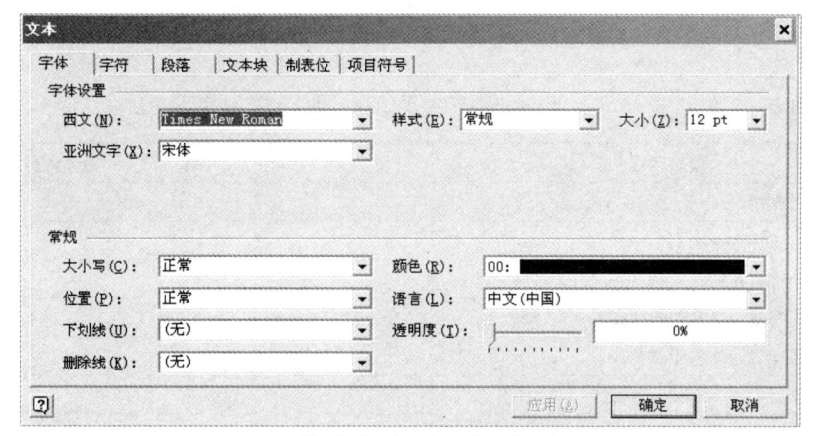

图中的"下划线"应为"下画线"

图 3.30 标注文本的通用设置对话框

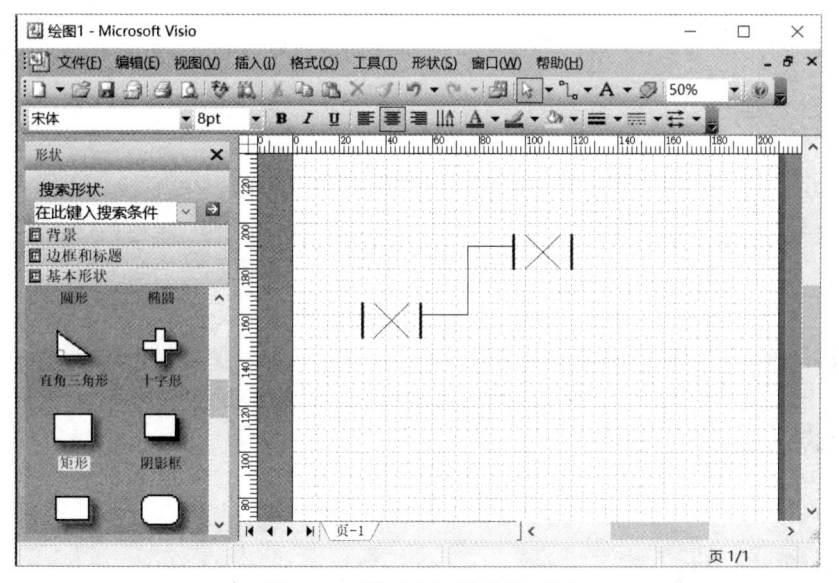

图 3.31 图元之间的连接示例

提示 在更改图元的大小、方向和位置时,一定要在工具栏中选择"选取"工具,否则不会出现显示图元的大小、方向和位置的方点和圆点,也就无法调整。若想整体移动多个图元,则可在同时按住 Ctrl 键和 Shift 键的情况下,按住鼠标左键拖动选取整个要移动的图元,当出现一个矩形框,并且鼠标显示 4 个方向的箭头时,即可通过拖动鼠标来移动多个图元。若想删除连接线,则只需先选取相应的连接线,然后按 Delete 键。

(5) 把其他布线设备图元一一添加进来并与网络中的相应设备图元连接起来。当然,这些设备图元可能会在窗口左侧的不同类别选项下。如果左侧已显示的类别中没有包括相应设备图元,则可通过单击工具栏中的"形状"按钮打开一个类别选择列表,从中可以添加其他类别使之显示在窗口左侧的类别选项中。

说明 以上只介绍了 Microsoft Visio 2003 的极少部分网络综合布线系统绘制功能,因为它的使用方法比较简单,操作方法与 Microsoft Word 类似,在此就不一一详细介绍了。

任务评价

以团队小组为单位完成任务，以学生个人为单位进行实习考核。

序号	检查项目	分值	自我评分	小组评分	教师评分	备注
1	遵守安全操作规范	10				
2	态度端正、工作认真	10				
3	能正确说出综合布线系统图中各个图形要素的名称	10				
4	能正确绘制布线设备及线缆等图形	10				
5	能掌握楼宇布线的结构及方案设计	10				
6	图形绘制规范	10				
7	测试结果	10				
8	遵守纪律	10				
9	做好 6S 管理工作	10				
10	完成任务工单的全部内容	10				

说明：
（1）每名同学总分为 100 分。
（2）每名同学每项为 10 分，计分标准为：不满足要求计 1~5 分，基本满足要求计 6~7 分，高质量满足要求计 8~10 分。
采用分层打分制，建议权重为：自我评分占 0.2，小组评分占 0.3，教师评分占 0.5，加权算出每名同学在本工作任务中的综合成绩。

任务总结

配线子系统是综合布线系统工程中最大的一个子系统，其使用的材料最多，工期最长，投资最大，也直接决定了每个信息点的稳定性和传输速率。配线子系统主要涉及布线距离、布线路径、布线方式和布线材料的选择，对后续水平子系统的施工是非常重要的，也直接影响综合布线系统工程的质量和工期，甚至影响最终的工程造价。

任务 3　干线子系统的设计

学习目标

- 熟悉综合布线系统干线子系统的设计要点。
- 掌握综合布线系统干线子系统的布线材料。
- 掌握综合布线系统干线子系统的布线方法。
- 掌握干线子系统缆线容量的计算方法。
- 会利用 Microsoft Visio 绘制综合布线系统施工图。

任务描述

为了便于理解，工程行业习惯上将干线子系统称为垂直子系统，它是综合布线系统中非常关键的组成部分，也是建筑物内综合布线系统的主干缆线。本任务要求对中小型综合布线系统，使用 Microsoft Visio 来创建综合布线系统施工图，并轻松地展现综合布线系统的设计和施工方案。

➡ 任务引导

本任务将带领大家了解干线子系统的设计要点，掌握干线子系统设计过程中线缆的选择和不同综合布线方法的采用，学会干线子系统缆线容量的计算原则，掌握综合布线干线子系统设计的相关技能。

➡ 知识链接

3.3.1 干线子系统的设计要点

干线子系统用于连接各配线室，实现计算机设备、交换机、控制中心与各电信间之间的连接，主要包括主干传输介质和与介质终端连接的硬件设备。干线子系统由设备间的配线设备和跳线，以及设备间至各楼层配线间的连接电缆组成，如图 3.32 所示。

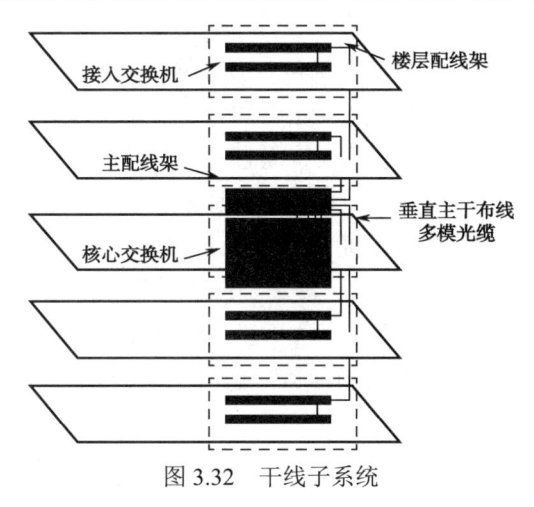

图 3.32 干线子系统

1. 干线子系统的设计原则

干线子系统布线要采用星形拓扑结构，接地应符合 EIA/TIA 607 标准规定的要求。如果设备间与计算机机房处于不同的地点，且需要把语音电缆连至设备间，把数据电缆连至计算机机房，则应在设计中选取不同的干线电缆或干线电缆的不同部分来分别满足不同路由语音和数据的需要。必要时，也可以采用光缆系统予以满足。

图 3.33 所示为垂直干线星形结构。干线子系统负责把各个电信间的干线连接到设备间。

图 3.33 垂直干线星形结构

在确定干线子系统所需要的电缆总对数之前，必须确定电缆中语音信号和数据信号的共享原则。对于基本型，每个工作区可选定 2 对双绞线；对于增强型，每个工作区可选定 3 对双绞线；对于综合型，每个工作区可在基本型或增强型的基础上增设光缆系统。

布线走向应选择干线电缆最短、确保人员安全和最经济的路由。建筑物内有两大类型的通道，即封闭型通道和开放型通道，宜选择带门的封闭型通道敷设干线电缆。封闭型通道是指一连串上下对齐的交接间，每层楼都有一间，电缆竖井、电缆孔、管道、托架等要穿过这些房间的地板层。每个交接间通常还有一些便于固定电缆的设施和消防装置。开放型通道是指从建筑物的地下室到楼顶的开放空间，中间没有任何楼板隔开。例如，通风通道或电梯通道，不能敷设干线子系统的干线电缆。

干线电缆可采用点对点端接，也可采用分支递减端接及电缆直接连接的方法。点对点端接是较简单、直接的接合方法，干线子系统的每根干线电缆都可直接延伸到指定的楼层和交接间。分支递减端接是用一根大容量（足以支持若干个交接间或若干个楼层的通信容量）的干线电缆，经过电缆接头保护箱分出若干根小电缆，分别延伸到每个交接间或每个楼层，并端接于目的地的连接硬件上。而电缆直接连接是在特殊情况下使用的方法，一种情况是一个楼层的所有水平端接都集中在干线交接间；另一种情况是二级交接间太小，要在干线交接间内完成端接。

综合布线系统中的干线子系统并非一定是垂直布置的。从概念上讲，它是楼群内的主干通信系统。在某些特定环境中，如在低矮而又宽阔的单层平面的大型厂房中，干线子系统就是平面布置的，它同样起着连接各配线间的作用。而且在大型建筑物中，干线子系统可以由两级甚至更多级组成。主干线敷设在弱电井内，移动、增加或改变比较容易。很显然，一次性安装全部主干线是不经济的，也是不可能的。通常分阶段安装主干线，每个阶段为3~5年，以适应不断增长和变化的业务需求。当然，每个阶段主干线的长短还受使用单位的稳定性和变化的影响。在每个阶段开始前，需要系统规划电信间、设备间和不同类型的服务，应估算在该阶段的最大规模连接，以便确定该阶段所需要的最大规模的主干线。

另外，还需要注意以下几点。

（1）网线一定要与电源线分开敷设，可以与电话线及电视天线放在一个线管中。布线时拐角处不能将网线折成直角，以免影响正常使用。

（2）网络设备必须分级连接，由于主干线是多路复用的，不可能直接连接到用户端设备，因此不必安装太多缆线。如果主干距离不超过 100m，那么当网络设备主干高速端口选用 RJ-45 铜缆口时，采用单根 8 芯五类双绞线或六类双绞线作为网络主干线即可。

（3）五类的大对数电缆容易引起线对之间的近端串扰及它们之间近端串扰的叠加问题，这对高速传输数据十分不利。

（4）五类 25 对线缆在 110 跳线架上的安装比较复杂，如果不细心，则很难达到五类线缆的安装要求。这是很多综合布线系统设计者常犯的错误之一。在主干电缆中，电话系统、网络系统等都不用同一保护层内的不同线芯。这样做的原因是，在同一保护层内的线芯上传输不同性质、不同速率的信号时容易造成干扰，如非平衡的 RS-232 和平衡的网络传输信号就可能存在这样的问题；在管理、维护上容易造成误操作，如击穿通信设备或造成相关系统中断正常工作；法规上也不允许。

2．干线子系统的长度

主交连（Main Cross-connect，MC）和任意水平交连（Horizontal Cross-connect，HC）之间的缆线总长度不能超过下列限制。

（1）单模光纤不能超过 3000m。

（2）62.5/125μm 或 50/125μm 多模光纤不能超过 2000m。

（3）作为语音应用的双绞线不能超过 800m。

对于水平交连与中间交连（Intermediate Cross-connect，IC）之间的线缆信道总长度，双绞线或光纤均不能超过 300m。

用于数据传输的铜缆，不能超过 100m。

当主干电缆少于 90m 时，允许有一个中间交连。图 3.34 所示为干线子系统中的交连关系示意图。

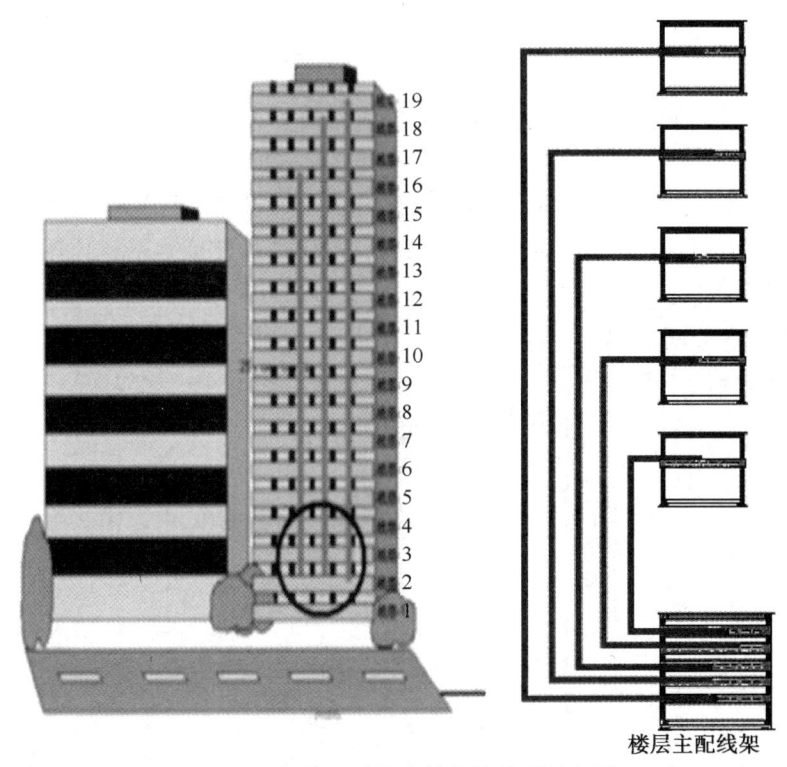

图 3.34 干线子系统中的交连关系示意图

3.3.2 干线子系统的布线材料

在通常情况下，主干线缆采用 8～12 芯 50/125μm 室内多模光纤，以确保接入层交换机与汇聚层交换机之间实现千兆网络连接，并保留未来升级至万兆网络连接的潜力。当然，主干线缆选用铜缆还是光缆，应根据建筑物的业务流量和有源设备的档次来确定。如果主干距离不超过 100m，并且网络设备主干连接采用 1000Base-T 端口为接口，那么从节约成本的角度考虑，可以采用 CAT 6 双绞线作为网络主干线缆。图 3.35 所示为 12 芯室内多模光缆。

在通常情况下，干线子系统采用 8～12 芯多模光纤作为传输介质，并辅之以少量的六类双绞线作为冗余，以及部分大对数电缆作为语音通信介质。

配线设备则主要采用光缆终端盒，实现对主干光缆的终接。同

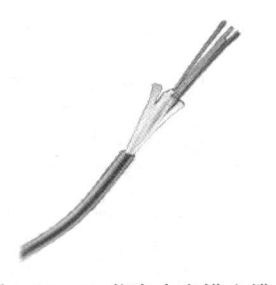

图 3.35 12 芯室内多模光缆

时，根据需要选用少量双绞线配线架，实现对主干电缆的终接。

在干线子系统中常用以下几种线缆：

（1）超五类以上 4 对双绞线电缆（非屏蔽双绞线或屏蔽双绞线），一般用于传输数据和图像。

（2）三类 100Ω大对数双绞线电缆（非屏蔽双绞线或屏蔽双绞线），一般用于电话语音传输。

（3）62.5/125μm 多模光纤。

（4）8.3/125μm 单模光纤。

3.3.3 干线子系统的布线方法

从电信间到设备间的干线路由，应选择干线段最短、最安全和最经济的路由，在大厦内通常有如下两种方法。

（1）电缆孔方法。干线通道中所用的电缆孔是很短的管道，通常用直径为 10cm 的刚性金属管做成。它们嵌在混凝土地板中，这是在浇注混凝土地板时嵌入的，比地板表面高出 2.5～10cm。电缆往往绑在钢绳上，而钢绳又固定在墙上已铆好的金属条上。当配线间上下都对齐时，一般采用电缆孔方法，如图 3.36 所示。

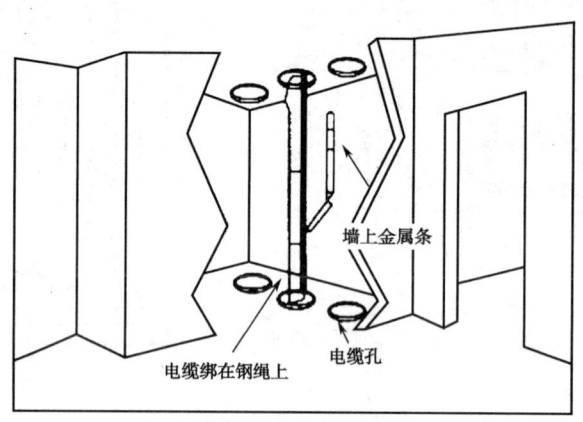

图 3.36 电缆孔方法

（2）电缆井方法。电缆井方法常用于干线通道。电缆井是指在每层楼板上开出一些方孔，使电缆可以穿过这些方孔从某层楼延伸到相邻的楼层。电缆井的大小根据所用电缆的数量而定。与电缆孔方法一样，电缆井方法的电缆也绑在或箍在支撑用的钢绳上，钢绳通过墙上的金属条或地板三脚架固定。离电缆井很近的墙上立式金属架可以支撑很多电缆。电缆井的选择非常灵活，可以让粗细不同的各种电缆以任何组合方式通过，如图 3.37 所示。电缆井方法虽然比电缆孔方法灵活，但在原有建筑物中开电缆井安装电缆造价较高，而且使用电缆井很难防火。如果在安装过程中没有采取措施防止楼板支撑件损坏，则楼板结构的完整性会受到破坏。在多层楼房中，经常需要使用干线电缆的横向通道才能将电缆从设备间连接到干线通道，以及在各个楼层上从二级交接间连接到任何一个配线间。请记住，横向走线需要寻找一个易于安装的方便通道，因而两个端点之间很少是一条直线。

干线子系统一般在大楼的弱电井（建筑上一般把方孔称为井，圆孔称为孔）内，位于大楼的中部,它将每层楼的通信间与本大楼的设备间连接起来,构成综合布线系统的星形结构。星位在各楼层配线间,中心位在设备间。

图 3.37 电缆井方法

3.3.4 干线子系统缆线容量的计算方法

在确定干线子系统缆线容量时,要根据楼层配线子系统所有的语音、数据、图像等信息插座的数量来进行计算,具体的计算原则如下。

(1)语音干线可按一个信息插座至少配 1 个线对的原则进行计算。

(2)计算机网络干线线对容量的计算原则是,电缆干线按 24 个信息插座配 2 对对绞线。每个交换机或交换机群配 4 对对绞线,光缆干线按每 48 个信息插座配 2 芯光纤。

(3)当楼层信息插座较少时,在规定长度范围内,可以多个楼层共用交换机,并合并计算光纤芯数。

(4)若有光纤到用户桌面的情况,则光缆可直接从设备间引至用户桌面,干线光缆芯数应不包含这种情况下的光缆芯数。

(5)主干系统应留有足够的余量,以作为主干链路的备份,确保主干系统的可靠性。

▶ 任务工单

扫码观看用 Microsoft Visio 绘制综合布线系统施工图的微课视频。

学生依据实施要求及操作步骤,在教师的指导下完成本工作任务,并填写任务工单。

用 Microsoft Visio 绘制综合布线系统施工图

任务名称	用 Microsoft Visio 绘制综合布线系统施工图	实训设备及软件	PC、Microsoft Visio
任务	使用 Microsoft Visio 完成对综合布线系统施工图的绘制		
任务目的	掌握综合布线系统施工图的绘制方法		
1. 咨询 (1)识别综合布线系统施工图。 (2)Microsoft Visio 的灵活使用方法。 2. 决策与计划 根据任务要求,确定综合布线系统的施工方案,并对小组成员进行合理分工,制订详细的工作计划。			

续表

(1）讨论并确定实验所需的设备及工具。

(2）成员分工。

(3）制定实训操作步骤。
① _____
② _____
③ _____
④ _____

3．实施过程记录
(1）分析实践用楼宇的综合布线系统的施工方案。

(2）绘图操作，应该注意的问题。

(3）标注各子系统的相关数据。

4．检查与测试
根据任务要求，检查图形的正确性，更正错误。
(1）检查综合布线系统施工图的图形要素是否正确。

(2）检查数据，更正错误。

(3）尝试绘制不同楼宇的综合布线系统施工图。

任务实施

综合布线系统工程图纸是通过各种图形符号、文字符号、文字说明及标注表达的。预算人员要通过图纸了解工程规模、工程内容，统计工程量、编制工程概预算文件。施工人员要通过图纸了解施工要求，按图施工，明确在实际施工过程中，要完成的具体工作任务。

为了规定布线路由在建筑物中安装的具体位置，一般利用建筑设计图纸或强电设计图纸进行施工图的设计。我们可以使用Microsoft Visio来创建综合布线系统施工图，并展现综合布线系统的施工方案。

第一步 启动Microsoft Visio软件。打开Microsoft Visio软件，选择"建筑设计图"类别中的"办公室布局"模板。我们将在程序中看到一个空白的编辑页面。

第二步 绘制建筑物平面图。用绘制或粘贴建筑物平面设计图的方式，绘制建筑物的二层平面图。

第三步 设计信息点位置。根据点数统计表中每个房间的信息点数量，设计每个信息点的位置。

第四步 设计管理间的位置。楼层管理间一般紧靠建筑物设备间。

第五步 设计配线子系统的布线路由。二层采取楼道明装 100mm 水平桥架，过梁和墙体暗埋 20mm 线管到信息插座的方式。墙体两边的插座背对背安装，共用一根线管。

第六步 设计干线子系统的路由。建筑物设备间从一楼使用 200mm 桥架，沿墙面垂直安装到二层的 203 房间，并与各层的电信间机柜相连。

第七步 添加文字说明和图例说明。设计中的许多问题，如桥架安装方式或线管暗埋方式等，都需要通过文字来说明，并使用箭头指向说明位置。

第八步 设计标题栏。在图纸右下角添加一个表格，主要包括项目名称、图纸类别、图纸编号、设计单位、设计人、审核人、审定人等。

完成绘制后，可以通过单击 Microsoft Visio 菜单栏中的"文件"选项卡并选择"保存"选项来保存绘图。保存文件后，可以将其与其他所有人共享或将其打印出来，以便在实际的建筑设计过程中参考。

任务评价

以团队小组为单位完成任务，以学生个人为单位进行实习考核。

序号	检查项目	分值	自我评分	小组评分	教师评分	备注
1	遵守安全操作规范	10				
2	态度端正、工作认真	10				
3	能正确说出施工图中各个图形要素的名称	10				
4	能正确绘制布线设备及线缆等图形	10				
5	能掌握楼宇的综合布线系统的施工方案	10				
6	图形绘制规范	10				
7	测试结果	10				
8	遵守纪律	10				
9	做好 6S 管理工作	10				
10	完成任务工单的全部内容	10				

说明：
（1）每名同学总分为 100 分。
（2）每名同学每项为 10 分，计分标准为：不满足要求计 1~5 分，基本满足要求计 6~7 分，高质量满足要求计 8~10 分。采用分层打分制，建议权重为：自我评分占 0.2，小组评分占 0.3，教师评分占 0.5，加权算出每名同学在本工作任务中的综合成绩。

任务总结

干线子系统是综合布线系统工程中较重要的一个子系统，直接决定了每个信息点的稳定性和传输速率,主要涉及布线路径、布线方法和布线材料的选择,对后续水平子系统的施工是非常重要的。

任务 4　电信间的设计

学习目标

- 熟悉综合布线系统电信间的设计要点。
- 掌握综合布线系统电信间的设计步骤。
- 能够制作端口对应表,对信息点进行正确标识。

任务描述

综合布线系统电信间为连接其他子系统提供了连接手段。交连和互连允许将通信线路定位或重定位到建筑物的不同部分,以便能更容易地管理通信线路。本任务要求对中小型综合布线系统电信间设备、设备端口及线缆等进行标识设计,制作端口对应表,为各个信息点标签编号。

任务引导

本任务将带领大家学习综合布线系统电信间的设计要点,掌握电信间的设计步骤,学会对信息点进行正确标识,掌握综合布线系统电信间设计的相关技能。

知识链接

3.4.1　电信间的设计要点

电信间也称配线间,是专门安装楼层机柜、配线架、交换机和配线设备的楼层管理间,如图 3.38 所示。

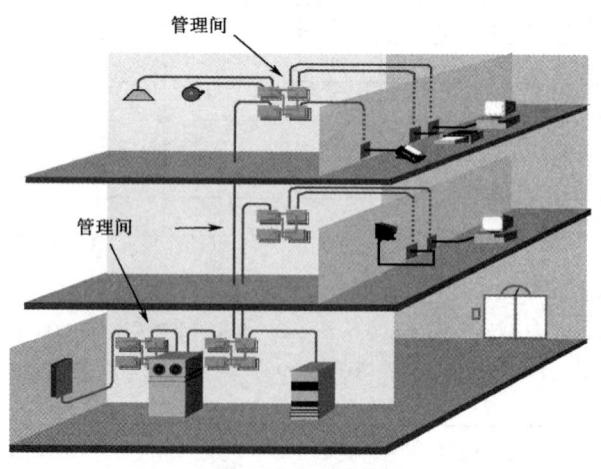

图 3.38　电信间

电信间一般设置在每个楼层的中间位置,主要安装建筑物的楼层配线设备,并能连接干线子系统和配线子系统。当楼层信息点很多时，可以设置多个电信间。

在综合布线系统中，电信间包括楼层配线间、二级交接间的缆线、配线架及相关接插跳线等。通过综合布线系统的电信间，可以直接管理整个应用系统的终端设备，从而实现综合布线系统的灵活性、开放性和扩展性。

一般情况下，综合布线系统的配线设备和计算机网络设备采用19英寸标准机柜安装，如图3.39所示。机柜尺寸通常为600mm（宽）×900mm（深）×2000mm（高），共有42U的安装空间。机柜内可安装光纤连接盘、RJ-45（24口）配线模块、多线对卡接模块（100对）、理线架、计算机、集线器或交换机等。如果按建筑物每层的电话信息点和数据信息点各为200个考虑配置上述设备，则大约需要两个42U的19英寸标准机柜，以此测算电信间的面积至少为5m^2（2.5m×2.0m）。当综合布线系统设置内、外网或专用网时，19英寸标准机柜应分别设置，并在保持一定间距的情况下预测电信间的面积。

电信间的温/湿度按配线设备要求提供，如在机柜中安装计算机网络设备（集线器或交换机），环境应满足设备提出的要求，温/湿度的保证措施由专业空调安装人员提供。

电信间的设计和安装要求均以总配线设备所需的环境要求为主，适当考虑安装少量计算机系统等网络设备。如果总配线设备与程控电话交换机、计算机网络等主机和配套设备合装在一起，则安装工艺要求应执行相关规范的规定。

图 3.39　19英寸标准机柜

3.4.2　电信间的设计步骤

1．确定电信间的位置

电信间的位置直接决定了配线子系统的缆线长度，也直接决定了工程总造价。为了降低工程造价及施工难度，也可以在同个楼层设立多个分电信间。

2．确定电信间的数量

一般每个楼层至少设置1个电信间。但在每层楼信息点数量较少，且水平缆线长度不大于90m的情况下，宜几个楼层合设一个电信间。

如果一个楼层的信息点数量不大于400个，且水平缆线长度在90m的范围内，则设置一个电信间；当超出这个范围时，可设置两个或多个电信间。

3. 确定电信间的面积

GB 50311—2016 中规定，电信间的使用面积不应小于 5m^2（也可根据工程中配线管理和网络管理的容量进行调整）。楼层的电信间基本都设计在建筑物竖井内，面积在 3m^2 左右。一般在小型网络工程中，电信间也可能只是一个网络机柜。

当电信间安装落地式机柜时，机柜前面的净空距离不应小于 800mm，后面的净空距离不应小于 600mm，从而方便施工和维修。当安装壁挂式机柜时，一般安装在楼道，且高度不小于 1.8m。图 3.40 所示为电信间机柜的布置图。

4. 保证电信间的电源要求

电信间应提供不少于两个 220V 带保护接地的单相电源插座，但不作为设备供电电源。电信间如果安装电信设备或其他信息网络设备，则设备供电应符合相应的设计要求。

5. 电信间的门

电信间应采用外开丙级防火门，门宽大于 0.7m。

6. 保证电信间的环境要求

电信间内的温度应为 10～35℃，相对湿度宜为 20%～80%。一般应该考虑网络交换机等设备发热对电信间温度的影响，夏季必须保证电信间的温度不超过 35℃。

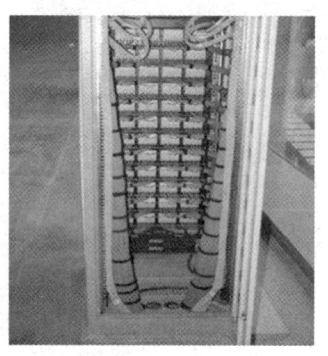

图 3.40　电信间机柜的布置图

任务工单

学生依据实施要求及操作步骤，在教师的指导下完成本工作任务，并填写任务工单。

任务名称	制作端口对应表	实训设备	PC
任务	通过规定房间编号、每个信息点的编号、配线架编号、端口编号、机柜编号等完成端口对应表			
任务目的	掌握各种工作区信息点位置和数量的设计要点和统计方法			

1. 咨询

（1）信息点端口对应表需要标识信息点的哪些内容？

（2）了解线缆标识的规则有哪些。

续表

2. 决策与计划

根据任务要求，确定所需要的设备及工具，并对小组成员进行合理分工，制订详细的工作计划。

（1）讨论并确定实验所需的设备及工具。

（2）成员分工。

（3）制定实训操作步骤。

① _____

② _____

③ _____

④ _____

3. 实施过程记录

（1）分析实践的楼宇信息点的设计及线缆端接情况。

（2）表格制作应该注意的问题。

（3）记录房间、信息点、配线架、端口、机柜等的标识符号。

4. 检查与测试

根据任务要求，检查表格的正确性，更正错误。

（1）检查端口对应表的表格要素是否正确。

（2）检查数据，更正错误。

（3）思考：机柜/机架、配线架及端口，线缆和跳线标识的不同方法。

任务实施

1. 任务要求

（1）表格设计合理。要求表格打印后，表格宽度和文字大小合理、编号清楚，特别是编号数字，不能太大或太小，一般使用小四号字或五号字。

（2）编号正确。信息点端口的编号一般由数字+字母串组成，编号中必须包含工作区位置、端口位置、配线架编号、配线架端口编号、机柜编号等信息，能够直观地反映信息点与配线架端口的对应关系。

（3）文件名称正确。信息点端口对应表可以按照建筑物编制，也可以按照楼层编制，还可以按照楼层配线设备的配线机柜编制。无论采取哪种编制方法，都要在文件名称中直接体现端口的区域，并能够直接反映该文件的内容。

（4）签字和日期正确。作为工程技术文件，编写、审核、审定、批准等人员的签字非常重要，而日期能直接反映文件的有效性。

信息点端口对应表的编制一般使用 Microsoft Word 软件或 Microsoft Excel 软件。

2．实施步骤

（1）制作表名。新建 Excel 工作簿，文本字体："宋体"；字号："18"；字形："加粗"；单元格设置的水平对齐方式："居中对齐"。

（2）制作表头。文本字体："宋体"；字号："12"；字形："加粗"；每个数字代表配线架上一个端口的编号。

（3）制作配线架表格内容。设计表格前，首先分析信息点端口对应表需要包含的主要信息，确定表格列数；其次确定表格行数，一般第一行为类别信息，其余行按照信息点总数量设置，每个信息点一行。

（4）为各个信息点标签编号。从第一个信息点开始依次编号，如机柜编号、配线架编号、配线架端口编号、插座底盒编号、房间编号、信息点编号。

（5）填写编制人和单位等信息。

任务评价

以团队小组为单位完成任务，以学生个人为单位进行实习考核。

序号	检查项目	分值	自我评分	小组评分	教师评分	备注
1	遵守安全操作规范	10				
2	态度端正、工作认真	10				
3	能正确说出表格中各个要素的名称	10				
4	能对设备及端口进行正确命名和编号	10				
5	能正确为各个信息点标签编号	10				
6	表格制作规范	10				
7	测试结果	10				
8	遵守纪律	10				
9	做好 6S 管理工作	10				
10	完成任务工单的全部内容	10				

说明：

（1）每名同学总分为 100 分。

（2）每名同学每项为 10 分，计分标准为：不满足要求计 1～5 分，基本满足要求计 6～7 分，高质量满足要求计 8～10 分。采用分层打分制，建议权重为：自我评分占 0.2，小组评分占 0.3，教师评分占 0.5，加权算出每名同学在本工作任务中的综合成绩。

任务总结

电信间设置在楼层配线房间，是水平系统电缆端接的场所，也是主干系统电缆端接的场所。电信间一般根据楼层信息点的总数量和分布密度情况设计。电信间使用色标来区分配线设备的性质，标明端接区域、物理位置、编号、容量、规格等，以便维护人员在现场能一目了然地加以识别。

任务5　设备间的设计

➡ 学习目标

- 了解机房网络综合布线标准及规范。
- 熟悉综合布线系统设备间的设计要点。
- 掌握综合布线系统设备间的设计步骤。
- 能够编制综合布线系统的材料统计表。

➡ 任务描述

设备间是建筑物的网络中心，也称机房。根据国家现行电子计算机机房建设的相关标准、规范，以及相关涉密机房建设的国家保密标准、规范和技术要求，结合设备间的具体要求和实际需求，以技术先进、可靠性高、系统安全、保密性强、扩展容易、维护方便、经济实用、合理超前为目标，对设备间进行具体可行的设计。本任务要求对中小型综合布线系统的设备间进行设计，制作材料统计表，用于工程项目材料采购和现场施工管理。

➡ 任务引导

本任务将带领大家学习综合布线系统设备间的设计要点，掌握设备间的设计步骤，学会制作材料统计表，掌握综合布线系统设备间设计的相关技能。

➡ 知识链接

3.5.1　机房网络综合布线标准及规范

设备间及机房工程必须严格参照以下标准及规范设计和施工。

1．机房相关标准及规范

GB 50174—2017	《数据中心设计规范》
GB/T 2887—2011	《计算机场地通用规范》
GB/T 9361—2011	《计算机场地安全要求》
BMZ 2—2001	《涉及国家秘密的计算机信息系统安全保密方案设计指南》
BMZ 1—2000	《涉及国家秘密的计算机信息系统保密技术要求》
BMB 3—1999	《处理涉密信息的电磁屏蔽室的技术要求和测试方法》

2．装修相关标准及规范

GB 50016—2014	《建筑设计防火规范》
GB 50210—2018	《建筑装饰装修工程质量验收标准》
GB 50222—2017	《建筑内部装修设计防火规范》

3．电气相关标准及规范

GB 50052—2009　　　《供配电系统设计规范》

GB 50054—2011	《低压配电设计规范》
GB 51348—2019	《民用建筑电气设计标准（共二册）》
YD/T 585—2010	《通信用配电设备》
GB 51194—2016	《通信电源设备安装工程设计规范》
YD/T 1051—2018	《通信局（站）电源系统总技术要求》
YD/T 1058—2015	《通信用高频开关电源系统》
YD 5098—2005	《通信局（站）防雷与接地工程设计规范》
YD/T 1095—2018	《通信用交流不间断电源（UPS）》
GB 50148—2010	《电气装置安装工程 电力变压器、油浸电抗器、互感器施工及验收规范》
GB 50149—2010	《电气装置安装工程 母线装置施工及验收规范》
GB 50150—2016	《电气装置安装工程 电气设备交接试验标准》
GB 50168—2018	《电气装置安装工程 电缆线路施工及验收标准》
GB 50169—2016	《电气装置安装工程 接地装置施工及验收规范》
GB 50172—2012	《电气装置安装工程 蓄电池施工及验收规范》

4．空气调节相关标准及规范

GB 50243—2016	《通风与空调工程施工质量验收规范》
GB 50184—2011	《工业金属管道工程施工质量验收规范》
GB/T 3091—2015	《低压流体输送用焊接钢管》

5．防雷相关标准及规范

GB 50057—2010	《建筑物防雷设计规范》
GB/T 3482—2008	《电子设备雷击试验方法》
GB 50343—2012	《建筑物电子信息系统防雷技术规范》
IEC 1312	《雷电电磁脉冲的防护》
IEC 61643	《SPD 电源防雷器》
IEC 61644	《SPD 通信网络防雷器》
VDE 0675	《过电压保护器》

6．消防安全相关标准及规范

GB 50370—2005	《气体灭火系统设计规范》
GB 50116—2013	《火灾自动报警系统设计规范》
GB 50263—2007	《气体灭火系统施工及验收规范》
GB 50166—2019	《火灾自动报警系统施工及验收标准》

7．其他标准及规范

GB 50314—2015	《智能建筑设计标准》

GB 50198—2011	《民用闭路监视电视系统工程技术规范》
GA 308—2001	《安全防范系统验收规则》
GB 50348—2018	《安全防范工程技术标准》
YD/T 694—2004	《总配线架》
GB 51158—2015	《通信线路工程设计规范》
GB 51171—2016	《通信线路工程验收规范》

3.5.2 设备间的设计要点

设备间是在每幢大楼的适当地点（一般位于中间高度的中间平面位置，以便连接更多的对称距离楼层）设置进线设备、进行网络管理及管理人员值班的场所。设备间的主要设备有数字程控交换机、计算机网络设备、服务器、楼宇自控设备主机等。图 3.41 所示为设备间。

图 3.41 设备间

设备间的电话、数据、计算机主机设备及其配线设备宜集中设在一个房间内，机架设备可以通过机柜统一安装在一起。在设备间的布线过程中要注意，设备间内的所有进线终端设备宜采用色标区别各类用途的配线区。电缆和工作区标注如图 3.42 所示。

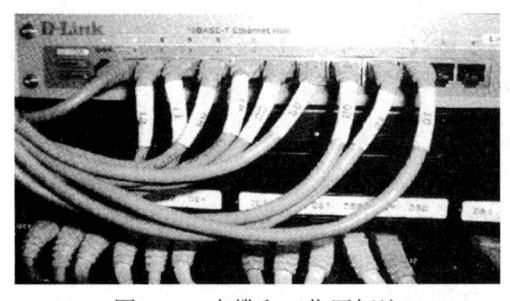

图 3.42 电缆和工作区标注

在大型的综合布线系统中，可以将计算机设备、数字程控交换机、楼宇自控设备主机放置于机房，把与综合布线系统密切相关的硬件设备放置在设备间，计算机网络设备的机房设置在离设备间不远的位置。注意和其他条件的配合，比如地板荷载、房间照度、温/湿度等环境条件。按规模的重要性先选择双电源末端互投供电，再设置 UPS；或者用单电源加 UPS 供电。但程控电话交换机及计算机主机房离设备间的距离不宜太远。在设备间中，主要布设的是各种规格的跳线，可以是双绞线、光纤，也可以是电话线或同轴电缆等，这根据实际端口连接需求而定。

设备间的空间用于安装电信设备、连接硬件、接头套管等，为接地和连接设施、保护装置提供控制环境，是系统进行管理、控制、维护的场所，可以说是整个网络系统的核心所在，非常重要。设备间的位置及大小应根据设备的数量、质量、规模、地板承受能力、最佳网络中心等内容综合考虑确定；设备间所在的空间还有对门窗、天花板、电源、照明、接地的要求。另外，因为设备间安装了大量的设备，会散发大量的热量，所以对设备间的温度和通风散热要求比较高，通常设备间安装有空调，要求通风良好。这一点相当重要，一方面是为了满足设备保养的需求；另一方面，一般会有维护管理人员在设备间内工作，通风不好的设备间会对工作人员的身心健康造成非常不良的影响，甚至会引起疾病。

另外，在湿度、防鼠咬、防虫蚀和安全性等方面也有严格的要求。湿度要控制在一个适宜（50%左右）的范围内，否则可能会引起设备和布线系统屏蔽性能的下降、漏电，甚至导致设备断电、烧坏。防鼠咬、防虫蚀等方面也非常重要，因为鼠、虫的存在可能会使整个布线系统毁于一旦，以及经常出现布线系统故障，而且这类故障通常很难查找。在设备间也不允许有安全性方面的问题，主要措施是制定进出机房的管理制度，还要有安全可靠的门禁措施，包括牢固的大门和门锁等。

3.5.3 设备间的设计步骤

1．确定设备间的数量

每座建筑物内应至少设置 1 个设备间，如果电话交换机与计算机网络设备分别安装在不同的场地或根据安全需要，那么也可设置 2 个或 2 个以上设备间，以满足不同设备的安装需要。

2．确定设备间的位置

一般而言，设备间应尽量建在建筑平面及其综合布线系统干线子系统的中间位置。在高层建筑物内，设备间也可以设置在一、二层。

确定设备间的位置时需要参考以下设计规范。

（1）应尽量建在综合布线系统干线子系统的中间位置，并尽可能靠近建筑物电缆引入区和网络接口，以便干线线缆的进出。

（2）应尽量避免设在建筑物的高层或地下室及用水设备的下层。

（3）应尽量远离强振动源和强噪声源。

（4）应尽量避开强电磁场的干扰。

（5）应尽量远离有害气体源及易腐蚀、易燃、易爆物。

（6）应便于接地装置的安装。

3．确定设备间的面积

设备间的使用面积不仅要考虑所有设备的安装面积，而且要考虑预留工作人员管理操作设备的地方，一般使用面积不得小于 20m²。

设备间的使用面积可按照下述两种方法确定。

方法一：已知 S_b 为设备所占面积，S 为设备间的使用总面积，则

$$S=(5\sim 7)\sum S_b$$

方法二：当设备尚未选型时，设备间的使用总面积 S 为

$$S=KA$$

式中，A 为设备间的所有设备台（架）的总数；K 为系数，取值为 4.5～5.5m²/台（架）。

4．确定设备间的建筑结构

设备间的建筑结构主要依据设备大小、设备搬运及设备质量等因素进行设计。设备间的高度一般为 2.5～3.2m。设备间门的大小至少为高 2.1m、宽 1.5m。

设备间一般安装有 UPS 电池组，由于电池组非常重，因此对楼板承重设计有一定的要求。一般分为两级：A 级≥500kg/m²，B 级≥300kg/m²。

5．明确设备间的环境要求

1）温/湿度

在综合布线系统中，有关设备的温/湿度要求可分为 A、B、C 三级，设备间的温/湿度也可参照这三个级别进行设计，具体要求如表 3.5 所示。

表 3.5 设备间的温/湿度要求

项目	A 级	B 级	C 级
温度/℃	夏季：22±4；冬季：18±4	12～30	8～35
相对湿度/%	40～65	35～70	20～80

2）尘埃

设备间内的电子设备对尘埃要求较高，尘埃过高会影响设备的正常工作，缩短设备的使用寿命。设备间的尘埃指标一般可分为 A、B 两级，其要求如表 3.6 所示。

表 3.6 设备间的尘埃指标要求

项目	A 级	B 级
粒度/μm	最大 0.5	最大 0.5
个数/（粒/dm³）	<10 000	<18 000

降低设备间尘埃度的关键在于定期清扫灰尘，工作人员进入设备间应更换干净的鞋具。

3）空气

设备间内应保持空气洁净且要有防尘措施，并防止有害气体侵入。允许的有害气体限值如表 3.7 所示。

表 3.7 允许的有害气体限值

有害气体/（mg/m³）	二氧化硫（SO_2）	硫化氢（H_2S）	二氧化氮（NO_2）	氨（NH_3）	氯（Cl_2）
平均限值	0.200	0.006	0.040	0.050	0.010
最大限值	1.50	0.03	0.15	0.15	0.30

4）照明

设备间内距地面 0.8m 处，照明度不应低于 200lx。设备间配备的事故应急照明，在距地面 0.8m 处，照明度不应低于 5lx。

5）噪声

为了保证工作人员的身心健康，设备间内的噪声应小于 70dB。如果长时间在 70～80dB 的噪声环境中工作，那么不但会影响工作人员的身心健康和工作效率，而且会造成人为的噪声事故。

6）电磁场干扰

根据综合布线系统的要求，设备间内无线电干扰的频率应在 0.15～1000MHz 的范围内，噪声不大于 120dB，磁场干扰场强不大于 800A/m。

7）电源要求

电源频率为 50Hz，电压为 220V 和 380V，三相五线制或单相三线制。
设备间供电电源允许变动的范围如表 3.8 所示。

表 3.8 设备间供电电源允许变动的范围

项目	A 级	B 级	C 级
电压变动/%	−5～+5	−10～+7	−15～+10
频率变动/%	−0.2～+0.2	−0.5～+0.5	−1～+1
波形失真率/%	<±5	<±7	<±10

6．设备间的管理

为了管理好各种设备及线缆，设备间内的设备应分类、分区安装，所有进/出线装置或设备应采用不同色标，以区别各类用途的配线区，方便线路的维护和管理。

7．安全分类

设备间的安全分为 A、B、C 三个类别，具体规定要求如表 3.9 所示。

表 3.9 设备间的安全要求

安全项目	A 类	B 类	C 类
场地选择	有要求或增加要求	有要求或增加要求	无要求
防火	有要求或增加要求	有要求或增加要求	有要求或增加要求
内部装修	要求	有要求或增加要求	无要求
供配电系统	要求	有要求或增加要求	有要求或增加要求
空调系统	要求	有要求或增加要求	有要求或增加要求
火灾报警及消防设施	要求	有要求或增加要求	有要求或增加要求
防水	要求	有要求或增加要求	无要求
防静电	要求	有要求或增加要求	无要求

续表

安全项目	A 类	B 类	C 类
防雷击	要求	有要求或增加要求	无要求
防鼠害	要求	有要求或增加要求	无要求
电磁波防护	有要求或增加要求	有要求或增加要求	无要求

8. 防火结构

为了保证设备的使用安全，设备间应安装相应的消防系统，配备防火门/防盗门。对于规模较大的建筑物，在设备间或机房应设置直通室外的安全出口。

9. 散热

机柜、机架与缆线的走线槽道摆放位置，对于设备间的气流组织设计至关重要。图 3.43 所示为设备间内设备的摆放位置。

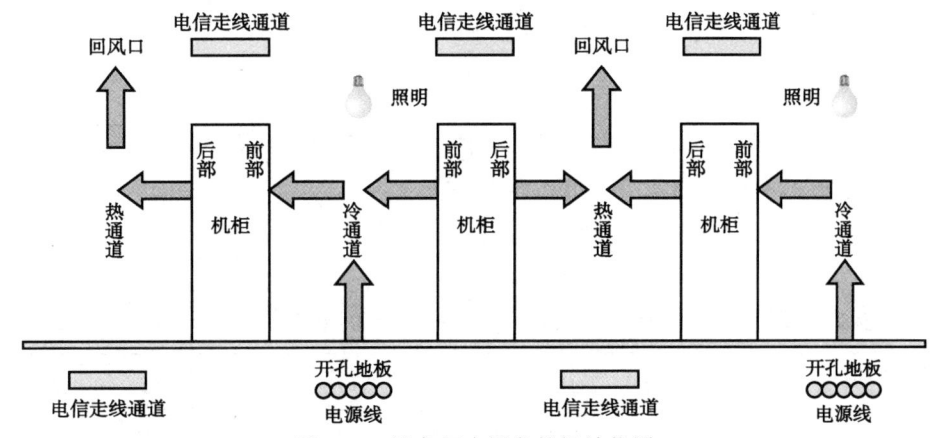

图 3.43 设备间内设备的摆放位置

以交替模式排列设备，即机柜/机架面对面排列以形成热通道和冷通道。冷通道位于机架/机柜的前部，热通道位于机架/机柜的后部，从而形成从前到后的冷却路由。对于高散热、高精度设备集装架，可采用弧形高密度孔门。

10. 设备间接地

（1）一般要求直流工作接地电阻不大于 4Ω，交流工作接地电阻也不大于 4Ω，防雷保护接地电阻不大于 10Ω。

（2）建筑物内应设有网状接地系统，以保证所有设备等电位。如果综合布线系统单独设有接地系统，且能保证与其他接地系统之间有足够的距离，则接地电阻应小于或等于 4Ω。

（3）为了使接地良好，推荐采用联合接地方式。当采用联合接地方式时，通常利用建筑钢筋作为防雷接地引下线，联合接地电阻要求不大于 1Ω。

（4）接地所使用的铜线电缆规格与接地的距离有直接关系，一般接地距离在 30m 以内，接地导线采用直径为 4mm 的带绝缘套的多股铜线电缆。

11．设备间内部装饰

设备间的装修材料应使用《建筑设计防火规范》(GB 50016—2014) 中规定的难燃材料或阻燃材料，其能起到防潮、吸音、不起尘、防静电等作用。

1）地面

为了方便敷设缆线和电源线，设备间的地面最好采用防静电活动地板，具体要求应符合《防静电活动地板通用规范》(SJ/T 10796—2001)。

2）墙面

墙面应选择不易产生灰尘，也不易吸附灰尘的材料，如阻燃漆或耐火胶合板。

3）顶棚

为了吸音及布置照明灯具，吊顶材料应满足防火要求。目前，中国的吊顶材料主要采用铝合金或轻钢龙骨，在其上安装吸音铝合金板、阻燃铝塑板、喷塑石英板等。

4）隔断

隔断材料可以选用防火的铝合金或轻钢龙骨，并安装 10mm 厚玻璃；或从地板面至 1.2m 处安装难燃双塑板，1.2m 以上安装 10mm 厚玻璃。

任务工单

学生依据实施要求及操作步骤，在教师的指导下完成本工作任务，并填写任务工单。

任务名称	制作材料统计表	实训设备	PC
任务	完成插座面板、底盒、RJ-45 模块、RJ11、线缆、配线架等耗材的统计，制作材料统计表，以便材料的核算		
任务目的	掌握综合布线系统工程材料的统计方法		

1．咨询

（1）综合布线系统材料的概算。

（2）综合布线系统信息点的统计。

2．决策与计划

根据任务要求，确定所需要的布线材料类型，并对小组成员进行合理分工，制订详细的工作计划。

（1）讨论并确定使用的布线材料类型。

（2）成员分工。

（3）制定实训操作步骤。

① _____

② _____

③ _____

④ _____

续表

> 3．实施过程记录
> （1）分析实践用楼宇楼层使用的材料。
>
> （2）制作材料统计表应该注意的问题。
>
> （3）对材料数量进行统计，记录相关数据。
>
> 4．检查与测试
> 根据任务要求，检查表格的正确性，更正错误。
> （1）检查材料统计表的表格要素是否正确。
>
> （2）检查数据，更正错误。
>
> （3）先逐个列出楼宇各层布线材料统计表，再进行合计，从而计算整栋楼布线材料的数量。

➡ 任务实施

材料统计表主要用于工程项目材料采购和现场施工管理，实际上是施工方内部使用的技术文件，必须详细写清楚全部主材、辅材和消耗材料等。要求按照相应格式，编制综合布线系统工程项目设备间的材料统计表；要求材料名称正确，型号或规格合理，数量合理，用途说明清楚，品种齐全，没有漏项或者多余项目。

实施步骤如下。

（1）文件命名和表头设计。材料统计表一般按照项目名称命名，要在文件名称中直接体现项目名称和材料类别等信息。

（2）填写序号栏。序号一般自动生成。

（3）根据使用的材料，填写材料名称栏，材料名称必须正确。

（4）根据使用的材料规格，填写材料型号或规格栏。在综合布线系统工程实际施工中，涉及缆线、配件、辅助材料、消耗材料等很多品种或规格，材料统计表中必须齐全。

（5）根据使用的材料数量，填写材料数量栏。现场管理水平低材料浪费就大，管理水平高，材料浪费就少。

（6）填写材料单位栏。

（7）填写材料品牌或厂家栏。在材料表中明确填写品牌和厂家，基本上就能确定该材料的价格，这样采购人员就能按照材料表准备供应材料。

（8）填写说明栏。主要说明容易混淆的内容。

（9）填写编制者信息。对外提供时还需要单位盖章。

（10）打印材料统计表。

➡ 任务评价

以团队小组为单位完成任务，以学生个人为单位进行实习考核。

序号	检查项目	分值	自我评分	小组评分	教师评分	备注
1	遵守安全操作规范	10				
2	态度端正、工作认真	10				
3	能正确说出表格中各个要素的名称	10				
4	能正确确定所用的布线材料类型	10				
5	能正确进行布线工程材料的统计	10				
6	表格制作规范	10				
7	测试结果	10				
8	遵守纪律	10				
9	做好 6S 管理工作	10				
10	完成任务工单的全部内容	10				

说明：

（1）每名同学总分为 100 分。

（2）每名同学每项为 10 分，计分标准为：不满足要求计 1~5 分，基本满足要求计 6~7 分，高质量满足要求计 8~10 分。采用分层打分制，建议权重为：自我评分占 0.2，小组评分占 0.3，教师评分占 0.5，加权算出每名同学在本工作任务中的综合成绩。

任务总结

设备间与机房是安装重要网络设备的地方，因此为了保证网络设备的正常运行，避免由于环境问题而导致网络设备发生故障或瘫痪，对机房环境（包括温度、湿度、电磁干扰等）有着较为苛刻的要求。弱电机房的建设首先是平面布局，而平面布局的设计应考虑两方面的因素。一方面，平面布局需考虑计算机设备的数量布置、功能间的分配、工艺需求等。另一方面，平面布局应符合有关国家标准和规范，并满足电气、通风、消防工程的要求。

任务 6　进线间和建筑群子系统的设计

学习目标

- 了解综合布线系统进线间的设计要点。
- 熟悉综合布线系统建筑群子系统的设计规范。
- 掌握综合布线系统建筑群子系统的设计步骤。
- 掌握综合布线系统建筑群子系统的布线方案。
- 掌握综合布线系统建筑群子系统的安全防护。
- 掌握网络工程的招投标过程，能够编写网络布线招标文件。

任务描述

进线间主要作为室外电缆和光缆引入楼内的成端与分支，以及光缆的盘长空间位置。建筑群子系统主要应用于多座建筑物组成的建筑群综合布线场合，具体分析从一个建筑物到另一个建筑物之间的布线距离、布线路径，逐步明确和确认布线方式和布线材料的选择等。本任务要求对中小型综合布线系统建筑群子系统进行设计，掌握网络工程的招投标过程，制作网络布线招标文件。

任务引导

本任务将带领大家学习综合布线系统进线间的设计要点、建筑群子系统的设计规范，掌握建筑群子系统的设计步骤，学会针对不同的综合布线系统建筑群子系统选择不同的设计方案，掌握综合布线系统建筑群子系统设计的相关技能。

知识链接

3.6.1 进线间的设计要点

进线间是建筑物外部通信和信息管线的入口部位，并可作为入口设施和建筑群配线设备的安装场地。一座建筑物宜设置 1 个进线间，一般位于地下一层。外线宜从两个不同的路由引入进线间，从而有利于与外部管道沟通。进线间如图 3.44 所示。

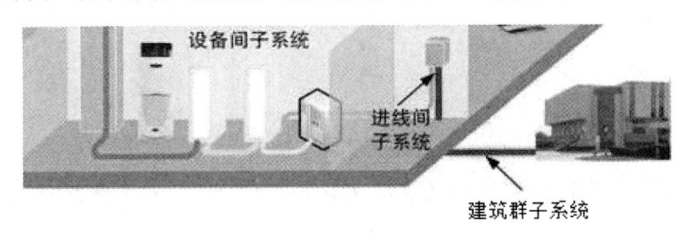

图 3.44　进线间

1．进线间的位置

一般一座建筑物宜设置 1 个进线间，供多家电信运营商和业务服务商使用，通常设于地下一层。

2．进线间的面积

因进线间涉及因素较多，难以统一提出其具体所需的面积，可根据建筑物的实际情况，并参照通信行业和国家的现行标准要求进行设计。

3．线缆配置要求

（1）建筑群主干电缆及光缆、公用网和专用网电缆及光缆、天线馈线等室外缆线进入建筑物时，应在进线间成端转换成室内电缆、光缆，并可在缆线的终端处由多家电信业务经营者设置入口设施。入口设施中的配线设备应按引入的电缆、光缆容量配置。

（2）电信业务经营者或其他业务服务商在进线间设置安装入口配线设备时，应与建筑物配线设备或建筑群配线设备之间敷设相应的连接电缆、光缆，以实现路由互通。缆线类型与容量应与配线设备一致。

4．入口管孔数量

进线间应设置管道入口。进线间缆线入口处的管孔数量应留有充分的余量，以满足业务服务商缆线接入的需求，建议留有 2~4 孔的余量。

3.6.2 建筑群子系统的设计规范

建筑群子系统是整个综合布线系统中的一部分，它将一座建筑物中的电缆延伸到建筑群的另外一些建筑物中的通信设备和装置上，支持提供楼群之间通信设施所需的硬件，其中有导线电缆、光缆和防止电缆的浪涌电压进入建筑群的电器保护设备。建筑群子系统如图 3.45 所示。

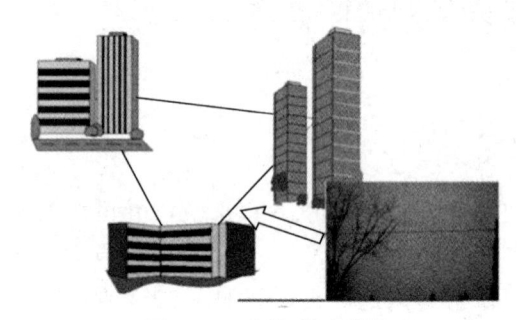

图 3.45 建筑群子系统

1．考虑环境美化要求

建筑群主干线子系统的设计应充分考虑建筑群覆盖区域的整体环境美化要求，建筑群干线电缆尽量采用地下管道或电缆沟敷设方式。若因客观原因不得不采用架空敷设方式，则应尽量选用原有的已架空布设的电话线或有线电视的电缆路由，以减少架空敷设的线路。

2．考虑建筑群未来发展需要

在线缆布线设计时，要充分考虑各建筑需要安装的信息点种类、信息点数量，选择相对应的干线电缆的类型及电缆敷设方式，使综合布线系统建成后，保持相对稳定，能满足今后一定时期内各种新的信息业务的发展需要。

3．线缆的选择

建筑群子系统一般应选用多模室外光缆或单模室外光缆，芯数不少于 12 芯，宜用松套型光缆、中央束管型光缆。当使用光缆与电信公用网连接时，应采用单模光缆，芯数应根据综合通信业务的需要确定。若建筑群子系统选用双绞线电缆，则一般应选择高质量的大对数双绞线。当从建筑群配线设备至建筑物配线设备使用双绞线电缆时，总长度不应超过 1500m。

4．线缆路由的选择

考虑到节省投资，线缆路由应尽量选择距离短、线路平直的路由，但具体的路由还要根据建筑物之间的地形或敷设条件而定。在选择路由时，应考虑原有已敷设的地下各种管道，线缆在管道内应与电力线缆分开敷设，并保持一定间距。

5．干线电缆、光缆交接要求

建筑群的主干电缆、主干光缆布线的交接不应多于两次，即从每栋建筑物的楼层配线设备到建筑群配线设备之间只应通过一个建筑物配线设备。建筑群配线设备宜安装在进线间或设备间,并可与入口设施或建筑物配线设备合用场地。建筑群配线设备内、外侧的容量应与建筑物内连接建筑物配线设备及建筑物外部引入的建筑群主干线缆容量一致。

3.6.3 建筑群子系统的设计步骤

当设计建筑群电缆布线方案时,推荐的设计步骤如下。

1．确定敷设现场的特点

(1) 确定整个工地的大小。
(2) 确定工地的地界。
(3) 确定共有多少座建筑物。

2．确定电缆系统的一般参数

(1) 确定起点位置。
(2) 确定端接点位置。
(3) 确定涉及的建筑物和每座建筑物的层数。
(4) 确定每个端接点所需的双绞线对数。
(5) 确定有多个端接点的每座建筑物所需的双绞线总对数。

3．确定建筑物的电缆入口

对于现有建筑物:
(1) 了解各个入口管道的位置。
(2) 确定每座建筑物有多少入口管道可供使用。
(3) 确定入口管道数目是否满足系统的需要。
如果入口管道不够用,则:
(1) 确定在移走或重新布置某些电缆时是否能腾出某些入口管道。
(2) 确定在实在不够用的情况下应另装多少入口管道。
如果建筑物尚未建起来:
(1) 根据选定的电缆路由去完成电缆系统设计,并标出入口管道的位置。
(2) 选定入口管道的规格、长度和材料。
(3) 要求在建筑物施工过程中安装好入口管道。

建筑物入口管道的位置应便于连接公用设备;应根据需要在墙上穿过一根或多根管道;应查阅当地的建筑法规对承重墙穿孔有无特殊要求。所有易燃材料制作的管道、衬套,如聚丙烯管道、聚乙烯管道衬套等应端接在建筑物的外面。外线电缆的聚丙烯护皮可以例外,只要它在建筑物内部的长度(包括多余电缆的卷曲部分)不超过 15m 即可。反之,如果外线电缆延伸到建筑物内部的长度超过 15m,则应使用合适的电缆入口器材,在入口管道中填入防水和气密性很好的密封胶,如 B 型管道密封胶。

4．确定明显障碍物的位置

(1) 确定土壤类型,如沙质土、黏土、砾土等。

(2) 确定电缆的布线方法。

(3) 确定地下公用设施的位置。

(4) 查清在拟定的电缆路由中沿线的各个障碍物的位置或地理条件。

① 铺路区。

② 桥梁。

③ 铁路。

④ 树林。

⑤ 池塘。

⑥ 河流。

⑦ 山丘。

⑧ 砾石地。

⑨ 截留井。

⑩ 人孔。

⑪ 其他。

(5) 确定对管道的需求。

5．确定主电缆路由和另选电缆路由

(1) 对于每种待定的路由，确定其可能的电缆结构。

① 所有建筑物共用一根电缆。

② 对所有建筑物进行分组，每组单独分配一根电缆。

③ 每座建筑物单用一根电缆。

(2) 查清在电缆路由中哪些地方需要获准后才能通过。

(3) 比较每个电缆路由的优点和缺点，从而选定最佳电缆路由方案。

6．选择所需电缆类型和线规

(1) 确定电缆长度。

(2) 画出最终的结构图。

(3) 画出所选定电缆路由的位置和挖沟详图，包括公用道路图或任何需要经审批才能动用的地区草图。

(4) 确定入口管道的规格。

(5) 选择每种设计方案所需的专用电缆。

① 参考《ORTRONICS Open System ARCHITECTURE 元件手册》中有关电缆部分的线号、双绞线对数和长度，应符合有关要求。

② 保证电缆可放进入口管道中。

(6) 如果需要用管道，则应选择其规格和材料；如果需要用钢管，则应选择其规格、长度和类型。

7．确定每种选择方案所需的劳务成本

(1) 确定布线时间，包括迁移或改变道路、草坪、树木等所花费的时间。如果使用管道，则应包括敷设管道和穿电缆的时间。

（2）确定电缆接合时间。

（3）确定其他时间，如拿掉旧电缆、避开障碍物所需的时间。

（4）计算总时间（前 3 项时间之和）。

（5）计算每种设计方案的劳务成本，即总时间乘以当地的工时费。

8．确定每种选择方案所需的材料成本

（1）确定电缆成本。

① 确定每米电缆的成本。

② 参考《ORTRONICS Open System ARCHITECTURE 元件手册》。

③ 针对每根电缆，查清 30m 的成本。

④ 将上述成本除以 100。

⑤ 用每米电缆的成本乘以米数。

（2）确定所有支撑结构的成本。

① 查清并列出所有的支撑成本。

② 根据价格表查明每项用品的单价。

③ 用单价乘以所需的数量。

④ 确定所有支撑硬件的成本。

⑤ 对于所有支撑硬件的成本，重复（2）所列的前 3 个步骤。

9．选择最经济、最实用的设计方案

（1）把每种设计方案的劳务成本和材料成本加在一起，得到每种设计方案的总成本。

（2）比较各种设计方案的总成本，选择成本较低者。

（3）确定这个比较经济的设计方案是否有重大缺点，以致抵消了经济性优点。如果发生了这种情况，则应取消此方案，考虑经济性次好的设计方案。

> **注意** 如果牵涉干线电缆，则应把有关的成本和设计规范也列进来。

3.6.4 建筑群子系统的布线方案

在建筑群子系统中，线缆布线方式有 4 种，即管道、直埋、架空和通道。

1．管道

管道内布线系统是由管道和人孔组成的地下系统，用来对网络内的各个建筑物进行互连。地下线是大楼引进设备的一部分，应注意以下几个问题。

（1）拓扑的限制规定。

（2）地下线分层要注意下水管道。

（3）要有通气孔。

（4）要考虑地下线地表的交通量和是否铺设水泥路面。

地下线由电缆管道、通气管道和电缆输送架组成，还要考虑人为检修管道。

（1）所有的电缆管道和通气管道的直径达 100mm。

（2）不要有弯曲管道。如果必须要有，则弯度不要超过 90°。

我们建议在施工中使用管道内布线法。

图 3.46 所示的管道布线方式表示一根或多根管道通过基础墙进入建筑物内部。由于管道是由耐腐蚀材料做成的，因此这种布线方式给电缆提供了较好的机械保护，使电缆受损和维修停用的概率降到最低，同时能保持建筑物的外貌。

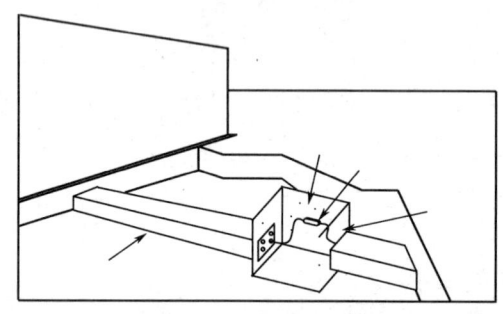

图 3.46　管道布线方式

一般来说，埋设的管道起码要低于地面 45.72cm，或者应符合本地有关法规规定的深度。当电源人孔和通信人孔合用（人孔里有电力电缆）时，通信电缆切忌在人孔里进行端接，通信管道与电力管道必须至少用 7.62cm 的混凝土或 30.48cm 的压实土层隔开，安装时至少应埋设一个备用管道，放进一根拉线，供以后扩充之用。

2．直埋

直埋线是大楼引进设备的一部分。用直埋布线方式需要注意以下问题。

（1）直埋线是完全埋藏在土里面的通信电缆。

（2）埋设通信电缆要挖沟钻土或打眼（铺管）。

（3）不需要犁地。

当选择路径时，一定要考虑地面风景、围墙、树木、铺路区域及其他可能的服务设备。对此，我们建议在施工中采用直埋布线方式，如图 3.47 所示。

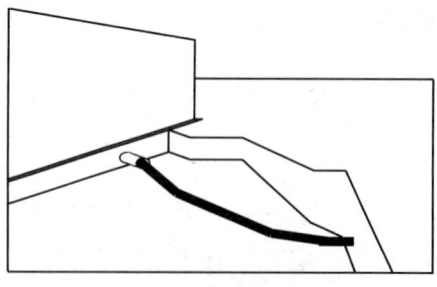

图 3.47　直埋布线方式

直埋布线电缆除穿过基础墙的那部分电缆外，电缆的其余部分没有给予保护，基础墙的电缆孔应尽量向外延伸，延伸至没有动土的地方，以免以后有人在墙边挖土时损坏电缆。直埋布线方式可保持建筑物的外貌，但在以后可能动土的地方，还是以不使用这种方法为上策。直埋布线电缆通常应埋在距地面 60.96cm 以下的地方，或者应按照当地的有关法规执行。如果在同一个土沟里同时埋入了通信电缆和电力电缆，则应设立明显的共用标志。

3．架空

架空安装方法通常只用于有现成电线杆，而且电缆的走法不是主要考虑内容的场合，从电线杆至建筑物的架空进线距离以不超过 30m 为宜。建筑物的电缆入口可以是穿墙的电缆孔或管道。入口管道的最小口径为 5cm，建议另设一根同样口径的备用管道。

如果架空线的净空有问题，那么可以使用天线杆型入口杆。一般天线杆的支架不应比屋顶高 120cm 以上，否则就应使用拉绳固定。此外，天线杆应高出屋顶净空 240cm，这个高度正好使工人可以摸到电缆。

4．通道

通道能为导线、府垫架、金属线导管或裸线架提供路径，通道路径要靠近其他通信设备。通道布线方式如图 3.48 所示。

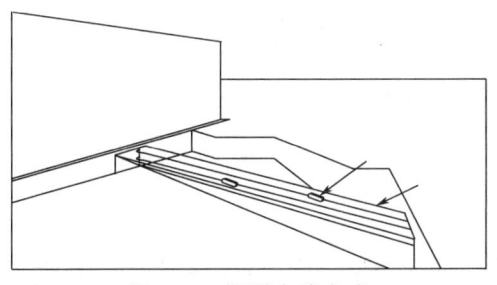

图 3.48　通道布线方式

在建筑群环境中，建筑物之间通常有地下通道，如热水管用来把集中供热站的热气传送到各个建筑物，利用这些通道来敷设电缆不仅造价低，而且可利用原有的安全设施。

为了防止热气或热水泄漏而损坏电缆，电缆的安装位置应与水管保持足够的距离。此外，电缆还应安置在通道内尽可能高的地方，以免因被水淹没而损坏。当地的法规对此有很明确的具体要求。表 3.10 列出了建筑群不同布线方式的优点和缺点。

表 3.10　建筑群布线方式比较

方式	优点	缺点
管道	□提供最佳的机械保护； □任何时候都可敷设电缆； □电缆的敷设、扩充和加固都很容易； □保持建筑物的外貌	挖沟、开管道和人孔的成本很高
直埋	□提供某种程度的机械保护； □保持建筑物的外貌	□挖沟成本高； □难以安排电缆的敷设位置； □难以更换和加固
架空	如果本来就有电线杆，则成本较低	□没有提供任何机械保护； □灵活性差； □安全性差； □影响建筑物的美观

续表

方式	优点	缺点
通道	□如果本来就有通道，则成本较低； □安全	□热量或泄漏的热水可能会损坏电缆； □可能被水淹没

3.6.5 建筑群子系统的安全防护

1. 电缆线的保护

当电缆线从一座建筑物延伸至另一座建筑物时，要考虑其易受雷击、电源碰地、电源感应电压或对地电压上升等情况，必须用保护器保护这些线对。如果电气保护设备位于建筑物内部（不是对电信公用设施实行专门控制的建筑物），那么所有电气保护设备及其安装装置上都必须有 UL 安全标记。

当发生下列任何一种情况时，线路都会处于危险的境地。

（1）雷击所引起的干扰。

（2）工作电压超过 300V 而引起的电源故障。

（3）地电压上升到 300V 而引起的电源故障。

（4）60Hz 感应电压值超过 300V。

当出现上述所列情况之一时，都应对线路进行保护。

2. 建筑群子系统的防雷保护

若采用光缆作为建筑物间的网络连接介质，则不需要安装避雷器，甚至可以架空敷设。若采用双绞线作为建筑物间的网络连接介质，则必须穿管埋地敷设。进入建筑物后，当采用双绞线敷设时，导线必须单独敷设在弱电金属桥架或金属管道内。当金属桥架和金属管道与综合接地系统良好连接时，可充当导线的屏蔽层，不能与强电导线共用强电金属桥架或金属管道。

➡ 任务工单

学生依据实施要求及操作步骤，在教师的指导下完成本工作任务，并填写任务工单。

任务名称	编写网络布线招标文件	实训设备	PC
任务	根据给定的综合布线项目招标公告编写招标书		
任务目的	掌握招标书的撰写方法		

1. 咨询

（1）招投标过程。

（2）招标文件的编制原则。

2. 决策与计划

根据任务要求，确定招标文件的各项内容，并对小组成员进行合理分工，制订详细的工作计划。

（1）讨论并确定招标文件所包含的内容。

续表

（2）成员分工。 （3）制定实训操作步骤。 ① _____ ② _____ ③ _____ ④ _____ 3．实施过程记录 （1）分析招标文件中所需实训设备的规格、结构和功能等。 （2）编制招标书应该注意的问题。 （3）记录实践的相关数据。 4．检查与测试 根据任务要求，检查文档的正确性，更正错误。 （1）检查招标文件包含的各项内容是否完备。 （2）检查数据，更正错误。 （3）思考：编写网络布线投标文件。

任务实施

工程项目招/投标指业主对自愿参加工程项目的投标人进行审查、评议和选定的过程。业主对项目的建设地点、规模、质量要求和工程进度等予以明确后，向社会公开招标或邀请招标，承包商则根据业主的需求投标。

1．招标文件的编制原则

（1）招标人招标应具备如下条件。
① 是法人或依法成立的其他组织。
② 有与招标工程相适应的技术、经济、管理人员。
③ 有组织及编制招标文件的能力。
④ 有审查投标单位资质的能力。
⑤ 有组织开标、评标、定标的能力。
不具备上述条件的，招标人应当委托具有相应资质的工程招标代理机构代理招标。
（2）招标代理机构应具备如下条件。
① 是依法设立的中介组织。

② 与行政机关和其他国家机关没有行政隶属关系或其他利益关系。
③ 有固定的营业场所和开展工程招标代理业务所需的设施及办公条件。
④ 有健全的组织机构和内部管理的规章制度。
⑤ 具备编制招标文件和组织评标的相应专业力量。
⑥ 具有可以作为评标委员会成员人选的技术、经济等方面的专家库。

(3) 建设项目施工招标应具备如下条件。
① 概算已经批准。
② 建设项目已正式列入国家、部门或地方的年度固定资产投资计划。
③ 建设用地的征用工作已经完成。
④ 有能够满足施工需要的施工图纸和技术资料。
⑤ 建设资金和主要建设材料、设备的来源已经落实。
⑥ 建设项目已经通过其所在地规划部门的批准，施工现场的"三通一平"已经完成或列入施工招标范围。

(4) 必须遵守国家的法律和法规及有关贷款组织的要求。招标文件是中标者签订合同的基础。按《中华人民共和国合同法》的规定，凡违反法律、法规和国家有关规定的合同属无效合同。因此，招标文件必须符合国家的《经济法》《中华人民共和国合同法》《中华人民共和国招标投标法》等多项有关法规。

如果建设项目是向国际组织贷款的项目，则必须按该组织的各种规定和审批程序来编制招标文件。

(5) 公正、合理地处理业主和承包商的关系，保护双方的利益。如果在招标文件中不恰当地、过多地将业主的风险转移给承包商一方，那么势必会迫使承包商加大风险费用，提高投标报价，最终还是业主一方增加支出。

(6) 招标文件应正确、详尽地反映建设项目的客观、真实情况。这样可以使投标人的投标建立在客观、可靠的基础上，从而减少签约和履约过程中的争议。

(7) 招标文件中各部分的内容要力求统一，避免各份文件之间相互矛盾。招标文件涉及投标须知、合同条款及格式、工程建设标准、图纸及工作量清单等多项内容，它们之间很容易产生矛盾。如果文件各部分之间的矛盾很多，就会给投标工作及履行合同带来许多争端，甚至影响整个工程的施工，从而造成很大的经济损失。

招标文件是招标人向投标人提供的具体项目招/投标工作的作业标准性文件，它阐明了招标工程的性质，规定了招标程序和规则，告知了订立合同的条件。招标文件既是投标人编制投标文件的依据，又是招标人组织招标工作、评标、定标的依据，也是招标人与中标人订立合同的基础。因此，招标文件在整个招标过程中起着至关重要的作用。招标人应高度重视编制招标文件的工作，并本着公平互利的原则，务必使招标文件严密、周到、细致、内容正确。

招标文件的种类很多，如施工招标文件、监理招标文件、材料招标文件、设备招标文件、勘察招标文件、设计招标文件、测量招标文件等。本节只介绍施工招标文件。

2．招标文件的编制步骤

(1) 熟悉招标公告。

（2）查阅资料。

（3）编写网络布线招标文件。

具体包含以下内容。

① 招标邀请函。招标邀请函由招标机构编制，其简要介绍了招标单位的名称，招标项目名称及内容，招标形式、售标、投标、开标时间和地点，承办联系人的姓名和联系方式等。开标时间除前面讲的给投标人留足准备标书及传递标书的时间外，国际招标应尽量避开国外休假和圣诞节，国内招标应尽量避开春节和其他节假日。

② 投标须知。投标须知由招标机构编制，是招标书中的一项重要内容，能着重说明本次招标的基本程序。投标人应遵守规定和履行承诺。投标须知不仅包括投标文件的基本内容、份数、形式、有效期、密封及投标的其他要求，而且包括评标的方法和原则、招标结果的处理、合同的授予及签订方式、投标保证金。

③ 招标项目的技术要求及附件。招标项目的技术要求及附件是招标书中较重要的内容，主要由使用单位提供资料，使用单位和招标机构共同编制。

④ 投标书格式。此部分由招标公司编制，是对投标文件的规范要求。其中包括投标方授权代表签署的投标函，说明投标的具体内容和总报价，并承诺遵守招标程序和各项责任、义务，确认在规定的投标有效期内，投标期限所具有的约束力；还包括技术方案内容的提纲和投标价目表的格式。

⑤ 投标保证文件。投标保证文件是投标有效的必检文件。投标保证文件一般采用3种形式，即支票、投标保证金和银行保函。如果项目金额少，则可采用支票和投标保证金的方式，一般规定为项目金额的2%。投标保证金的有效期要长于标书的有效期，和履约保证金衔接。银行保函由银行开具，是借助银行信誉的投标。企业信誉和银行信誉是企业进入国际大市场的必要条件。如果投标方在投标有效期内放弃投标或拒签合同，则招标公司有权没收投标保证金以弥补其在招标过程中蒙受的损失。

⑥ 合同条件（合同的一般条款及特殊条款）。这也是招标书中的一项重要内容。此部分内容是双方经济关系的法律基础，因此对招标方和投标方都很重要。国际招标应符合国际惯例，但同时要符合国内法律。由于项目的特殊要求需要提供补充合同条款的，如支付方式、售后服务、质量保证、主保险费用等特殊要求，可在标书技术部分专门列出。但这些条款不应过于苛刻，更不允许（实际也做不到）将风险全部转嫁给中标方。

⑦ 技术标准、规范。有时会有设备需要，如通信设备、输电设备，技术标准、规范是确保设备质量的重要文件，应列入招标附件中。技术标准、规范应对施工工艺、工程质量、检验标准做出较详尽的保证，这也是避免发生纠纷的前提。技术标准、规范的内容包括总纲、工程概况、分期工程材料、设备和施工技术、质量要求，必要时要写清各分期工程量的计算规则等。

⑧ 投标企业资格文件。这部分要求由招标机构提出，要求企业提供生产该产品的许可证及其他资格文件，如ISO 9001证书等。另外，要求企业提供业绩。

任务评价

以团队小组为单位完成任务，以学生个人为单位进行实习考核。

序号	检查项目	分值	自我评分	小组评分	教师评分	备注
1	遵守安全操作规范	10				
2	态度端正、工作认真	10				
3	能正确理解招标文件的编制原则	10				
4	能正确描述招标文件的各项内容	10				
5	招标文件内容完整	10				
6	招标书制作规范	10				
7	测试结果	10				
8	遵守纪律	10				
9	做好 6S 管理工作	10				
10	完成任务工单的全部内容	10				

说明：

（1）每名同学总分为 100 分。

（2）每名同学每项为 10 分，计分标准为：不满足要求计 1～5 分，基本满足要求计 6～7 分，高质量满足要求计 8～10 分。

采用分层打分制，建议权重为：自我评分占 0.2，小组评分占 0.3，教师评分占 0.5，加权算出每名同学在本工作任务中的综合成绩。

任务总结

建筑群子系统设计时应充分考虑建筑群覆盖区域的整体环境美化要求，考虑到节省投资，线缆路由应尽量选择距离短、线路平直的路由。但具体的路由还要根据建筑物之间的地形或敷设条件而定。在建筑群子系统线缆布线设计时，要充分考虑各建筑需要安装的信息点种类、信息点数量，选择相对应的干线电缆的类型及电缆敷设方式，使综合布线系统建成后，能保持相对稳定，并能满足今后一定时期内各种新的信息业务的发展需要。

素质课堂

世界技能大赛——成就技能报国梦

世界技能大赛由世界技能组织举办，被誉为"技能奥林匹克"，是世界技能组织成员展示和交流职业技能的重要平台。

截至 2013 年第 42 届世界技能大赛，世界技能大赛比赛项目共分为六大类，分别为结构与建筑技术、创意艺术和时尚、信息与通信技术、制造与工程技术、社会与个人服务、运输与物流，共计 46 个竞赛项目。大部分竞赛项目将参赛选手的年龄限制为 22 岁，制造团队挑战赛、机电一体化、信息网络布线和飞机维修 4 个有工作经验要求的综合性项目，将参赛选手年龄限制为 25 岁。

世界技能大赛的举办机制类似于奥运会，由世界技能组织成员申请并获批准之后，世界技能大赛在世界技能组织的指导下与主办方合作举办。第 41 届世界技能大赛于 2011 年 10 月在英国伦敦举办，第 42 届世界技能大赛于 2013 年 7 月在德国莱比锡举办，第 43 届世界技能大赛于 2015 年 8 月在巴西的圣保罗举办，第 44 届世界技能大赛于 2017 年 10 月在阿联酋阿布扎比举办。

2009年9月,梁嘉伟入读中山市技师学院。经历8年系统训练和层层选拔,2017年10月,他代表中国参加在阿联酋阿布扎比举行的第44届世界技能大赛信息网络布线项目,荣获金牌。

在备战世界技能大赛时,梁嘉伟暗暗下定决心,一定要成为世界技能大赛冠军,为国争光,创造奇迹,打破任何不可能,坚决不在赛场上留下任何遗憾。从那一刻起,每天叫醒他的已经不是闹钟,而是梦想,更是一份责任和使命。

梁嘉伟每天用十几个小时进行项目技术研究与训练。为突破操作技能瓶颈,提高操作精准度和熟练度,他开启了夜以继日的强化训练之路,由白天到黑夜,汗水一次次浸透了厚厚的工作服。为了适应各种饮食习惯与比赛环境,他还前往全国各地进行魔鬼式拉练,感受不同的环境、气候与饮食,为参加世界技能大赛做足准备。

世界技能大赛的项目质量要求高、技术难度大,当时他和专家队通过科学分析和艰苦训练,研发了"十指熔纤法"等多种创新技巧,先后获得了5项国家授权专利。做到了"以万变应多变,以不变应万变",通过成千上万次的技术分析与训练,将操作手法转化为肌肉的记忆。最终将熔纤准确率从99%提升到99.99%,并确保每次光纤熔接损耗都在0.01db/km以下,每个手法动作零失误,用智慧和血汗铺就了夺冠之路。

这是中国在此项目上的第一枚金牌,也是目前为止的唯一一枚金牌,实现了中国在世界技能大赛信息通信领域金牌"零"的突破。当梁嘉伟站上最高领奖台,听到国歌响起,看见五星红旗升起时,他心中的自豪感油然而生,以技能报效祖国的梦想,终于在此刻化作现实。

梁嘉伟也成为目前中山市最年轻的国务院政府特贴专家,获得了全国技术能手、全国青年岗位能手、广东省五一劳动奖章、广东省第四届南粤技术能手、世界技能大赛中国技术指导专家、中山市优秀人才、中山市第四层次紧缺适用人才等诸多荣誉。

成绩只代表过去,未来,梁嘉伟将大力弘扬劳模精神、工匠精神,帮助更多拥有"技能梦"的青年走上技能成才、技能就业、技能创业、技能报国之路,培养更多的高技能人才和大国工匠,为实现中山市高质量发展贡献自己的一份力量。

思考与练习

一、选择题

1. 要求设计一个结构合理、技术先进、满足需求的综合布线系统方案,下列哪项不属于综合布线系统的设计原则?(　　)
   A. 不必将综合布线系统纳入建筑物整体规划、设计和建设中
   B. 综合考虑用户需求、建筑物功能、经济发展水平等因素
   C. 长远规划思想、保持一定的先进性
   D. 扩展性、标准化、灵活的管理方式

2. 从建筑群设备间到工作区,综合布线系统正确的顺序是(　　)。
   A. CD—FD—BD—TO—CP—TE　　B. CD—BD—FD—CP—TO—TE
   C. BD—CD—FD—TO—CP—TE　　D. BD—CD—FD—CP—TO—TE

3. 在设计工作区子系统时，也要考虑终端设备的用电需求，下面关于信息插座与电源插座之间的间距描述，正确的是（　　）。

  A．信息插座与电源插座的间距不小于 10cm，暗装信息插座与旁边的电源插座应保持 20cm 的距离。

  B．信息插座与电源插座的间距不小于 20cm，暗装信息插座与旁边的电源插座应保持 30cm 的距离。

  C．信息插座与电源插座的间距不小于 30cm，暗装信息插座与旁边的电源插座应保持 40cm 的距离。

  D．信息插座与电源插座的间距不小于 40cm，暗装信息插座与旁边的电源插座应保持 50cm 的距离。

4. 下面关于综合布线系统的叙述正确的是（　　）。

  A．建筑群必须有一个建筑群设备间

  B．建筑物的每个楼层都需设置楼层电信间

  C．建筑物的设备间需与进线间分开

  D．每台计算机终端都需要独立设置工作区

5. 如果综合布线系统的工作区使用 4 对非屏蔽双绞线电缆作为传输介质，则信息插座与计算机终端设备的距离一般应保持在（　　）以内。

  A．100m　　　　B．5m　　　　C．90m　　　　D．2m

6. 综合布线系统中安装有线路管理器件及各种公共设备，以实现对整个系统的集中管理的区域属于（　　）。

  A．电信间　　　　　　　　　　B．干线子系统

  C．设备间　　　　　　　　　　D．建筑群子系统

7. 配线子系统的主要功能是实现信息插座和电信间之间的连接，其拓扑结构一般为（　　）结构。

  A．总线型　　　B．星形　　　C．树形　　　D．环形

8. 下列哪项不属于配线子系统的设计内容？（　　）

  A．布线路由设计　　　　　　　B．管槽设计

  C．设备安装、调试　　　　　　D．线缆类型选择、布线材料计算

二、简答题

1. 综合布线系统由哪几个子系统组成？
2. 在综合布线系统中如何核算水平布线中双绞线的数量？
3. 工作区的设计要点有哪些？
4. 在配线子系统中双绞线电缆的长度为什么要限制在 90m 以内？
5. 干线子系统的设计要点有哪些？
6. 比较建筑群子系统的 4 种布线方式，并说明其优点和缺点。

模块 4

综合布线系统安装

素质目标

- 进行 6S 活动,具有良好的作业习惯。
- 具有良好的职业道德、工作态度、职业素养,能遵守单位的劳动和安全制度。
- 具有热爱劳动的观念,养成认真、负责、严谨、细致的工作作风。

知识目标

- 掌握综合布线系统的安装规范。
- 能按规范安装管槽路由、水平子系统、干线子系统、工作区等的综合布线系统。
- 掌握双绞线的敷设方法和规范。
- 掌握光缆的敷设方法和规范。
- 掌握各子系统的安装工艺要求。
- 掌握综合布线系统工程施工方案的编制方法。

技能目标

- 能执行安全操作规程及施工现场管理规定。
- 能按图纸、工艺要求、安全规程要求布线并安装。
- 具备缆线桥架、线管、线槽的施工、安装技能。
- 具备信息插座、桥架、机柜的安装技能。
- 具备电缆、光缆的敷设技能。
- 会使用光纤熔接机,具备光缆成端和光纤接续技能。

任务 1　工作区的安装

学习目标

- 熟悉工作区信息插座底盒和模块的安装标准。

- 掌握工作区信息点的具体安装位置要求。
- 掌握网络信息点插座底盒的安装方法。
- 掌握网络模块安装的操作方法。
- 学会六类屏蔽模块的端接操作。

任务描述

工作区是整个网络系统的末梢，其目的是实现工作区终端设备与配线（水平）子系统之间的连接。施工过程的工艺水平与工程质量有直接关系。对于不同的环境要清楚采用什么样的布线施工方案。本任务要求根据设计方案，完成对工作区的安装，实现对工作区网络信息点插座和模块的安装。

任务引导

本任务将带领大家了解工作区信息插座底盒和模块的安装标准，学习信息点安装位置的要求，掌握网络信息点插座底盒的安装操作，学会六类屏蔽模块的端接，掌握综合布线系统工作区安装的相关技能。

知识链接

4.1.1 信息插座底盒和模块的安装标准

在《综合布线系统工程设计规范》（GB 50311—2016）第 6 章安装工艺要求内容中，对工作区的安装工艺提出了具体要求。

（1）安装在地面上的接线盒应防水和抗压，地面安装的信息插座必须选用地弹插座，嵌入地面安装，使用时打开盖板，不使用时盖板应该与地面高度相同。

（2）墙面安装的信息插座底部离地面的高度宜为 0.3m，嵌入墙面安装，使用时打开防尘盖插入跳线，不使用时防尘盖自动关闭，与电源插座保持一定的距离。

（3）工作区的电源，每个工作区至少应配置 1 个 220V 交流电源插座，电源插座应选用带保护接地的单相电源插座，保护接地与零线应严格分开。

4.1.2 信息点的安装位置

（1）对于教学楼、学生公寓、实验楼、住宅楼等不需要进行二次分割的工作区，信息插座宜设计在非承重的隔墙上，并靠近设备使用的位置。

（2）对于写字楼、大厅等需要二次分割和装修的区域，信息插座宜设置在四周墙面上，也可以设置在中间的立柱上，但要考虑二次分割和装修时的扩展方便性和美观性。对于大厅、展厅、商业收银区，在设备安装区域的地面上要设置足够的信息插座。墙面插座底盒下边缘距离地面的高度为 0.3m，地面插座底盒应低于地面。

（3）对于学生公寓等信息点密集的隔墙，宜在隔墙两面对称设置信息插座。

（4）对于银行营业大厅的对公区、对私区和 ATM 自助区，信息插座的设置要考虑隐蔽性和安全性。特别是离行式 ATM 的信息插座，不能暴露在客户区。

（5）对于电子屏幕、指纹考勤机、门警系统，信息插座的高度应参考设备的安装高度进行设置。

4.1.3 网络信息点插座底盒的安装

一般网络信息点插座底盒按照材料组成分为金属底盒和塑料底盒，按照安装方式分为暗装底盒和明装塑料底盒，按照配套面板规格分为86系列底盒和120系列底盒。

一般墙面安装86系列面板时，配套的底盒有明装底盒和暗装底盒两种。明装底盒经常在改扩建工程墙面明装方式布线时使用，一般为白色塑料盒，外形美观、表面光滑，外形尺寸比面板稍小一些，长为84mm，宽为84mm，深为36mm，底板上有两个直径为6mm的安装孔，用于将底座固定在墙面上，正面有两个M4螺孔，用于固定面板，侧面预留有上下进线孔，如图4.1（a）所示。

暗装底盒一般在新建项目和装饰工程中使用，暗装底盒常见的有金属底盒和塑料底盒两种。塑料底盒一般为白色，一次注塑成型，表面比较粗糙，外形尺寸比面板小，常见的尺寸为长80mm，宽80mm，深50mm，5面都预留有进出线孔，以便进出线，底板上有两个安装孔，用于将底座固定在墙面上，正面有两个M4螺孔，用于固定面板，如图4.1（b）所示。

金属底盒一般一次冲压成型，表面进行电镀处理，以避免生锈，尺寸与塑料底盒基本相同，如图4.1（c）所示。

（a）明装底盒 　　　　（b）暗装塑料底盒 　　　　（c）暗装金属底盒

图4.1 底盒

安装插座底盒时，一般按照下列步骤进行。

（1）检查质量和螺丝孔。打开产品包装，检查合格证，目视检查产品的外观质量情况和配套螺丝。重点检查底盒螺丝孔是否正常，如果其中有1个螺丝孔损坏，则坚决不能使用。

（2）去掉挡板。根据进/出线的方向和位置，去掉底盒预留孔中的挡板。注意，需要保留其他挡板，否则在施工中水泥砂浆会灌入底盒。

（3）固定底盒。明装底盒按照设计要求用膨胀螺丝直接固定在墙面上。当安装底盒时，首先使用专门的管接头把线管和底盒连接起来，这种专门的管接头的关口有圆弧，既方便穿线，又能保护线缆不被划伤或损坏；然后用膨胀螺丝或水泥砂浆固定底盒。

需要注意的是，底盒嵌入墙面不能太深，如果太深，配套的螺丝长度不够，则无法固定面板。

（4）成品保护。由于暗装底盒的安装一般在土建施工过程中进行，因此在底盒安装完毕后，必须进行成品保护，特别要保护螺丝孔，防止水泥砂浆灌入螺丝孔或穿线管内。一般做法是在底盒外侧盖上纸板，也有用胶带纸保护螺丝孔的。具体过程如图4.2～图4.5所示。

图 4.2　检查底盒

图 4.3　去掉上方挡板

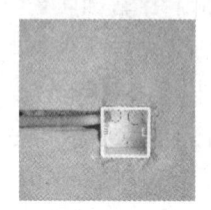

图 4.4　固定底盒

图 4.5　底盒保护

当需要在地面安装信息插座时，盖板必须具有防水、抗压和防尘功能，其一般选用 120 系列金属面板，配套的底盒宜选用金属底盒，一般金属底盒比较大，常见的规格为长 100mm、宽 100mm，中间有两个固定面板的螺丝孔，5 个面都预留有进出线孔，以便进出线，如图 4.6 所示。地面金属底盒安装后一般低于地面 10～20mm，注意这里的地面是指装修后的地面。

图 4.6　地面暗装底盒、信息插座

4.1.4　网络模块的安装

本节的模块指的是 RJ-45 信息模块，其满足超五类传输标准，符合 T568A 和 T568B 线序，适用于设备间与工作区的通信插座连接。信息模块端接方式的主要区别在于模块内部的固定连线方式。两种端接方式所对应的接线顺序如下。

T568A 线序模式：白绿、绿、白橙、蓝、白蓝、橙、白棕、棕。

T568B 线序模式：白橙、橙、白绿、蓝、白蓝、绿、白棕、棕。

1. 需打线型 RJ-45 信息模块的安装

RJ-45 信息模块的前面插孔内有 8 芯线针触点，分别对应双绞线的 8 根线，后部两边各分列 4 个打线柱，外壳为聚碳酸酯材料，打线柱内嵌有连接各线针的金属夹子；有通用线序色标清晰注于模块两个侧面上，分两排，A 排表示 T568A 线序模式，B 排表示 T568B 线序模式。这是较普通的需打线工具打线的 RJ-45 信息模块，如图 4.7 所示。

金属夹子

色标

图 4.7　需打线型 RJ-45 信息模块

具体的制作步骤如下。

（1）将双绞线从暗盒里抽出，预留40cm的线头，剪去多余的线。用剥线工具或压线钳的刀具在离线头10cm左右处将双绞线的外包皮剥去，如图4.8所示。

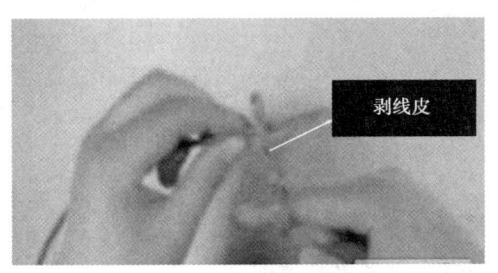

图4.8　剥线皮

（2）把剥开的双绞线线芯按线对分开，但先不要拆开各线对，在将相应线对预先压入打线柱时再拆开。按照信息模块上所指示的色标选择偏好的线序模式（注意：在一个综合布线系统中最好统一采用一种线序模式，接乱的话，网络不通很难排查），使剥皮处与模块后端面平行，两手稍旋开线对，将其压入相应的线槽内，如图4.9所示。

（3）全部线对都压入各槽位后，用110打线工具（见图4.10）将一根根线芯进一步压入线槽中。

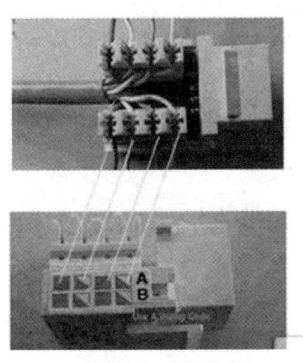

图4.9　压线

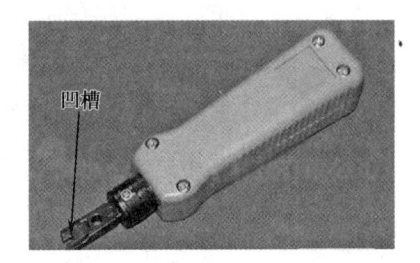

图4.10　110打线工具

110打线工具的使用方法是：切割余线的刀口永远朝向模块的外侧，打线工具与模块垂直插入槽位，垂直用力打线，听到"咔嗒"一声，说明工具的凹槽已经将线芯压到位，线芯已经嵌入金属夹子里，并且金属夹子已经切入绝缘皮咬合铜线芯形成通路。这里特别要注意以下两点：一是刀口向外。若忘记，变成刀口向内，则压入线芯的同时也会切断本来应该连接的铜线。二是垂直插入。打斜了的话，会使金属夹子的口被撑开，从而失去咬合能力，并且打线柱也会歪掉，难以修复，从而造成模块报废。打线工具在打线的同时应能切掉多根线芯，若不能，则多打线几次，并用手拧掉，如图4.11所示。

（4）将信息模块的塑料防尘片扣在打线柱上，并将打好线的模块扣在信息面板上。打线时务必选用质量有保证的打线钳，否则一旦打线失败，就会对模块造成不必要的损失。

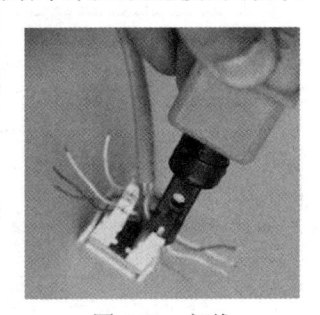

图4.11　打线

2. 免打线型 RJ-45 信息模块的安装

免打线型 RJ-45 信息模块无须打线工具就能准确、快速地完成端接，其没有打线柱，而是在模块里面有两排各 4 个金属夹子，锁扣机构集成在扣锁帽里，色标也标注在扣锁帽后端。端接时，先用剪刀裁出约 4cm 的线，按色标将线芯放进相应的槽位并扣上，再用钳子压一下扣锁帽即可（有些可以用手压下并锁定）。扣锁帽能够确保铜线全部端接并防止滑动，多为透明的，以便观察线与金属夹子的咬合情况，如图 4.12 所示。

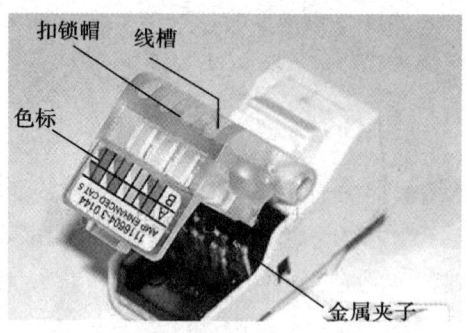

图 4.12　免打线型 RJ-45 信息模块

下面介绍 RJ-45 水晶头的压接方法。前面我们按 T568A 标准打线，所以要介绍的水晶头也按 T568A 标准压接。

将五类双绞线外皮剥掉 2cm，绞开线对拉直，先按 T568A 标准要求的线序将各色线紧密平行在手上排列，再留约 1cm，裁平线头。左手抓住水晶头，右手小心地将排好线序的网线插入水晶头。注意，水晶头里有槽位，只容一根线芯通过，一线一槽才插得进去。右手要尽力插入，同时左右摇一摇，以求让线芯插到尽头，并在尽头平整。这一点可以从水晶头的端面观察到，若能见到 8 根铜线的亮截面，则说明已经插到尽头，否则抽出重插，并可能要再次修剪线头。当见到 8 根铜线的亮截面以后，就可以用 RJ-45 压线工具压接了。压接时，也要有意识地向钳内顶线。压接完成后，还要再看一下 8 根铜线的亮截面是否能看到，如果看不到，则可能没有压接成功。

➡ 任务工单

扫码观看六类屏蔽模块制作的微课视频。

六类屏蔽模块制作

学生依据实施要求及操作步骤，在教师的指导下完成本工作任务，并填写任务工单。

任务名称	六类屏蔽模块制作	实训材料及工具	六类屏蔽双绞线、六类屏蔽模块、剥线钳、鱼嘴钳、测试仪
任务	观看微课视频，进行六类屏蔽模块的制作，并测试其导通情况		
任务目的	掌握六类屏蔽模块的端接和测试方法		

1. 咨询

（1）六类屏蔽模块端接的工作原理。

（2）六类屏蔽模块的组成部分及功用。

续表

2．决策与计划
根据任务要求，确定所需要的设备及工具，并对小组成员进行合理分工，制订详细的工作计划。
（1）讨论并确定实验所需的设备及工具。

（2）成员分工。

（3）制定实训操作步骤。
① _____
② _____
③ _____
④ _____
⑤ _____
⑥ _____

3．实施过程记录
（1）分析实践用线缆的结构特点。

（2）实践操作，总结应该注意的问题。

（3）记录实践的相关数据。

4．检查与测试
根据任务要求，检查操作的正确性，当出现故障时进行排除，并记录测试结果。
（1）检查操作是否正确。

（2）记录测试结果。

（3）分析原因，排除故障。

（4）思考：比较屏蔽线缆和非屏蔽线缆、屏蔽模块和非屏蔽模块的区别。如何进行接地处理？总结出要领。

任务实施

六类屏蔽模块的端接步骤如下。
（1）使用剥线器将外护套剥除 20mm 左右，如图 4.13 所示。

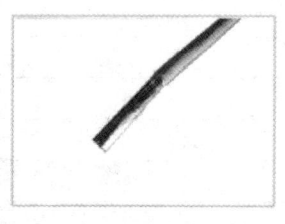

图 4.13　剥除外护套

（2）将屏蔽层沿外护套末端翻折，使其紧贴外护套，同时将接地线翻折并紧贴屏蔽层，最后去除裸露在外的透明薄膜和撕裂线，剪掉十字骨架，如图 4.14 所示。

（3）将线芯按照 T568B 标准的线序要求依次嵌在对应的端线模块线槽中，如图 4.15 所示。

图 4.14　剪掉十字骨架　　　　　　　图 4.15　压入线槽

（4）按照颜色线序戴上扣锁式端接帽，并去除多余导线，如图 4.16 所示。

（5）锁上两边的外罩侧盖，如图 4.17 所示。

图 4.16　去除多余导线　　　　　　　图 4.17　锁上外罩侧盖

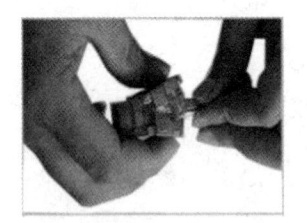

（6）使模块屏蔽层与线缆屏蔽层实现 360°接触，同时做好接地处理，如图 4.18 所示。

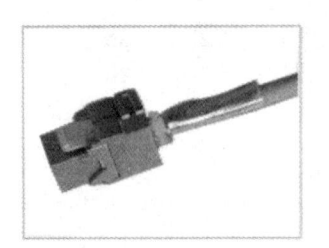

图 4.18　接地处理

任务评价

以团队小组为单位完成任务，以学生个人为单位进行实习考核。

序号	检查项目	分值	自我评分	小组评分	教师评分	备注
1	遵守安全操作规范	10				
2	态度端正、工作认真	10				
3	能正确说出各个耗材的名称	10				
4	能正确说出各个工具的作用	10				
5	能掌握布线端接的原理	10				
6	端接操作工艺	10				
7	测试结果	10				
8	遵守纪律	10				

续表

序号	检查项目	分值	自我评分	小组评分	教师评分	备注
9	做好 6S 管理工作	10				
10	完成任务工单的全部内容	10				

说明：

（1）每名同学总分为 100 分。

（2）每名同学每项为 10 分，计分标准为：不满足要求计 1～5 分，基本满足要求计 6～7 分，高质量满足要求计 8～10 分。采用分层打分制，建议权重为：自我评分占 0.2，小组评分占 0.3，教师评分占 0.5，加权算出每名同学在本工作任务中的综合成绩。

任务总结

根据综合布线的标准及规范，工作区的施工要注意：工作区内线槽的布局要合理、美观。工作区内信息点的种类、数量要符合实际需要。信息模块的端接和双绞线的制作是网络布线和网络管理中较普遍和经常性的工作，要熟练地掌握它们的安装和制作方法，以及常用工具和基本材料的使用方法，熟练掌握工作区的布线、施工原则。

任务 2 配线子系统的安装

学习目标

- 掌握配线子系统线管的敷设方法。
- 掌握配线子系统线槽的敷设方法。
- 掌握配线子系统桥架的安装方法。
- 掌握配线子系统双绞线线缆的布放方法。
- 通过对 PVC 线管布线，掌握配线子系统的施工方法。

任务描述

配线子系统的布线施工是综合布线系统中工作量较大的工作，而且在建筑物施工完成后，不易变更，通常都遵循"一步到位"的原则。因此配线子系统的管路敷设、线缆选择非常重要，要求施工严格，保证链路性能。本任务要求根据设计方案完成中小型综合布线系统配线子系统的施工，掌握 PVC 管卡、线管的安装方法和技巧，完成配线子系统线管的安装和布线。

任务引导

本任务将带领大家学习并掌握配线子系统线管、线槽的敷设方法，掌握配线子系统桥架的安装操作，学会双绞线线缆的布放方法，通过对 PVC 线管的布线，熟练掌握配线子系统的施工方法。

> 知识链接

4.2.1 线管的敷设

1. 金属管的敷设

1)对金属管的要求

金属管（见图4.19）应符合设计文件的规定，表面不应有穿孔、裂缝和明显的凹凸不平，内壁应光滑，不允许有锈蚀，在易受机械损伤的地方和受力较大处直埋时，应采用足够强度的管材。

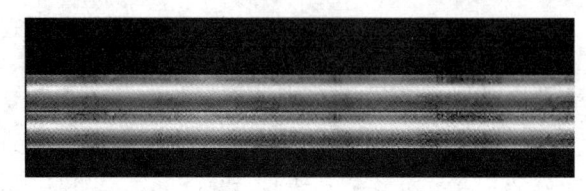

图 4.19 金属管

金属管的加工应符合下列要求。

（1）为了防止在穿电缆时划伤电缆，管口应无毛刺和尖锐棱角。

（2）为了减小直埋管在沉陷时管口处对电缆的剪切力，金属管口宜做成喇叭形。

（3）金属管在弯制后，不应有裂缝和明显的凹瘪现象。当弯曲程度过大时，会减小金属管的有效管径，造成穿设电缆困难。

（4）金属管的弯曲半径不应小于所穿入电缆的最小允许弯曲半径。

（5）镀锌管锌层剥落处应涂防腐漆，从而延长使用寿命。

2)金属管的切割套丝

在配管时，应根据实际需要的长度对金属管进行切割。金属管的切割可使用钢锯、管子切割刀或电动机切管机，严禁用气割。管子和管子连接，管子和接线盒、配线箱的连接，都需要在管子端部进行套丝。焊接钢管套丝，可用管子铰板（俗称代丝）或电动套丝机；硬塑料管套丝，可用圆丝板。套丝时，先将管子在管子压力台上固定压紧，再套丝。利用电动套丝机可提高工作效率。套丝完成后，应随时清扫管口，将管口端面和内壁的毛刺用锉刀锉光，使管口保持光滑，以免割破线缆的绝缘护套。

3)金属管的弯曲

在敷设金属管时，应尽量减少弯头。每根金属管的弯头不应超过3个，直角弯头不应超过两个，并不应有S弯出现。当弯头过多时，会造成穿电缆困难。对于较大截面的电缆，不允许有弯头。在实际施工中不能满足要求时，可采用内径较大的金属管或在适当部位设置拉线盒，以利于线缆的穿设。金属管一般都用弯管器进行弯曲。先将金属管需要弯曲部位的前段放在弯管器内，焊缝放在弯曲方向背面或侧面，以防金属管弯扁；然后用脚踩住金属管，手扳弯管器进行弯曲，并逐步移动弯管器，得到所需要的弯度。弯曲半径应符合下列要求。

（1）当明配时，一般弯曲半径不小于管外径的6倍；当只有一个弯时，弯曲半径不小于管外径的 4 倍；整排钢管在转弯处，其宜弯成同心圆形状。

（2）当暗配时，弯曲半径不应小于管外径的 6 倍；当敷设于地下或混凝土楼板内时，弯曲半径不应小于管外径的 10 倍。

4）金属管的连接

金属管的连接应牢固，密封应良好，两管口应对准。套接的短套管或带螺纹的管接头的长度不应小于金属管外径的 2.2 倍。当金属管的连接采用短套接时，施工简单方便；当采用管接头螺纹连接时则较美观，但要保证金属管连接后的强度。无论采用哪种方式，均应保证金属管连接牢固、密封。当金属管进入信息插座的接线盒后，暗埋管可用焊接固定，进入接线盒的金属管长度应小于 5mm；明设管应用锁紧螺母或管帽固定，锁紧螺母露出的丝扣为 2~4 扣。引至配线间的金属管管口位置，应便于与线缆连接。并列敷设的金属管管口应排列有序、便于识别。

5）金属管的敷设要求

金属管的暗埋敷设应符合下列要求。

（1）预埋在墙体中间的金属管内径不宜超过 50mm，楼板中的金属管管径宜为 15~25mm，直线布管 30mm 处要设置暗线盒。

（2）敷设在混凝土、水泥中的金属管，其地基应坚实、平整，不应有沉陷，以保证敷设后的线缆安全运行。

（3）当连接金属管时，管孔应对准、无错位，接缝应严密，不得有水泥、砂浆渗入，以免影响管、线、槽的有效管理，从而保证敷设线缆时穿线能顺利进行。

（4）金属管道应有不小于 0.1% 的排水坡度。

（5）建筑群之间金属管的埋设深度不应小于 0.7m；当在人行道下面敷设金属管时，其埋设深度不应小于 0.5m。

（6）金属管内应安置牵引线或拉线。

（7）金属管的两端应有标记，表示建筑物、楼层、房间和长度。

（8）当光缆与电缆同管敷设时，应在金属管内预置塑料子管，将光缆敷设在塑料子管内，使光缆和电缆分开布放，塑料子管的内径应为光缆外径的 2.5 倍。

2. PVC 管的敷设

PVC 管（见图 4.20）一般在工作区暗埋，操作时要注意两点。

图 4.20　PVC 管

（1）当 PVC 管需要转弯时，弯曲半径要大，不能使 PVC 管弯曲变形，不便于穿线。

(2) 管内穿线不宜太多, 要留有 50%以上的空间。

4.2.2 线槽的敷设

1. 金属线槽的敷设

1) 金属线槽的安装要求

(1) 金属线槽(见图 4.21)的安装位置应符合施工图的规定, 左右偏差视环境而定, 最大不应超过 50mm。

(2) 金属线槽的水平度每米偏差不应超过 2mm。

(3) 垂直线槽应与地面保持垂直, 并无倾斜现象, 垂直度每米偏差不应超过 3mm。

(4) 金属线槽节与节间用接头连接板拼接, 螺钉应拧紧, 两个金属线槽拼接处的水平度每米偏差不应超过 2mm。

(5) 当直线段桥架超过 30m 或跨越建筑物时, 应有伸缩缝, 其连接宜采用伸缩连接板。

(6) 金属线槽的转弯半径不应小于其槽内的线缆最小允许弯曲半径的最大值。

(7) 盖板应紧固。

(8) 支/吊架应保持垂直、整齐牢靠, 无歪斜现象。

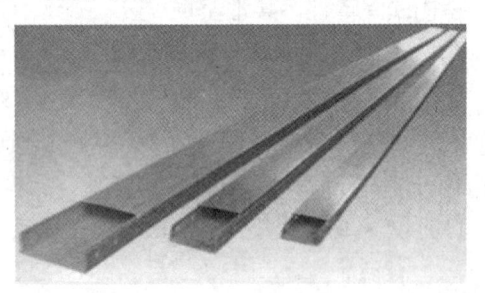

图 4.21 金属线槽

2) 预埋金属线槽支撑保护的要求

(1) 在建筑物中预埋金属线槽可采用不同的尺寸, 按一层或两层设置, 应预埋两根以上的金属线槽, 金属线槽的截面高度不宜超过 25mm。

(2) 金属线槽的直埋长度超过 15m 或当线槽路由交叉转弯时, 宜设置拉线盒, 以便布放线缆盒时进行维护。

(3) 拉线盒盖应能开启自如, 并与地面齐平, 盒盖处应采取防水措施。

(4) 金属线槽宜采用金属管引入分线盒内。

3) 设置金属线槽支撑保护

(1) 当水平敷设时, 金属线槽支撑间距一般为 1.5~3m; 当垂直敷设时, 金属线槽固定在建筑物结构体上的间距宜小于 2m。

(2) 当金属线槽敷设时, 下列情况需设置支架或吊架: 线缆接头处, 间距 3m、离开金属线槽两端口 0.5m 处, 金属线槽走向改变或转弯处。在活动地板下敷设线缆时, 活动地板内的净空距离不应小于 150mm; 如果将活动地板下净高区域作为通风系统的风道使用, 则活动地板内的净高不应小于 300mm。在工作区的信息点位置和线缆敷设方式未定的情况下，或在工作区地毯下布放线缆时，工作区宜设置交接箱。

（3）当干线子系统线缆敷设支撑保护时，线缆不得布放在电梯或管道竖井内，干线通道间应互通。弱电间中的线缆穿过每层楼板的孔洞宜为方形或圆形。建筑群子系统的线缆敷设支撑保护应符合设计要求。

2．PVC 线槽的敷设

PVC 线槽（见图 4.22）的敷设具有 4 种方式。

（1）在天花板吊顶内采用吊杆或托式桥架敷设。
（2）在天花板吊顶外采用托式桥架敷设。
（3）在天花板吊顶外采用托架加配固定槽敷设。
（4）在墙面上明装。

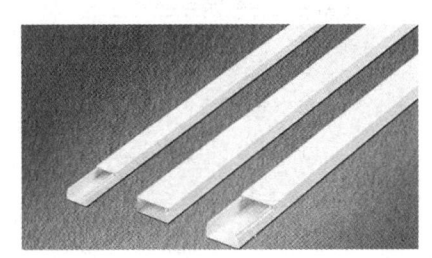

图 4.22　PVC 线槽

当采用托架时，一般 1m 左右安装一个托架。当采用固定槽时，一般 1m 左右安装一个固定点。

固定点是指固定槽的地方，根据固定槽的大小来定。

（1）25mm×20mm～25mm×30mm 规格的槽，一个固定点应有 2、3 个固定螺丝，并且水平排列。

（2）25mm×30mm 以上规格的槽，一个固定点应有 3、4 个固定螺丝，且呈梯形分布，目的是分散固定槽的受力点。

（3）除固定点外，应每隔 1m 左右钻两个孔，用双绞线穿入，待布线结束后，把所布的双绞线捆扎起来。

水平干线、垂直干线布槽的方法是一样的，差别在于一个是横布槽，一个是竖布槽。在水平干线与工作区交接处，不易施工时，可采用金属软管（蛇皮管）或塑料软管连接。

4.2.3　桥架的安装

桥架，其制造材料有金属材料和非金属材料两类。它主要用于支承和安放建筑内的各种缆线，一般由托盘、梯架的直线段、弯通、连接件、附件、支承件和悬吊架等组成。桥架分为 3 种形式：托盘式、梯架式和线槽式。

1．桥架吊装安装方式

在楼道有吊顶时，配线子系统的桥架一般吊装在楼板下，如图 4.23 所示。具体步骤如下。

（1）确定桥架的安装高度和位置。

(2)安装膨胀螺栓、桥架吊杆、桥架挂板,调整好高度。
(3)安装桥架,并且用固定螺栓把桥架与桥架挂板固定牢固。
(4)安装电缆和桥架盖板。

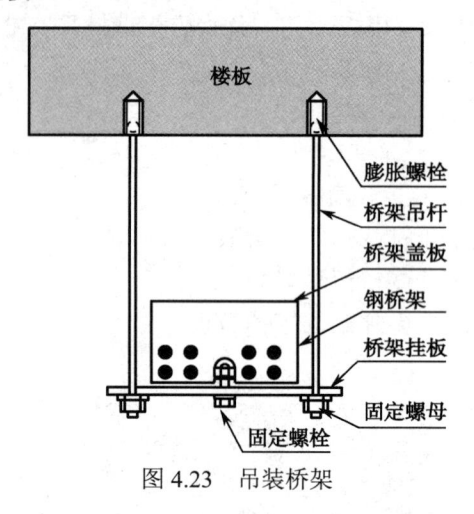

图 4.23 吊装桥架

2. 桥架壁装安装方式

在楼道没有吊顶的情况下,桥架一般采用壁装安装方式,如图 4.24 所示。具体安装步骤如下。

(1)确定桥架的安装高度和位置,并且标记安装高度。
(2)安装膨胀螺栓、桥架支架,并调整好高度。
(3)安装桥架,并且用固定螺栓把桥架与桥架支架固定牢固。
(4)安装双绞线和桥架盖板。

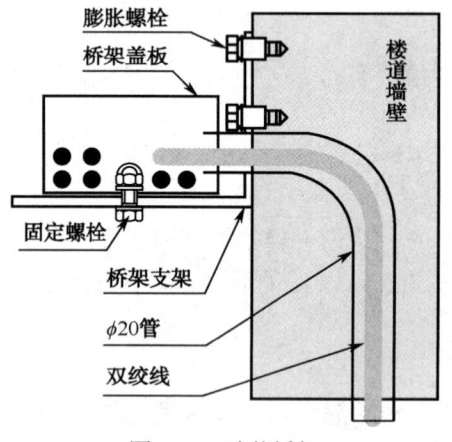

图 4.24 壁装桥架

3. 桥架线槽安装方式

一般在小型工程中,有时采取暗管明槽的布线方式,在楼道内使用较大的 PVC 线槽代替金属桥架,不仅成本低,而且比较美观。一般安装步骤如下。

(1)根据出线管口高度,确定线槽的安装高度并画线。

（2）固定线槽。
（3）布线。
（4）安装盖板。

配线子系统也可以在楼道墙面上安装比较大的塑料线槽，如宽度为 60mm、100mm、150mm 的白色 PVC 塑料线槽，线槽具体高度必须根据需要容纳双绞线的数量来确定。安装方法是：首先根据各个房间信息点出线管口在楼道的高度，确定楼道大线槽安装高度并画线；其次按照 2、3 处/米将线槽固定在墙面上，楼道内线槽的高度宜遮盖墙面出线管口，并且在线槽遮盖的出线管口处开孔。

如果各个信息点出线管口的高度偏差很大，那么宜将线槽安装在出线管口的下方，将双绞线通过弯头引入线槽，这样施工方便、外形美观。

先将楼道内的全部线槽固定好，再将各个出线管口的出线逐一放入线槽，边放线边盖板，放线时注意拐弯处保持比较大的曲率半径。楼道线槽安装方式如图 4.25 所示。

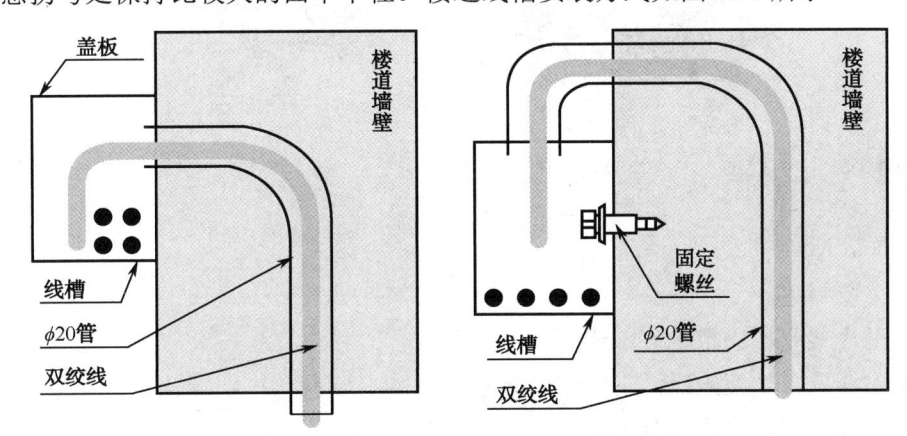

图 4.25　楼道线槽安装方式

4.2.4　双绞线线缆的布放

1. 布线安全要求

参加施工的人员应注意以下几点安全要求。
（1）穿合适的衣服。
（2）用安全的工具。
（3）保证工作区的安全。
（4）制定施工安全措施。

2. 双绞线线缆布放的一般要求

（1）双绞线线缆布放前应核对规格、程式、路由及位置是否与设计规定相符合。
（2）布放的双绞线线缆应平直，不得产生扭绞、打圈等现象，不应受外力挤压和损伤。
（3）在布放前，双绞线线缆两端应贴有标签，标明起始位置和终端位置，以及信息点的标号，标签书写应清晰、端正和正确。
（4）信号电缆、电源线、双绞线电缆、光缆及建筑物内其他弱电线缆应分离布放。

(5)布放双绞线线缆时应有冗余,在二级交接间、设备间的双绞线电缆预留长度一般为3~6m,工作区的线缆预留长度为0.3~0.6m,有特殊要求的应按设计要求预留。

(6)在布放双绞线线缆时,牵引过程中吊挂线缆的支点相隔间距不应大于1.5m。

(7)在双绞线线缆布放过程中,为避免受力和扭曲,应制作合格的牵引端头。如果采用机械牵引,则应根据双绞线线缆的布放环境、牵引的长度、牵引张力等因素选用集中牵引或分散牵引等方式。图4.26所示为专用的穿线器。

图4.26 专用的穿线器

3. 放线

1)在线缆箱中拉线

(1)除去塑料塞。

(2)通过出线孔拉出数米的线缆。

(3)拉出所要求长度的线缆,并割断它,使线缆滑回到槽中,留数厘米在外面。

(4)重新插上塞子以固定线缆。

2)线缆处理(剥线)

(1)使用斜口钳在塑料外衣上切一条"1"字形的长缝。

(2)找到尼龙的扯绳。

(3)将线缆紧握在一只手中,用尖嘴钳夹紧尼龙扯绳的一端,并把它从线缆的一端拉开,拉的长度根据需要而定。

(4)割去无用的线缆外衣(另一种方法是利用切环器剥开线缆)。

4. 线缆牵引

用一条拉线牵引线缆穿入墙壁管道、吊顶和地板管道,称为线缆牵引。在施工中,应使拉线和线缆的连接点尽量平滑,所以要采用电工胶带在连接点外面紧紧缠绕,以保证其平滑和牢靠。

(1)牵引多条4对双绞线线缆。

① 将多条线缆聚集成一束,并使它们的末端对齐。

② 用电工胶带紧绕在线缆束外面,在末端外绕5~6cm的长度。

③ 将拉线穿过用电工胶带缠好的线缆,并打好结。

(2) 如果在拉线缆的过程中连接点散开了，则要收回线缆和拉线，重新制作更牢靠、固定的连接。

① 除去一些绝缘层，暴露出 5cm 的裸线。
② 将裸线分成两束。
③ 将两束裸线互相缠绕起来形成环。
④ 先将拉线穿过此环并打结，然后将电工胶带缠绕在连接点周围，要缠得结实和平滑。

(3) 牵引多条 25 对双绞线线缆。

① 剥除约 30cm 的双绞线线缆外护套，包括导线上的绝缘层。
② 使用斜口钳将线切去，留下约 12 根双绞线。
③ 将导线分成两个绞线组。
④ 将两组绞线交叉穿过拉线的环，在双绞线线缆的那边建立一个闭环。
⑤ 将双绞线线缆一端的线缠绕在一起以使环封闭。
⑥ 先将电工胶带紧紧地缠绕在双绞线线缆周围，覆盖长度约为 5cm，然后继续缠绕上一段。

5．建筑物水平线缆布线

1）管道布线

管道布线是指在浇筑混凝土时已把管道预埋在地板中，管道内有牵引线缆的钢丝或铁丝，施工时只需要通过管道图纸了解地板的管道，就可以做出施工方案。

对于没有预埋管道的新建筑物，布线施工可以与建筑物装潢同步进行，这样既便于布线，又不影响建筑物的美观。管道一般从配线间埋到信息插座安装孔，施工时只要将线缆固定在信息插座的接线端，从管道的另一端牵引拉线，就可以将线缆引到配线间。

2）吊顶内布线

(1) 索取施工图纸，确定布线路由。
(2) 沿着所设计的路由（在电缆桥架槽体内），打开吊顶，用双手推开每块镶板。
(3) 将多个线缆箱并排放在一起，并使出线口向上。
(4) 加标注，可在线缆箱上直接写标注，线缆的标注写在线缆末端，贴上标签。
(5) 将合适长度的牵引线连接到一个带卷上。
(6) 从离配线间最远的一端开始，将线缆的末端（捆在一起）沿着电缆桥架牵引经过吊顶走廊的末端。
(7) 移动梯子，将拉线投向吊顶的下一孔，直到拉线到达走廊的末端。
(8) 将每两个线缆箱中的线缆拉出形成"对"，用胶带捆扎好。
(9) 先将拉线穿过 3 对用胶带缠绕好的线缆，并把拉线结成一个环，再用胶带将 3 对线缆与拉线捆紧。
(10) 回到拉线的另一端，人工牵引拉线，6 根线缆（3 对）将自动从线缆箱中拉出并经过电缆桥架牵引到配线间。
(11) 对下一组线缆（另外 3 对线缆）重复第 (8) 步的操作。
(12) 先将剩下的线缆组增加到拉线上，每次牵引它们向前，直到走廊末端，再继续牵引这些线缆一直到达配线间连接处。当线缆在吊顶内布放完成后,还要通过墙壁或墙柱的管道将线缆向下引至信息插座安装孔。将线缆用胶带缠绕成紧密的一组,将其末端送入预埋在墙壁中的 PVC 圆管内并把它往下压,直到在插座孔处露出 25～30mm。图 4.27 所示为双绞线布线。

图 4.27 双绞线布线

任务工单

扫码观看 PVC 线管布线的微课视频。

学生依据实施要求及操作步骤,在教师的指导下完成本工作任务,并填写任务工单。

PVC 线管布线

任务名称	PVC 线管布线	实训材料及工具	PVC 线管、管接头、管卡、弯管器、穿线器、螺丝刀、螺钉、钢锯、标签
任务	观看微课视频,完成配线子系统线管的安装		
任务目的	通过对线管的安装和穿线等,熟练掌握配线子系统的施工方法		

1. 咨询

(1) PVC 线管的种类。

(2) PVC 线管的安装要求有哪些?

2. 决策与计划

根据任务要求,确定所需要的设备及工具,并对小组成员进行合理分工,制订详细的工作计划。

(1) 讨论并确定实验所需的设备及工具。

(2) 成员分工。

(3) 制定实训操作步骤。

① _____
② _____
③ _____
④ _____
⑤ _____
⑥ _____

续表

3．实施过程记录 （1）对施工布线系统进行合理设计，使路径合理。 （2）实践操作，总结应该注意的问题。 （3）记录实践的相关数据。 4．检查与测试 根据任务要求，检查操作的正确性，当出现故障时进行排除，并记录测试结果。 （1）检查操作是否正确。 （2）记录测试结果。 （3）分析原因，排除故障。 （4）思考：PVC 线管的尺寸及其与容纳的线缆数量的关系。

任务实施

（1）设计一种使用 PVC 线管从信息点到楼层机柜的配线子系统，并且绘制施工图。所选材料可根据需要组合。

为了满足全班 40～50 人同时参与和充分利用实训设备的需求，实施前必须进行合理分组，以保证每组的实训内容相同、难易程度相同。实训要求从机柜到信息点完成一个永久链路的水平布线实训，以不同机柜、不同布线高度、不同布线拐弯分别组合成多种布线路径，每个小组分配一种布线路径进行实训，如图 4.28 所示。具体可以按照实训设备规格和实训人数设计。

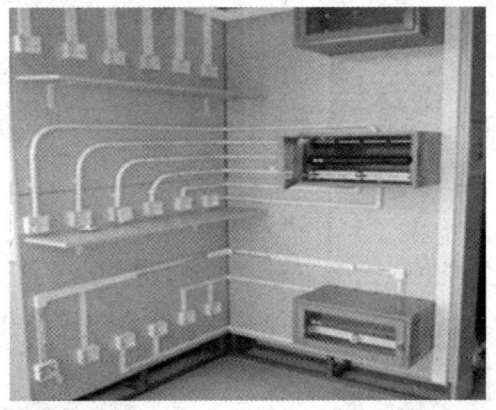

图 4.28　布线路径

（2）按照设计图核算材料的规格和数量，掌握工程材料的核算方法，并列出材料清单。
（3）按照设计图，列出实训工具清单，并领取材料和工具。
（4）利用钢卷尺测量水平子系统所经过路由的各部分距离，并做好记录，如图 4.29 所示。

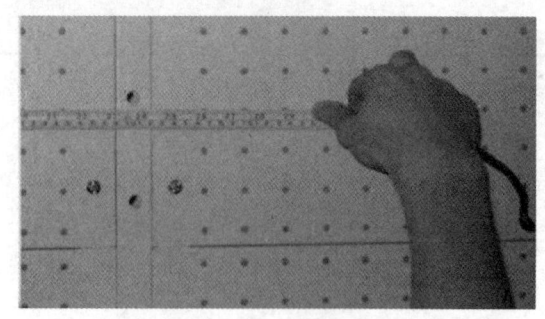

图 4.29　测量距离

（5）根据测量距离的记录，用钢卷尺测量 PVC 线管中需剪的部位，并做上记号。

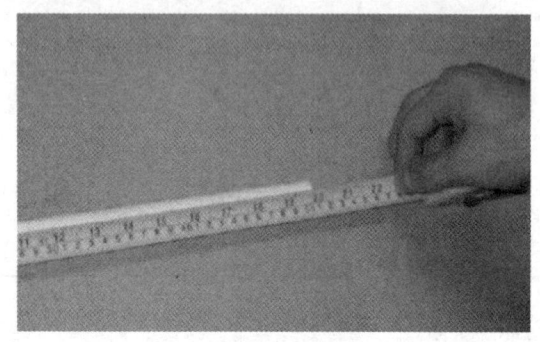

图 4.30　做记号

（6）利用 PVC 线管剪裁出合适长度的线管，如图 4.31 所示。

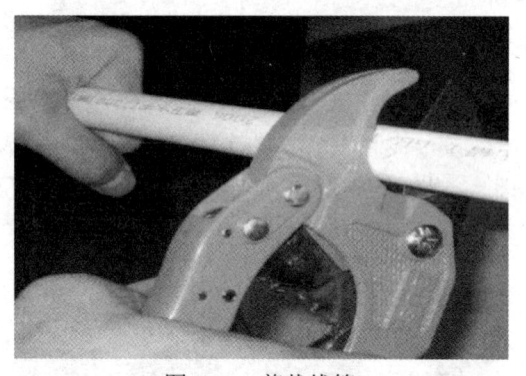

图 4.31　剪裁线管

（7）在需要弯曲的地方利用弯管器弯曲 PVC 线管至合适角度，如图 4.32 所示。

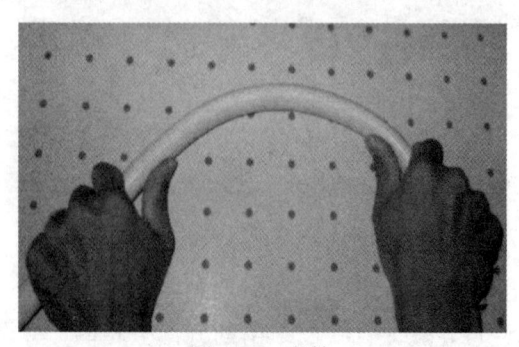

图 4.32　弯管

（8）用螺丝将 PVC 线管卡固定在模拟墙上，约每隔 0.5m 安装一个 PVC 线管卡，在 PVC 线管转弯处需额外安装 PVC 线管卡，如图 4.33 所示。

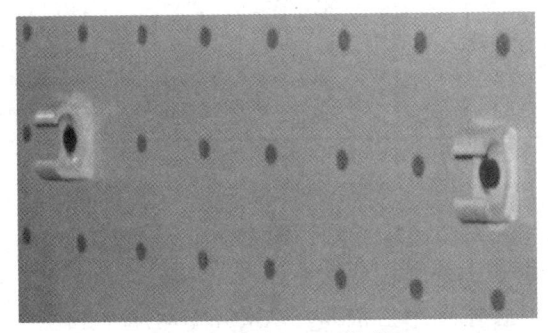

图 4.33　安装 PVC 线管卡

（9）首先在需要的位置安装 PVC 线管卡，然后安装 PVC 线管。两根 PVC 线管连接处使用管接头，拐弯处必须使用用弯管器制作的大拐弯弯头连接，如图 4.34 所示。

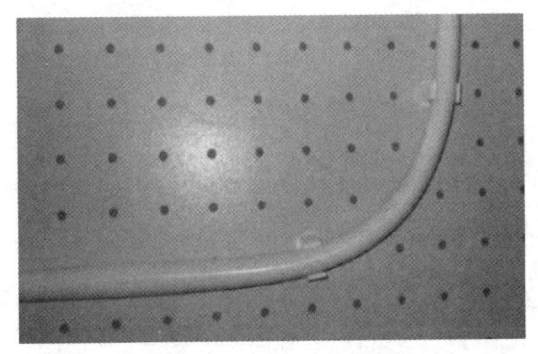

图 4.34　安装 PVC 线管

（10）当明装布线实训时，要边布管边穿线。当暗装布线实训时，要先把全部管和接头安装到位，并且固定好，再从一端向另一端穿线。

（11）布管和穿线完成后，必须做好线标。

任务评价

以团队小组为单位完成任务，以学生个人为单位进行实习考核。

序号	检查项目	分值	自我评分	小组评分	教师评分	备注
1	遵守安全操作规范	10				
2	态度端正、工作认真	10				
3	能正确说出各个耗材的名称	10				
4	能正确说出各个工具的作用	10				
5	能掌握布线端接的原理	10				
6	线管操作工艺	10				
7	测试结果	10				
8	遵守纪律	10				
9	做好 6S 管理工作	10				
10	完成任务工单的全部内容	10				

续表

> 说明：
> （1）每名同学总分为 100 分。
> （2）每名同学每项为 10 分，计分标准为：不满足要求计 1~5 分，基本满足要求计 6~7 分，高质量满足要求计 8~10 分。
> 采用分层打分制，建议权重为：自我评分占 0.2，小组评分占 0.3，教师评分占 0.5，加权算出每名同学在本工作任务中的综合成绩。

➡ 任务总结

配线子系统一般安装得十分隐蔽，在智能大厦交工后，该子系统很难被接触，因此更换和维护水平线缆的费用很高，技术要求也很高，如果经常对水平线缆进行维护和更换，则会影响大厦内用户的正常工作。因此配线子系统的管路敷设、线缆选择成为综合布线系统中重要的组成部分。

任务 3　干线子系统的安装

➡ 学习目标

- 掌握干线子系统竖井通道线缆的敷设方法。
- 掌握干线子系统光缆的布放安装方法。
- 通过对 PVC 线槽布线，掌握干线子系统的施工方法。

➡ 任务描述

干线子系统的任务是先通过建筑物内部的传输电缆，把各个服务接线间的信号传送到设备间，直到传送到最终接口，再通往外部网络。干线子系统包括布线间建筑内光缆或电缆的垂直分布和水平分布。本任务要求完成中小型综合布线干线子系统管槽系统的安装，并敷设线缆，用来连接管理间与设备间。

➡ 任务引导

本任务将带领大家学习综合布线干线子系统竖井通道线缆的敷设方法，掌握干线子系统光缆施工的基础知识和要求，掌握光缆的布放过程和操作，通过对 PVC 线槽的布线，熟练掌握干线子系统的施工方法。

➡ 知识链接

4.3.1　竖井通道线缆的敷设

干线子系统是综合布线系统中非常关键的组成部分，干线子系统包括供各条干线接线间之间的电缆走线用的竖向通道或横向通道和主设备间与计算机中心间的电缆。在敷设线缆时，对不同的介质要区别对待。

1. 光缆

（1）光缆敷设时不应该绞接。
（2）光缆在室内布线时要走线槽。
（3）光缆穿过地下管道时要用 PVC 管。
（4）光缆需要拐弯时，其曲率半径不得小于 30cm。
（5）光缆的室外裸露部分要加铁管保护，并且铁管要固定牢固。
（6）光缆不要拉得太紧或太松，要有一定的膨胀、收缩余量。
（7）光缆埋地时，要加铁管保护。

2. 双绞线

（1）双绞线敷设时要平直，走线槽，不要扭曲。
（2）双绞线的两端点要标号。
（3）双绞线的室外部分要加套管，严禁搭接在树干上。
（4）双绞线不要硬拐弯。

在智能建筑设计中，一般都有弱电竖井，用于干线子系统的布线。在竖井中敷设线缆时一般有两种方式，即向下垂放线缆和向上牵引线缆。相比较而言，向下垂放线缆比较容易。

3. 向下垂放线缆

（1）把线缆卷轴放到顶层。
（2）在离房子的开口 3～4m 处安装线缆卷轴，并从卷轴顶部馈线。
（3）在线缆卷轴处安排布线人员，每层楼都要有一个工人，以便引导下垂的线缆。
（4）旋转卷轴，将线缆从卷轴上拉出。
（5）将拉出的线缆引至竖井中的孔洞中。在此之前，先在孔洞中安放一个塑料的套状保护物，以防止孔洞不光滑的边缘擦破线缆的外皮。
（6）慢慢地从卷轴上放线缆，使其进入孔洞并向下垂放，注意速度不要过快。
（7）继续放线，直到下一层布线人员将线缆引到下一个孔洞。
（8）按前面的步骤继续慢慢地放线，直至线缆到达指定楼层，进入横向通道。

4. 向上牵引线缆

向上牵引线缆需要使用电动牵引绞车。其主要步骤如下。
（1）按照线缆的质量选定绞车型号，并按说明书进行操作。先往绞车中穿一条绳子。
（2）启动绞车，并往下垂放一条绳子，直至安放线缆的底层。
（3）如果线缆上有一个拉眼，则将绳子连接到此拉眼上。
（4）启动绞车，慢慢地将线缆通过各层的孔向上牵引。
（5）当线缆的末端到达顶层时，停止操作绞车。
（6）在地板孔边沿用夹具将线缆固定。
（7）完成牵引之后，从绞车上释放线缆的末端。

4.3.2 光缆的布放

1. 光缆施工的基础知识

1）操作要求

（1）在进行光纤接续或制作光纤连接器时，施工人员必须戴上眼镜和手套，穿上工作服，保持环境洁净。

（2）不允许观看已通电的光源、光纤及其连接器，更不允许用光学仪器观看已通电的光纤传输通道器件。

（3）只有在断开所有光源的情况下，才能对光纤传输系统进行维护操作。

2）光缆布线过程

（1）由于光纤的纤芯为石英玻璃，极易弄断，因此在光缆施工需要弯曲时不允许超过其最小弯曲半径。

（2）由于光纤的抗拉强度比电缆小，因此在操作光缆时，不允许超过各种类型光缆的抗拉强度。当光缆敷设好以后，在设备间和楼层配线间内，首先将光缆捆接在一起，再进行光纤连接。可以利用光纤端接装置、光纤耦合器、光纤连接器面板来建立模组化的连接。当敷设光缆工作完成及光纤交连和在应有的位置上建立互连模组后，就可以将光纤连接器加到光纤末端，建立光纤连接。

（3）通过性能测试来检验整体通道的有效性，并为所有连接加上标签。

2. 施工准备

1）光缆的检验要求

（1）全程所用的光缆规格、型号、数量应符合设计规定和合同要求。

（2）光缆所附标记、标签内容应齐全和清晰。

（3）光缆外护套需要完整无损，光缆应有出厂质量检验合格证。

（4）光缆开盘后，应先检查光缆外观有无损伤，再检查端头封装是否良好。

（5）对光纤跳线的检验应符合下列规定：具有经过防火处理的光纤保护包皮、两端的活动连接器端面应装配有合适的保护盖帽、每根光纤接插线的光纤类型应有明显的标记、应符合设计要求。附标记的光纤如图4.35所示。

图4.35 附标记的光纤

2）配线设备的使用应符合的规定

（1）光缆交接设备的型号、规格应符合设计要求。

（2）光缆交接设备的编排及标记名称应与设计相符，各类标记名称应统一，标记位置应正确、清晰。

3．光缆的布放要求

布放的光缆应平直，不得产生扭绞、打圈等现象，不应受到外力挤压和损伤。在光缆布放前，其两端应贴有标签，以表明起始位置和终止位置。标签应书写清晰和正确。最好以直线方式敷设光缆，若有拐弯，则光缆的弯曲半径在静止状态时至少应为光缆外径的 10 倍，在施工过程中至少应为光缆外径的 20 倍。

4．光缆的布放过程

1）通过弱电井垂直敷设光缆

在弱电井中敷设光缆有两种方式，即向上牵引和向下垂放。通常向下垂放比向上牵引容易一些。当向下垂放敷设光缆时，应按以下步骤进行。

（1）在离建筑物顶层设备间的槽孔 1~1.5m 处安放光缆卷轴，使卷轴在转动时能控制光缆。将光缆卷轴安置于平台上，以便保持在所有时间内光缆与卷轴轴心都是垂直的。放置卷轴时要使光缆的末端在其顶部，从卷轴顶部牵引光缆。

（2）转动光缆卷轴，并将光缆从其顶部牵出。当牵引光缆时，要遵守不超过最小弯曲半径和最大张力的规定。

（3）引导光缆进入敷设好的电缆桥架中。

（4）慢慢地从光缆卷轴上牵引光缆，直到下一层的施工人员可以接到光缆并引入下一层。每层楼均重复以上步骤，当光缆到达底层时，使光缆可以松弛地盘在地上。在弱电间敷设光缆时，为了减少光缆的负荷，应隔一定的间隔（如 5.5m）就用扎带将光缆扣牢在墙壁上。使用这种方法，光缆不需要中间支持，但要小心地捆扎光缆，不要弄断光缆。为了避免弄断光缆及产生附加的传输损耗，在捆扎光缆时不要碰破光缆外护套。固定光缆的步骤如下。

① 由光缆的顶部开始，用塑料扎带将干线光缆扣牢在电缆桥架上。

② 由上往下，在指定的间隔（如 5.5m）安装扎带，直到干线光缆被牢固地扣好。

③ 检查光缆外护套有无破损，并盖上桥架的外盖。

2）通过吊顶敷设光缆

在本系统中，光缆从弱电井到配线间的这段路径，一般采用吊顶（电缆桥架）敷设的方式。

（1）沿着所建议的光缆敷设路径打开吊顶。

（2）在光缆一端的 0.3m 处环切光缆的外护套并将其除去。

（3）将光纤及加固芯切去并隐藏在外护套中，只留下纱线，对需敷设的每条光缆重复此过程。

（4）将纱线与带子扭绞在一起。

（5）用胶带紧紧地将 20cm 长的光缆外护套缠住。

（6）将纱线馈送到合适的夹子中，直到被带子缠绕的外护套全部塞入夹子中为止。

（7）将带子绕在夹子和光缆上，并将光缆牵引到需要的地方，留下足够长的光缆供后续处理用。

5．光纤端接的主要材料

（1）连接器件。

（2）套筒：黑色用于直径为3.0mm的单光纤；银色用于直径为2.4mm的单光纤。

（3）缓冲层光纤套管。

（4）螺纹帽的扩展器。

（5）护帽。

6．组装标准光纤连接器的方法

1）ST型护套光纤连接器的现场安装方法

（1）打开材料袋，取出连接体和后罩壳。

（2）转动安装平台，使安装平台打开，用所提供的安装平台底座把安装工具固定在一张工作台上。

（3）把连接体插入安装平台插孔内，释放拉簧朝上。把连接体的后罩壳向安装平台插孔内推，当前防尘罩全部被推入安装平台插孔后，顺时针旋转连接体1/4圈，并将其锁紧在此位置上，防尘罩留在上面。

（4）在连接体的后罩壳上拧紧松紧套（捏住松紧套有助于插入光纤），将后罩壳带松紧套的细端先套在光纤上，挤压套管也沿着芯线方向向前滑。

（5）用剥线器从光纤末端剥去40~50mm的外护套，外护套必须剥干净，端面成直角。

（6）让纱线头离开缓冲层集中向后，在外护套末端的缓冲层上做标记。

（7）在裸露的缓冲层处拿住光纤，把离光纤末端6mm或11mm标记处的900μm缓冲层剥去。

（8）用一块蘸有酒精的纸或布小心地擦拭裸露的光纤。

（9）将纱线抹向一边，把缓冲层压在光纤切割器上进行切割。用镊子取出废弃的光纤，并妥善地置于废物瓶中。

（10）把切割后的光纤插入显微镜的边孔，检查切割是否合格。

（11）从连接体上取下后端防尘罩并扔掉。

（12）检查缓冲层上的参考标记位置是否正确。把裸露的光纤小心地插入连接体内，直到感觉光纤碰到了连接体的底部为止，用固定夹子固定光纤。

（13）按压安装平台的活塞，并慢慢地松开活塞。

（14）向前推动连接体，并逆时针旋转连接体1/4圈，以便从安装平台上取下连接体。把连接体放入打褶工具中，并使之平直。用打褶工具的第一个槽，在缓冲层的"缓冲褶皱区域"中打上褶皱。

（15）重新把连接体插入安装平台插孔内并锁紧，将连接体逆时针旋转1/8圈，小心地剪去多余的纱线。

（16）在纱线上滑动挤压套管，保证挤压套管紧贴在连接到连接体后端的扣环上，用打褶工具中间的槽给挤压套管打褶。

（17）松开芯线，将光纤弄直，推动后罩壳使之与前套结合。正确插入时能听到轻微的响声，此时可从安装平台上卸下连接体。

2）SC 型护套光纤连接器的现场安装方法

（1）打开材料袋，取出连接体和后罩壳。

（2）转动安装平台，使安装平台打开，用所提供的安装平台底座把安装工具固定在一张工作台上。

（3）把连接体插入安装平台插孔内，释放拉簧朝上。把连接体的后罩壳向安装平台插孔内推，当前防尘罩全部推入安装平台插孔后，顺时针旋转连接体 1/4 圈，并将其锁紧在此位置上，防尘罩留在上面。

（4）将松紧套套在光纤上，挤压套管也沿着芯线方向向前滑。

（5）用剥线器从光纤末端剥去 40~50mm 的外护套，外护套必须剥干净，端面成直角。

（6）将纱线头集中拢向 900μm 缓冲层光纤后面，在缓冲层上做第一个标记（如果光纤直径小于 2.4mm，则在保护套末端做标记；否则在束线器上做标记）；在缓冲层上做第二个标记（如果光纤直径小于 2.4mm，则在其 6mm 和 17mm 处做标记；否则在其 4mm 和 15mm 处做标记）。

（7）在裸露的缓冲层处拿住光纤，把光纤末端到第一个标记处的 900μm 缓冲层剥去（为了不损坏光纤，从光纤上一小段一小段地剥去缓冲层；握紧外护套可以防止光纤移动）。

（8）用一块蘸有酒精的纸或布小心地擦拭裸露的光纤。

（9）将纱线抹向一边，把缓冲层压在光纤切割器上，从缓冲层末端切割出 7mm 光纤。用镊子取出废弃的光纤，并妥善地置于废物瓶中。

（10）把切割后的光纤插入显微镜的边孔，检查切割是否合格（把显微镜置于白色面板上，可以获得更清晰、明亮的图像；还可以用显微镜的底孔来检查连接体的末端套圈）。

（11）从连接体上取下后端防尘罩并扔掉。

（12）检查缓冲层上的参考标记位置是否正确。把裸露的光纤小心地插入连接体内，直到感觉光纤碰到了连接体的底部为止。

（13）按压安装平台的活塞，并慢慢地松开活塞。

（14）小心地从安装平台上取出连接体，以松开光纤。把打褶工具松开放置于多用工具突起处并使之平直，使打褶工具保持水平，并适当地拧紧（听到三声轻响）。把连接体装入打褶工具的第一个槽中，多用工具突起指到打褶工具的柄，在缓冲层的"缓冲褶皱区域"中用力打上褶皱。

（15）握住处理工具（轻轻拉动），使滑动部分露出约 8mm，取出多用工具。

（16）轻轻朝连接体方向拉动纱线，并使纱线排列整齐。在纱线上滑动挤压套管，将纱线均匀地绕在连接体上。从安装平台上小心地取下连接体。

（17）抓住主体的环，使主体滑入连接体的后部，直到它到达连接体的挡位。

任务工单

扫码观看 PVC 线槽布线的微课视频。

PVC 线槽布线

学生依据实施要求及操作步骤，在教师的指导下完成本工作任务，并填写任务工单。

任务名称	PVC 线槽布线	实训材料及工具	PVC 线槽、配件、电动起子、螺丝刀、螺钉、标签
任务	观看微课视频，完成对干线子系统 PVC 线槽的安装		
任务目的	通过对 PVC 线槽的布线，熟练掌握干线子系统的施工方法		

1. 咨询

（1）PVC 线槽的种类。

（2）PVC 线槽的安装要求有哪些？

2. 决策与计划

根据任务要求，确定所需要的设备及工具，并对小组成员进行合理分工，制订详细的工作计划。

（1）讨论并确定实验所需的设备及工具。

（2）成员分工。

（3）制定实训操作步骤。

① _____

② _____

③ _____

④ _____

⑤ _____

⑥ _____

3. 实施过程记录

（1）对施工综合布线系统进行合理设计，使路径合理。

（2）实践操作，总结应该注意的问题。

（3）记录实践的相关数据。

4. 检查与测试

根据任务要求，检查操作的正确性，当出现故障时进行排除，并记录测试结果。

（1）检查操作是否正确。

（2）记录测试结果。

（3）分析原因，排除故障。

（4）总结电动起子、锯弓、模具等工具的使用方法和技巧。

任务实施

（1）设计一个使用 PVC 线槽或金属线槽从设备间机柜到楼层管理间机柜的干线子系统，并且设计与绘制施工图，所选材料可根据需要组合。

（2）根据设计施工图，核算材料的种类、规格和数量，掌握工程材料的核算方法，列出材料清单。

（3）按照设计施工图的需要，列出实训工具清单，根据材料清单和实训工具清单领取材料与工具。

（4）利用钢卷尺测量垂直子系统所经过路由的各部分距离，并做好记录。测量距离如图 4.36 所示。

（5）根据测量距离的记录，用钢卷尺测量 PVC 线槽中需裁剪的部位，并做上记号，如图 4.37 所示。

图 4.36　测量距离　　　　　　　图 4.37　做记号

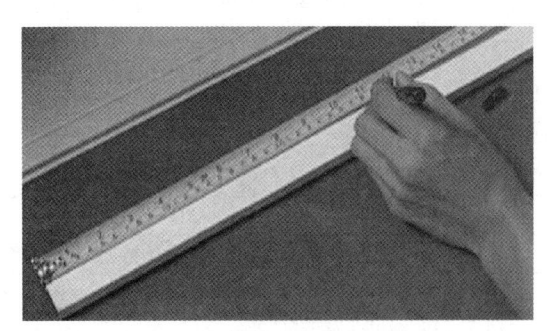

（6）利用尺子绘制需裁剪 PVC 线槽的弯角形状。用剪刀根据绘制的图形进行裁剪，如图 4.38 所示。

（7）用螺丝将 PVC 线槽固定在模拟墙上，如图 4.39 所示。

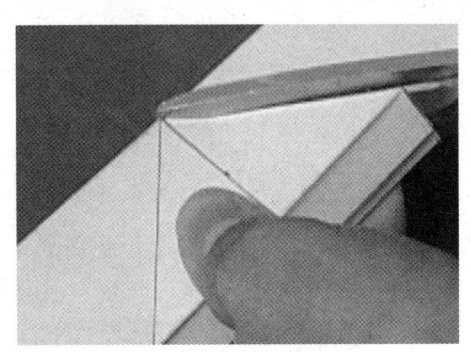

图 4.38　裁剪 PVC 线槽　　　　　图 4.39　固定 PVC 线槽

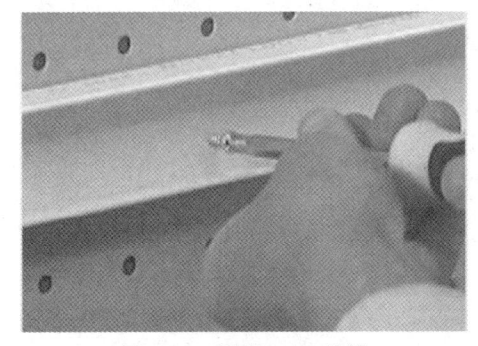

（8）在需要弯曲的地方，将裁剪后的 PVC 线槽弯成合适的形状。

（9）在安装好的线槽中敷设线缆，并用笔在线缆末端做上标记。安装线槽如图 4.40 所示。

（10）盖上线槽盖，如图 4.41 所示，注意弯曲处要使用弯头、阴角或阳角等，用锤子轻敲线槽盖，使其卡紧线槽。

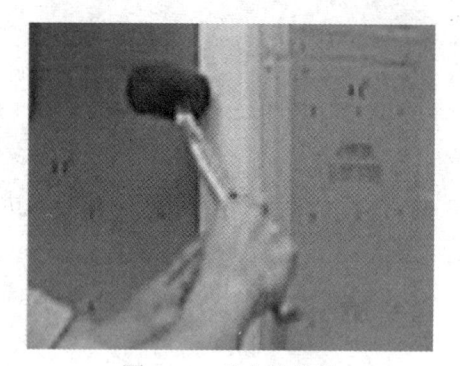

图 4.40　安装线槽　　　　　　　　图 4.41　盖上线槽盖

任务评价

以团队小组为单位完成任务，以学生个人为单位进行实习考核。

序号	检查项目	分值	自我评分	小组评分	教师评分	备注
1	遵守安全操作规范	10				
2	态度端正、工作认真	10				
3	能正确说出各个耗材的名称	10				
4	能正确说出各个工具的作用	10				
5	能掌握布线端接的原理	10				
6	线槽操作工艺	10				
7	测试结果	10				
8	遵守纪律	10				
9	做好 6S 管理工作	10				
10	完成任务工单的全部内容	10				

说明：

（1）每名同学总分为 100 分。

（2）每名同学每项为 10 分，计分标准为：不满足要求计 1～5 分，基本满足要求计 6～7 分，高质量满足要求计 8～10 分。

采用分层打分制，建议权重为：自我评分占 0.2，小组评分占 0.3，教师评分占 0.5，加权算出每名同学在本工作任务中的综合成绩。

任务总结

干线子系统的布线应支持声音、数据、视频，以及建筑物的日常运维，在布线过程中应遵守所有线缆的弯曲半径和拉伸强度等规范要求。干线子系统的布线路由必须选择缆线最短、最安全和最经济的路由，同时要考虑未来扩充的需要。干线子系统在设计和施工时，一般应该预留一定的线缆做冗余信道，这对综合布线系统的可扩展性和可靠性来说非常重要。

任务 4　电信间的安装

学习目标

- 熟悉综合布线系统电信间的安装工艺。

- 掌握综合布线系统电信间机柜的安装操作。
- 掌握综合布线系统电信间设备的安装操作。
- 掌握电信间固定式超五类网络配线架的端接和测试。

任务描述

电信间能为连接其他子系统提供手段，它是连接干线子系统和配线子系统的设备的，该设备主要是交换机、机柜等。电信间包括配线架、工作区的线缆、垂直干线和相关连接硬件及交接方式、标记和记录。用户可以在电信间中更改、增加、交接、扩展线缆，从而改变线缆路由。本任务要求进行电信间的实施安装，完成网络配线架的端接及各类线缆标记制作。

任务引导

本任务将带领大家了解综合布线系统电信间的安装工艺，掌握电信间机柜的安装操作，学会对电信间电源、配线架等的安装，通过对网络配线架的端接，熟练掌握综合布线系统电信间的施工方法。

知识链接

4.4.1 电信间的安装工艺

电信间又称交接间或接线间，它是专门安装综合布线系统楼层配线设备（FD）和计算机系统楼层网络设备集线器（HUB）或交换机（SW）的场所，并可根据场地情况设置电缆竖井、等电位接地体、电源插座、UPS 配电箱等设施。当上述场地比较宽裕，允许综合布线系统与弱电系统（如建筑物的安防、消防、建筑设备监控系统，无线信号覆盖系统等）设备合设在同一场所时，从房屋建筑的角度出发，电信间可改称为弱电间，它是相对于电力线路的强电间而言的。

安装工艺要求如下。

（1）电信间的数量应按其所服务的楼层范围及工作区面积来确定。如果该楼层的信息点数量不大于 400 个，水平缆线长度均不超过 90m，宜设一个电信间；当超过这一范围时宜设两个或多个电信间；当每个楼层的信息点数量都较少，且水平缆线长度不大于 90m 时，几个楼层可合设一个电信间，以节省房间面积和减少设备数量。

（2）电信间应与强电间分开设置，以保证通信（信息）网络的安全运行，电信间内或其紧邻处应设置电缆竖井（有时也称缆线竖井或弱电竖井）。

（3）电信间的使用面积不应小于 5m^2，也可根据工程中实际安装的配线设备和网络设备的容量进行适当调整，以增加或减小电信间的使用面积。一般情况下，综合布线系统的配线设备和计算机网络设备都采用 19 英寸标准机架（柜）进行安装。机架（柜）的尺寸通常为 600(mm) 宽×900(mm)深×2000(mm)高，共有 42U 安装机盘的空间。

在机架（柜）内可以安装光纤连接盘、RJ-45（24 口）配线模块、多线对卡接模块（100 对）、理线架、计算机系统集线器、交换机设备等。如果按建筑物的每层电话信息点和数据信息点各为 200 个考虑配置上述设备，大约需要两个 19 英寸（42U）的机架（柜），以此测算电信间的面积最少应为 $5m^2$(2.5m×2.0m)。当电信间内同时设置了内网、外网或专用网时，考虑它们的网络结构复杂、网络规模扩大、设备数量增多和便于维护管理等因素，19 英寸机架（柜）应分别设置，并在保持一定间距的情况下，预测和估算电信间的面积。

（4）电信间的设备安装和电源要求应参照标准对设备间的规定，具体见任务 5 设备间的安装。

（5）电信间要采用向外开的丙级防火门，门宽要大于 0.7m。电信间的温、湿度是按配线设备要求提出的，电信间的温度为 10～35℃，相对湿度为 20%～80%。若在机架（柜）中安装计算机信息网络设备（如集线器、交换机），则其环境条件应满足设备提出的要求。温、湿度的保证措施由空调专业的工程师负责。

上述关于安装工艺的要求，均以总配线架等所需的环境要求为主，适当考虑了安装少量计算机等网络设备的情况。如果与用户程控电话交换机、计算机网络系统设备等合装在一起，则电信间的安装工艺要求应执行相关标准中的规定。

4.4.2 机柜安装

在安装机柜前，首先要对可用空间进行规划。为了便于散热和设备维护，建议机柜前后与墙面或其他设备的距离不小于 0.8m，机房的净高不小于 2.5m。机柜安装流程如图 4.42（a）所示。

（1）将机柜安放到规划好的位置，确定机柜的前面、后面，并使机柜的地脚对准相应的地脚定位标记。

（2）在机柜顶部平面两个相互垂直的方向放置水平尺，检查机柜的水平度。首先用扳手旋动机柜地脚上的螺杆来调整机柜高度，使机柜达到水平状态，然后锁紧机柜地脚上的锁紧螺母[见图 4.42（b）]，使锁紧螺母紧贴机柜的底平面。

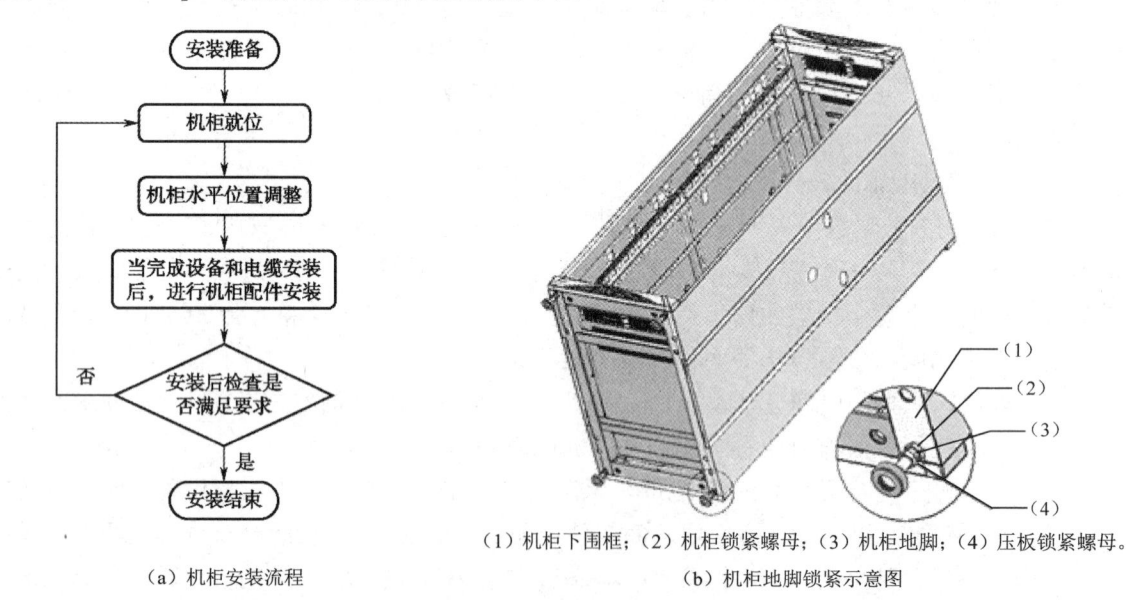

（1）机柜下围框；（2）机柜锁紧螺母；（3）机柜地脚；（4）压板锁紧螺母。

（a）机柜安装流程　　　　　　　　　　（b）机柜地脚锁紧示意图

图 4.42　机柜安装

（3）机柜配件安装包括对机柜门、机柜铭牌和机柜门接地线的安装，其流程如图 4.43（a）所示。机柜前、后门相同，都是由左门和右门组成的双开门结构，示意图如图 4.43（b）所示。

机柜门可以作为机柜内设备的电磁屏蔽层，保护设备免受电磁干扰。另外，机柜门还可以避免设备暴露在外,以防设备受破坏。

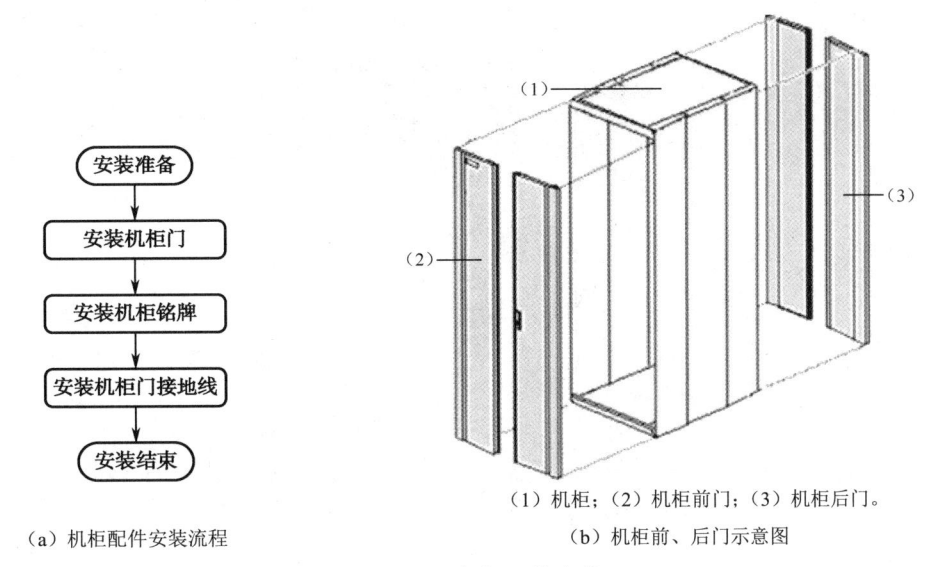

(a)机柜配件安装流程

(b)机柜前、后门示意图

(1)机柜;(2)机柜前门;(3)机柜后门。

图 4.43　机柜配件安装

机柜前、后门的安装示意图如图 4.44 所示。其安装步骤如下。

(1)将门的底部轴销与机柜下围框的轴销孔对准,门的底部即可装上。

(2)用手拉下门的顶部轴销,将顶部轴销的通孔与机柜上门楣的轴销孔对齐。

(3)松开手,在弹簧作用下顶部轴销往上复位,使门的顶部轴销插入机柜上门楣的对应孔位,将门安装在机柜上。

(4)按照上述步骤,完成其他机柜门的安装。

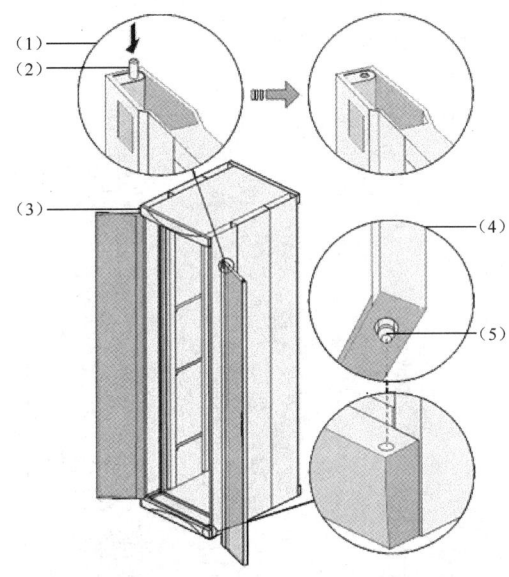

(1)安装门的顶部轴销放大示意图;(2)顶部轴销;(3)机柜上门楣;(4)安装门的底部轴销放大示意图;(5)底部轴销。

图 4.44　机柜前、后门的安装示意图

机柜前、后门安装完成后,需要在其下端轴销的位置附近安装机柜门接地线,使机柜前、后门可靠接地。机柜门接地线安装前示意图如图 4.45 所示。

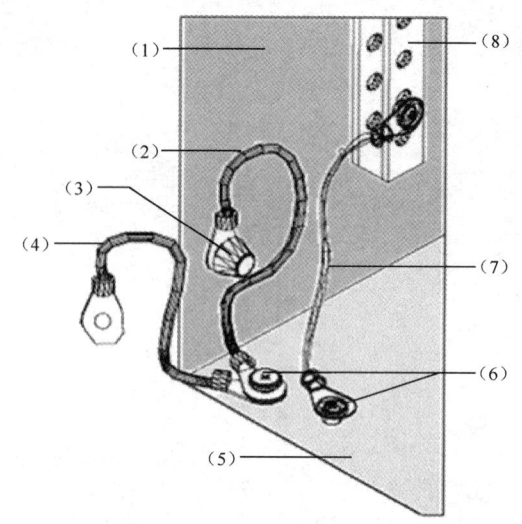

(1)机柜侧门；(2)机柜侧门接地线；(3)侧门接地点；(4)门接地线；(5)机柜下围框；
(6)机柜下围框接地点；(7)下围框接地线；(8)机柜接地条。

图 4.45　机柜门接地线安装前示意图

安装机柜门接地线的操作步骤如下。

(1) 安装机柜门接地线前，先要确认机柜前、后门已经安装完成。

(2) 旋开机柜某一扇门下部接地螺柱上的螺母。

(3) 将相邻的机柜门接地线（一端与机柜下围框连接，另一端悬空）的自由端套在该门的接地螺柱上。

(4) 装上螺母并拧紧，即完成一条机柜门接地线的安装。

(5) 按照上述步骤，完成另外 3 扇门的接地线的安装。

机柜门接地线安装后示意图如图 4.46 所示。

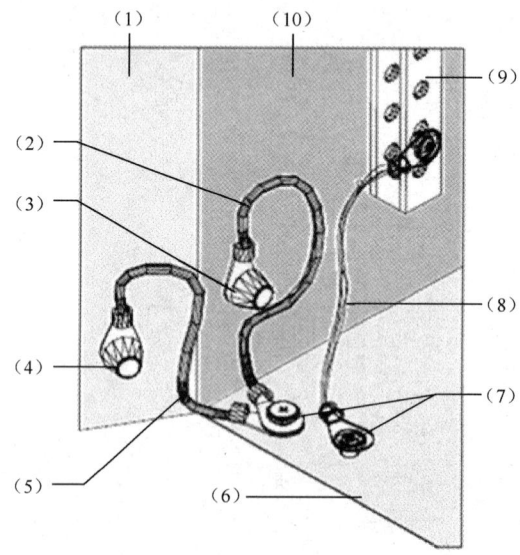

(1)机柜前、后门；(2)侧门接地线；(3)侧门接地点；(4)机柜前、后门接地点；(5)机柜门接地线；(6)机柜下围框；
(7)下围框接地点；(8)下围框接地线；(9)机柜接地条；(10)机柜侧门。

图 4.46　机柜门接地线安装后示意图

4.4.3 设备安装

1. 电源安装

电信间的电源一般安装在网络机柜的旁边，需要安装 220V（三孔）电源插座。如果是新建建筑，则一般要求在土建施工过程中按照弱电施工图上标注的位置安装到位。

2. 110 语音配线架的安装

（1）将 110 语音配线架固定在机柜的合适位置上。

（2）从机柜进线处开始整理电缆，将电缆沿机柜两侧整理至 110 语音配线架处，并留出大约 25cm 的大对数电缆，用电工刀或剪刀把大对数电缆的外皮剥去，使用绑扎带固定好，并使其穿过 110 语音配线架一侧的进线孔，摆放至 110 语音配线架打线处。整理电缆如图 4.47 所示。

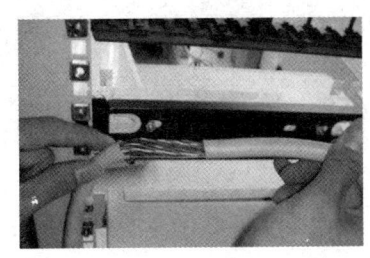

图 4.47　整理电缆

（3）对 25 对双绞线进行线序排列，首先进行主色分配，然后进行配色分配，其分配原则如下。

通信电缆色谱排列：双绞线主色为白、红、黑、黄、紫；双绞线配色为蓝、橙、绿、棕、灰。

一组双绞线为 25 对，以色带来分组，共分为 25 组，分别如下。

① 白蓝、白橙、白绿、白棕、白灰。
② 红蓝、红橙、红绿、红棕、红灰。
③ 黑蓝、黑橙、黑绿、黑棕、黑灰。
④ 黄蓝、黄橙、黄绿、黄棕、黄灰。
⑤ 紫蓝、紫橙、紫绿、紫棕、紫灰。

1 到 25 对双绞线为第 1 小组，用白蓝相间的色带缠绕。

26 到 50 对双绞线为第 2 小组，用白橙相间的色带缠绕。

51 到 75 对双绞线为第 3 小组，用白绿相间的色带缠绕。

76 到 100 对双绞线为第 4 小组，用白棕相间的色带缠绕。

此 100 对双绞线为一大组，用白蓝相间的色带把 4 个小组缠绕在一起。200 对、300 对、400 对、……、2400 对，以此类推。双绞线分组如图 4.48 所示。

（4）根据线缆色谱的排列顺序，先将对应颜色的线对逐一压入槽内，再使用 110 打线工具固定线对连接，同时将伸出槽位外多余的导线截断。注意，刀要与配线架垂直，刀口向外。完成后的效果如图 4.49 所示。

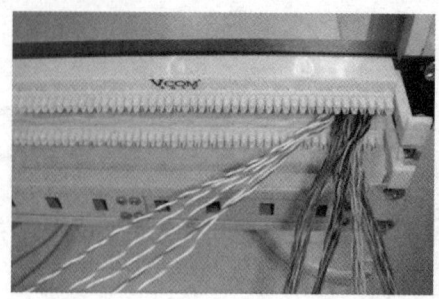

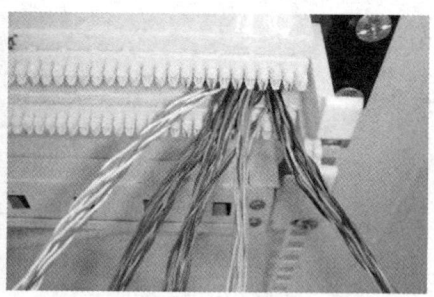

图 4.48 双绞线分组

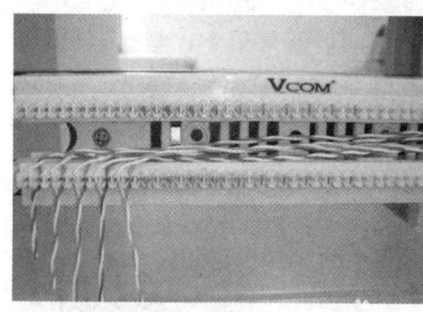

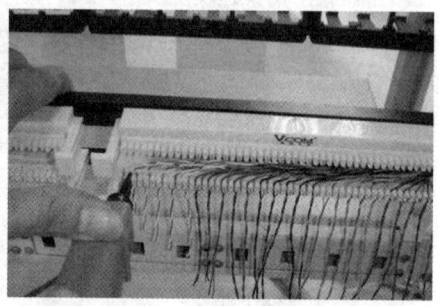

图 4.49 完成后的效果

（5）准备 5 对打线工具和 110 连接块，将 110 连接块放入 5 对打线工具中，把 110 连接块垂直压入槽内，并贴上编号标签。注意连接端子的组合：当在 25 对的 110 配线架基座上安装时，应选择 5 个 4 对 110 连接块和 1 个 5 对 110 连接块，或 7 个 3 对 110 连接块和 1 个 4 对 110 连接块。从左到右完成白区、红区、黑区、黄区和紫区的安装，这与 25 对大对数线缆的安装色序一致。110 连接块如图 4.50 所示。

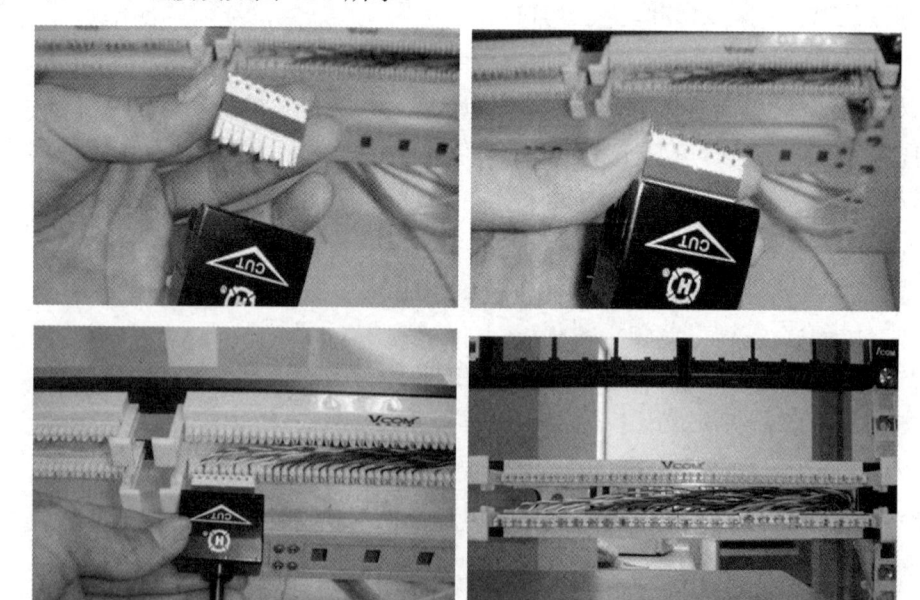

图 4.50 110 连接块

3．网络配线架的安装

网络配线架是光纤通信网络中对光缆、光纤进行终接、保护、连接及管理的配线设备。网络配线架可以实现对光缆的固定、开剥、接地保护，以及各种光纤的熔接、跳转、冗纤盘绕、合理布放、配线调度等，是传输媒体与传输设备之间的配套设备。如果没有网络配线架，前端的信息点会直接接入交换机，那么线缆一旦出现问题，就要重新布线。此外，管理上也比较混乱，多次插拔可能会引起交换机端口的损坏。

网络配线架的安装分为以下几步。

（1）检查网络配线架和配件是否完整。
（2）将网络配线架安装在机柜设计位置的立柱上。
（3）理线。
（4）端接打线。
（5）做好标记，安装标签条。

安装网络配线架应注意以下事项。

（1）网络配线架应安装在机柜中间偏下方。
（2）网络配线架的安装方向为插水晶头面向外。
（3）安装时要注意水平安装并固定网络配线架。

4．交换机的安装

交换机的安装步骤如下。
（1）从包装箱内取出交换机。
（2）给交换机安装两个支架，安装时要注意支架的方向。
（3）将交换机放到机柜中提前设计好的位置上，用螺钉固定到机柜立柱上。一般交换机的上下要留一些空间用于空气流通和设备散热。
（4）使交换机外壳接地，将电源线拿出来插在交换机后面的电源接口上。
（5）完成上述操作后就可以打开交换机电源了，在开启状态下查看交换机是否出现抖动现象，如果出现抖动现象，则需要检查脚垫高低或机柜上固定螺钉的松紧情况。

注意 拧取这些螺钉的时候不要过于紧，否则会使交换机倾斜，但也不能过于松，会造成交换机在运行时不稳定，在工作状态下交换机会抖动。

5．理线环的安装

理线环的安装步骤如下。
（1）取出理线环和所带的配件——螺丝包。
（2）将理线环安装在机柜的立柱上。

注意 在机柜内，设备之间至少要留1U的空间，以便设备散热。

▶ 任务工单

扫码观看网络配线架的端接的微课视频。

网络配线架的端接

学生依据实施要求及操作步骤，在教师的指导下完成本工作任务，并填写任务工单。

任务名称	网络配线架的端接	实训设备、材料及工具	机柜、网络配线架、双绞线电缆、剥线钳、打线钳、扎带
任务	观看微课视频，进行电信间超五类网络配线架的端接		
任务目的	掌握超五类网络配线架的端接和测试		

1. 咨询

（1）网络配线架的作用。

（2）网络配线架的分类和识别。

2. 决策与计划

根据任务要求，确定所需要的设备及工具，并对小组成员进行合理分工，制订详细的工作计划。

（1）讨论并确定实验所需的设备及工具。

（2）成员分工。

（3）制定实训操作步骤。

① _____
② _____
③ _____
④ _____
⑤ _____
⑥ _____

3. 实施过程记录

（1）分析链路连接信息点和网络配线架端口的对应关系。

（2）实践操作，总结应该注意的问题。

（3）记录实践的相关数据。

4. 检查与测试

根据任务要求，检查操作的正确性，当出现故障时进行排除，并记录测试结果。

（1）检查操作是否正确。

（2）记录测试结果。

（3）分析原因，排除故障。

（4）思考：线缆标识的正确设计。

任务实施

网络配线架的安装要求如下。

（1）在机柜内部安装网络配线架前，首先要进行设备位置规划或按照图纸的规定确定位置，统一考虑机柜内部的跳线架、网络配线架、理线环、交换机等，同时要考虑网络配线架与交换机之间的跳线是否方便。

（2）当缆线采用地面出线方式时，一般缆线会从机柜底部穿入机柜内部，网络配线架宜安装在机柜下部。当缆线采用桥架出线方式时，一般缆线会从机柜顶部穿入机柜内部，网络配线架宜安装在机柜上部。当缆线采用从机柜侧面穿入机柜内部时，网络配线架宜安装在机柜中部。

（3）网络配线架应该安装在左右对应的孔中，水平误差不大于 2mm，不允许左右孔错位安装。

网络配线架的安装步骤如下。

（1）检查网络配线架和配件的完整性，并将网络配线架安装在机柜设计位置的立柱上。

（2）首先使用剥线器进行剥线，要求力度均匀，不要伤及线芯，剥线长度为 30mm 左右，并剪掉白色牵引线；然后根据网络配线架端接的线序标准，把线分成 4 个线对；最后把 4 对线压到网络配线架上，如图 4.51 和图 4.52 所示。

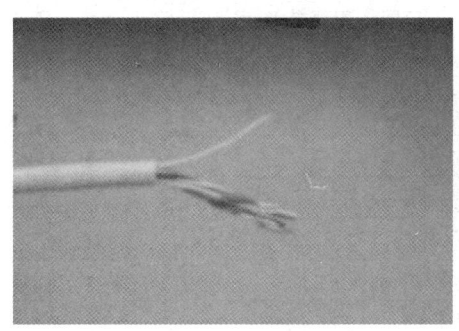

图 4.51　分线　　　　图 4.52　压线

（3）使用打线钳将压入的 4 对线打入网络配线架，如图 4.53 所示。

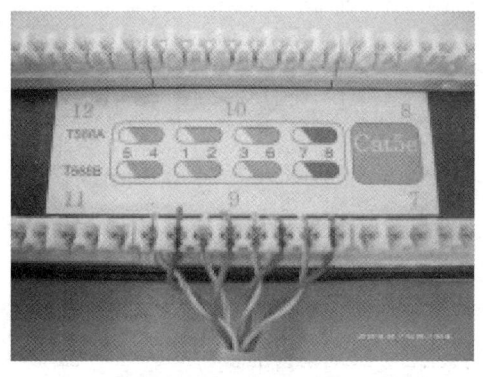

图 4.53　打线

（4）按照步骤（3）完成其他线缆的端接后，对每组线缆进行扎线，并在网络配线架端口处贴上标签，如图 4.54 和图 4.55 所示。

双绞线配线架端接有 ANSI/TIA-568-A 和 ANSI/TIA-568-B 两个标准，同一个综合布线系统的标准应统一。其中，ANSI/TIA-568-A 标准的线序为白绿、绿、白橙、蓝、白蓝、橙、白棕、棕；ANSI/TIA-568-B 标准的线序为白橙、橙、白绿、蓝、白蓝、绿、白棕、棕。

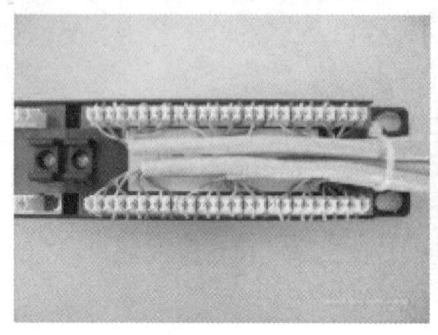

图 4.54　扎线　　　　　　图 4.55　贴标签

任务评价

以团队小组为单位完成任务，以学生个人为单位进行实习考核。

序号	检查项目	分值	自我评分	小组评分	教师评分	备注
1	遵守安全操作规范	10				
2	态度端正、工作认真	10				
3	能正确说出各个耗材的名称	10				
4	能正确说出各个工具的作用	10				
5	能掌握网络配线架端接的原理	10				
6	端接操作工艺	10				
7	测试结果	10				
8	遵守纪律	10				
9	做好 6S 管理工作	10				
10	完成任务工单的全部内容	10				

说明：

（1）每名同学总分为 100 分。

（2）每名同学每项为 10 分，计分标准为：不满足要求计 1~5 分，基本满足要求计 6~7 分，高质量满足要求计 8~10 分。

采用分层打分制，建议权重为：自我评分占 0.2，小组评分占 0.3，教师评分占 0.5，加权算出每名同学在本工作任务中的综合成绩。

任务总结

在电信间施工时，要充分考虑线槽、缆线等设计、施工是否规范，用户使用维护是否安全、方便等。有些工程在施工中没有考虑交换机端口的冗余，在使用过程中，当某些端口突然出现故障时，无法迅速解决问题，会给用户造成麻烦和损失。所以为了便于日后维护和增加信息点，必须在机柜内的网络配线架和交换机端口处做相应冗余，需要增加用户或设备时，只需要简单接入网络即可。

任务5 设备间的安装

学习目标

- 熟悉综合布线系统设备间施工前的检查要求。
- 掌握综合布线系统设备间机柜的安装标准。
- 掌握综合布线系统设备间线缆的敷设方式。
- 掌握综合布线系统设备间高架防静电地板的安装工艺。
- 能完成设备间110语音配线架的端接操作。

任务描述

设备间包括程控交换机房、网络交换机房、各层弱电竖井等,用于大楼中数据、语音垂直主干缆线的终接、建筑群缆线进入建筑物的终接,以及各种数据、语音主机设备和保护设施的安装。设备间需满足对于各种弱电机房的功能性要求。设备间的接地、防火、防雷、防水、防尘、防静电设计要遵循国家相关标准。本任务要求学生完成缆线在中小型综合布线系统设备间内的敷设、设备间设备的安装与拆卸、110语音配线架的端接。

任务引导

本任务将带领大家了解综合布线系统设备间施工前的检查要求、设备间机柜的安装标准,掌握设备间线缆的敷设方式及设备间高架防静电地板的安装工艺,通过对110语音配线架的端接,熟练掌握综合布线系统设备间的施工方法。

知识链接

4.5.1 施工前的检查

1. 安装条件

安装前,必须对机房的建筑和环境条件进行检查,具备下列条件方可开工。

(1)机房的土建工程已全部竣工,室内墙壁已充分干燥,机房门的高度和宽度不能妨碍设备的搬运,房门锁和钥匙齐全。

(2)机房地面平整光洁,预留暗管、地槽和孔洞的数量、位置、尺寸均符合工艺设计要求。

(3)电源已经接入机房,并能满足施工需要。

(4)机房的通风管道已清扫干净,空气调节设备已安装完毕,性能良好。

(5)在铺设活动地板的机房内,对活动地板进行专门检查。地板板块铺设要严密坚固,符合安装要求,每平方米误差不大于2mm,地板接地良好,接地电阻和防静电措施符合要求。

2. 交接间的环境要求

(1)根据设计规范和工程的要求,要对建筑物的垂直通道的楼层及交接间做好安排,并检查其建筑和环境条件是否具备。

（2）留好交接间垂直通道的电缆孔洞，并检查水平通道管道或电缆桥架和环境条件是否具备。

（3）环境要求：温度为10~30℃，湿度为20%~80%；地下室的进线间应保持通风，排风量应按每小时不小于5次换气次数计算；给水管、排水管、雨水管等其他管线不宜穿越配线机房；应考虑设置手提式灭火器和火灾自动报警器。

（4）照明、供电和接地：照明采用水平面一般照明，照度可为75~100lx，进线间采用具有防潮性能的安全灯，灯开关装于门外。工作区、交接间和设备间的电源插座应为220V单相带保护的电源插座。交接间设有接地体，如果采用单独接地，则接地体的电阻值不应大于4Ω；如果采用联合接地，则接地体的电阻值不应大于1Ω。

3．器材检验要求

（1）型材、管材与铁件的检验：各种钢材和铁件的材质、规格应符合设计文件的规定，表面所做的防锈处理要光洁良好，无脱落、气泡，不得有歪斜、扭曲、飞刺、断裂和破损等缺陷。各种管材的管身和管口无变形，内壁光滑、无节疤、无裂缝，接续配件齐全有效。材质、规格、型号及孔壁厚度应符合设计文件的规定和质量标准。

（2）电缆、光缆的检验：工程中所用的电缆、光缆的规格、程式和型号应符合设计文件的规定；成盘的电缆、光缆的型号和长度等应与出厂产品质量合格证一致；线缆的外护套应完整无损，芯线无断线和混线，有明显的色标。

（3）线缆的性能指标抽测：对于双绞线电缆，从到达施工现场的批量电缆中任意抽出3盘，并从每盘中截出90m，同时在电缆的两端连接相应的接插件，形成永久链路进行电气特性测试。根据测试的结果分析和判断该批电缆及接插件的整体性能指标。首先对光缆外包装进行检查，如果发现损伤或变形现象，那么也可按光纤链路的连接方式进行抽测。

4.5.2 设备间机柜的安装

设备间机柜的安装标准如表4.1所示。

表4.1 设备间机柜的安装标准

项目	标准
安装位置	应符合设计要求，机柜应离墙1m，便于安装和施工。所有安装螺丝不得松动，保护橡皮垫应安装牢固
底座	安装牢固，应按设计图的防震要求进行施工
安放	安放应竖直，柜面水平，垂直偏差≤1%，水平偏差≤3mm，机柜之间的缝隙≤1mm
表面	完整、无损伤，螺丝坚固，每平方米的表面凹凸度应小于1mm
接线	接线应符合设计要求，接线端子各种标志应全，保持良好
配线设备	接地体、保护接地、导线截面、颜色应符合设计要求
接地	应设接地端子
线缆预留	（1）对于固定安装的机柜，在机柜内应有预留线，预留线应预留在可以隐藏的地方，长度为1~1.5m；（2）对于可移动的机柜，连入机柜的全部线缆在连入机柜的入口处应至少预留1m，同时各种线缆的预留长度相互之间的差应不超过0.5m
布线	机柜内的走线应全部固定，并横平竖直

4.5.3 设备间线缆的敷设

1. 活动地板方式

活动地板方式指在活动地板下的空间内敷设线缆的方式。地板下的空间大，线缆敷设和拆除均简单、方便，但造价较高，会减小房屋的净高，对地板表面的材料也有一定要求。

2. 地板或墙壁沟槽方式

地板或墙壁沟槽方式指在建筑预先建成的墙壁或地板内的沟槽中敷设线缆的方式。该方式要求沟槽的设计和施工必须与建筑的设计和施工同时进行，使用时会受到限制，线缆路由不能自由选择和变动。

3. 预埋管路方式

预埋管路方式指在建筑的墙壁或楼板内预埋管路的方式，其管径和根数要根据线缆的需要来设计。该方式穿放线缆比较容易，维护、检修和扩建均便利，造价低廉、技术要求不高，是较常用的方式。

4. 机架走线架方式

机架走线架方式指在设备或机架上安装桥架或槽道的敷设方式。桥架和槽道的尺寸要根据线缆的需要设计，可以在建成后安装，以便于施工和维护，也有利于扩建。在机架上安装桥架或槽道时，应结合设备的结构和布置来考虑，在层高较低的建筑中不宜使用。

4.5.4 高架防静电地板的安装工艺

中央机房、设备间的高架防静电地板的安装工艺如下。

（1）清洁地面。用水冲洗或拖湿地面，必须等到地面完全干了以后才可施工。

（2）画地板网格线和线缆管槽的路径标识线，这是确保地板横平竖直的必要步骤。首先将每个支架的位置正确标注在地面坐标上，然后将地板下面集中的大量线槽、线缆的出口，安放方向，距离等一同标注在地面上，并准确画出定位螺丝的孔位，而不能急于安放支架。

（3）敷设线槽、线缆。先敷设防静电地板下面的线槽，这些线槽都是金属可锁闭和可开启的，因而这一工序能将线槽位置全面固定，并同时安装接地引线，最后布放线缆。

（4）支架及线槽系统的接地保护。这一工序对于网络系统的安全性至关重要。特别注意连接在地板支架上的接地铜带，要作为防静电地板的接地保护。注意，一定要等所有支架都安放完成后再统一校准支架高度。

▶ 任务工单

扫码观看110语音配线架的端接的微课视频。

学生依据实施要求及操作步骤，在教师的指导下完成本工作任务，并填写任务工单。

110语音配线架的端接

任务名称	110 语音配线架的端接	实训设备、材料及工具	机柜、110 语音配线架、螺丝、螺丝刀、打线钳、双绞线等
任务	观看微课视频,进行 110 语音配线架的端接,并测试其导通情况		
任务目的	掌握 110 语音配线架的端接和测试方法		

1．咨询

（1）110 语音配线架的作用和结构。

（2）25 对大对数语音线缆的线序。

2．决策与计划

根据任务要求,确定所需要的设备及工具,并对小组成员进行合理分工,制订详细的工作计划。

（1）讨论并确定实验所需的设备及工具。

（2）成员分工。

（3）制定实训操作步骤。

① _____
② _____
③ _____
④ _____
⑤ _____
⑥ _____

3．实施过程记录

（1）分析实践用的 25 对大对数线缆的结构特点。

（2）实践操作,总结应该注意的问题。

（3）记录实践的相关数据。

4．检查与测试

根据任务要求,检查操作的正确性,当出现故障时进行排除,并记录测试结果。

（1）检查操作是否正确。

（2）记录测试结果。

（3）分析原因,排除故障。

（4）思考：110 语音配线架上的线缆如何跳接？110 语音配线架如何端接得整齐美观？

任务实施

通信配线架主要用于语音配线系统,一般采用 110 语音配线架,主要是上级程控交换机到桌面终端的语音信息点之间的连接和跳接部分，便于管理、维护和测试。

其安装步骤如下。

（1）固定 110 语音配线架（见图 4.56）。

（2）将 25 对大对数语音电缆安装在 110 语音配线架上。用剥线钳将大对数电缆的外皮剥去（见图 4.57），使用扎带固定好电缆，将电缆穿过 110 语音配线架一侧的进线孔，摆放至 110 语音配线架打线处。

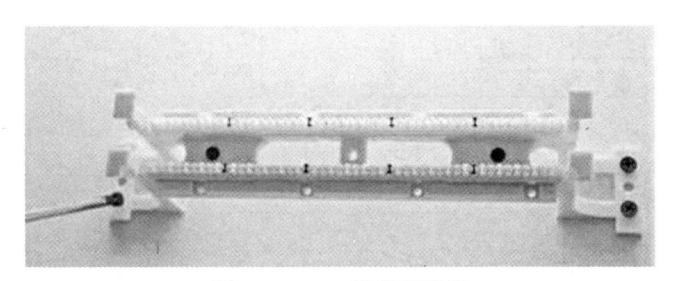

图 4.56　110 语音配线架　　　　　　　　图 4.57　剥去外皮

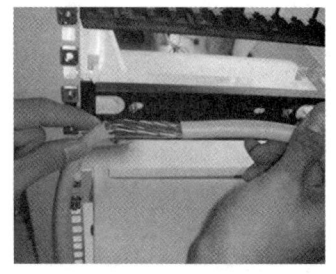

（3）根据大对数线序对电缆进行线序排列。电缆根据一定色谱排列才能正常工作。我们在安装 110 语音配线架时，也必须对 25 对大对数语音电缆进行线序排列。25 对大对数色谱如图 4.58 所示。

主色\次色	蓝	橙	绿	棕	灰
白	1	2	3	4	5
红	6	7	8	9	10
黑	11	12	13	14	15
黄	16	17	18	19	20
紫	21	22	23	24	25

图 4.58　25 对大对数色谱

（4）将线对压入 110 语音配线架槽内。首先根据电缆色谱排列顺序，将对应颜色的线对逐一压入 110 语音配线架槽内，然后使用 110 打线刀（打线钳）固定线对进行连接，同时将伸出槽位外多余的导线截断。注意：110 打线刀要与 110 语音配线架垂直，刀口向外。压线完成后的效果如图 4.59 所示。

（5）安装 110 连接块。首先将 110 连接块放入 5 对打线工具中，然后将 110 连接块垂直压入 110 语音配线架槽内，如图 4.60 所示。

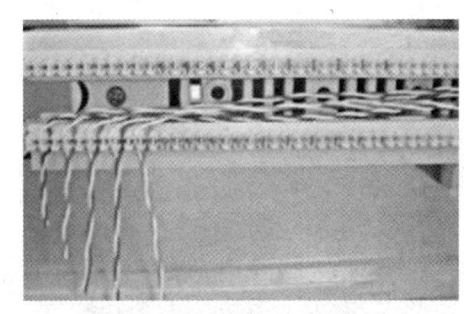

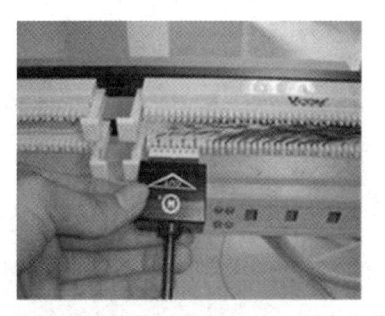

图 4.59　压线完成后的效果　　　　　图 4.60　将 110 连接块垂直压入 110 语音配线架槽内

> **注意** 在 25 对的 110 语音配线架基座上安装时,应选择 5 个 4 对 110 连接块和 1 个 5 对 110 连接块,或 7 个 3 对 110 连接块和 1 个 4 对 110 连接块。

任务评价

以团队小组为单位完成任务,以学生个人为单位进行实习考核。

序号	检查项目	分值	自我评分	小组评分	教师评分	备注
1	遵守安全操作规范	10				
2	态度端正、工作认真	10				
3	能正确说出各个耗材的名称	10				
4	能正确说出各个工具的作用	10				
5	能掌握 110 语音配线架端接的原理	10				
6	端接操作工艺	10				
7	测试结果	10				
8	遵守纪律	10				
9	做好 6S 管理工作	10				
10	完成任务工单的全部内容	10				

说明:

(1)每名同学总分为 100 分。

(2)每名同学每项为 10 分,计分标准为:不满足要求计 1~5 分,基本满足要求计 6~7 分,高质量满足要求计 8~10 分。

采用分层打分制,建议权重为:自我评分占 0.2,小组评分占 0.3,教师评分占 0.5,加权算出每名同学在本工作任务中的综合成绩。

任务总结

作为整个配线系统的中心单元,设备间的设备种类繁多,线缆布设复杂,对设备间线缆等布放选型及环境条件的确定,直接影响将来信息系统的正常运行及维护,以及使用的灵活性。在设备间施工时,要充分考虑线槽、线缆等设计施工是否规范,用户使用维护是否安全、方便等因素。

任务 6 进线间和建筑群子系统的安装

学习目标

- 掌握进线间的安装工艺。
- 掌握建筑群子系统的线缆敷设方式。
- 掌握建筑群子系统的光缆施工方法。
- 能完成光纤熔接,掌握光纤剥线、切割及熔接的操作方法。

任务描述

建筑群子系统主要实现建筑物与建筑物之间的通信连接,一般采用光缆并配置光纤配线架等相应设备,它支持楼宇之间通信所需的硬件,包括缆线、端接设备和电气保护装置。某学校为了保障未来网络的整体运行稳定性，对网络中心所在楼层的网络综合布线系统进行了改造，改造完成后，以学校的网络中心所在的楼栋向相邻的大楼延伸，实施对进线间和建筑群子系统的改造。本任务要求掌握校园网络综合布线系统建筑群子系统的安装和施工技术，完成对光纤的熔接操作。

任务引导

本任务将带领大家学习进线间的安装工艺、建筑群子系统的线缆敷设方式，掌握建筑群子系统的光缆施工方法，学会光纤熔接操作，熟练掌握综合布线系统建筑群子系统的施工工艺。

知识链接

4.6.1 进线间的安装工艺

进线间是建筑物外部通信和信息管线的入口部位，并可作为入口设施和建筑物配线设备的安装场地。一般进线间能提供给多家电信业务经营者使用。进线间涉及的因素较多，国家标准对其只提出了原则要求，读者可以根据智能化建筑的工程实际情况，参照通信行业标准和其他有关标准进行安装，具体原则如下。

（1）进线间内应设置管道入口，入口尺寸应满足电信业务经营者通信业务的接入，以及建筑群综合布线系统和其他弱电子系统的引入管道管孔容量的需求。

（2）在单栋建筑物或连体的多栋建筑物构成的建筑群体内应设置不少于 1 个进线间。

（3）进线间应满足室外引入缆线的敷设与成端位置及数量、缆线的盘长空间和缆线的弯曲半径等的要求，并应提供安装综合布线系统及不少于电信业务经营者入口设施的使用空间和面积。进线间面积不宜小于 $10m^2$。

（4）进线间宜设置在建筑物地下一层临近外墙、便于管线引入的位置，其设计应符合下列规定。

① 管道入口位置应与引入管道高度相对应。

② 进线间应防止渗水，宜在室内设置排水地沟并与附近设有抽排水装置的集水坑相连。

③ 进线间应与电信业务经营者的通信机房，建筑物内配线系统的设备间、信息接入机房、信息网络机房、用户电话交换机房、智能化总控室等，以及垂直弱电竖井之间设置互通的管槽。

④ 进线间应采用相应防火级别的外开防火门，门净高不应小于 2.0m，净宽不应小于 0.9m。

⑤ 进线间宜采用轴流式通风机通风，排风量应按每小时不小于 5 次换气次数计算。

（5）与进线间安装的设备无关的管道不应在室内通过。

（6）进线间安装的信息通信系统的设施应符合设备安装、设计的要求。

（7）进线间不应与数据中心使用的进线间合设，建筑物内各进线间之间应设置互通的管槽。

（8）进线间应设置不少于两个单相交流 220V/10A 的电源插座盒，每个电源插座盒的配电线路均应装设保护器。设备供电电源应另行配置。

4.6.2 建筑群子系统线缆的敷设

1. 架空布线

架空布线法要求用电线杆将线缆在建筑物之间悬空架设,一般是先架设钢丝绳,再在钢丝绳上挂放线缆。

1)架空布线法的施工注意事项

(1)在安装光缆时需格外谨慎,连接每条光缆时都要熔接。

(2)光缆不能拉得太紧,也不能形成直角,较长距离的光缆敷设最重要的是选择一条合适的路径。

(3)必须要有很完备的设计和施工图纸,以便施工和今后检查。

(4)施工中要时刻注意不要使光缆受重压或被坚硬的物体扎伤。

(5)当光缆转弯时,其转弯半径要大于光缆自身直径的 20 倍。

(6)在架空时,光缆引入的线缆处需加导引装置进行保护,并避免光缆拖地,在光缆牵引时要注意减小摩擦力,每个杆上要预留伸缩的光缆。

(7)要注意光缆中金属物体的可靠接地。特别是在山区、高电压电网区和多雷电地区一般每公里要有 3 个接地点。

2)架空布线法的施工步骤

(1)设电线杆:电线杆以 30~50m 的间隔为宜。

(2)选择吊线:根据所挂缆线的质量、杆档距离、所在地区的气象负荷及其发展情况等因素选择吊线。

(3)安装吊线:在同一个杆路上架设有明线和电缆时,吊线夹板至末层线担穿钉的距离不得小于 45cm,并不得在线担中间穿插。在同一个电杆上装设两层吊线时,两层吊线间的距离为 40cm。安装吊线如图 4.61 所示。

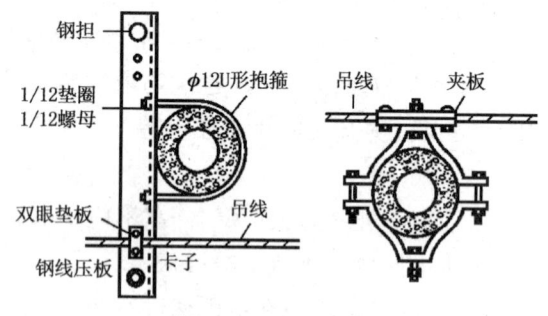

图 4.61 安装吊线

(4)吊线终结:吊线沿架空电缆的路由布放,要形成始端、终端、交叉和分歧。

(5)收紧吊线:收紧吊线的方法根据吊线张力、工作地点和工具配备等情况而定。

(6)安装线缆:在挂线缆挂钩时,要求距离均匀、整齐,挂钩的间隔为 50cm,电杆两旁的挂钩应距吊线夹板中心各 25cm,挂钩必须卡紧在吊线上,托板不得脱落,如图 4.62 所示。

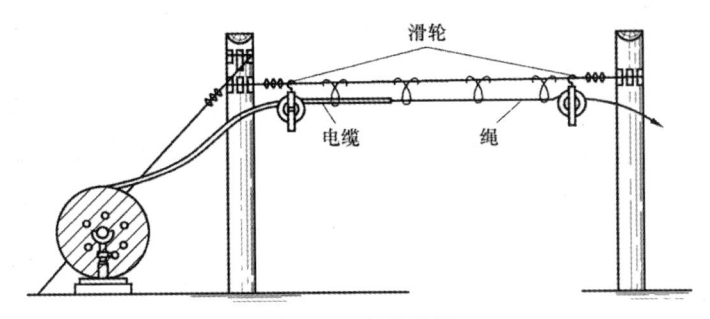

图 4.62　安装线缆

2. 直埋布线

直埋布线法首先在地面挖沟，然后将线缆直接埋在沟内，通常要埋在距地面 0.6m 以下的地方。

1）直埋布线法的施工注意事项

（1）直埋线缆沟的深度要按照标准进行挖掘。
（2）不能挖沟的地方可以通过架空或钻孔预埋管道进行敷设。
（3）沟底应保证平缓坚固，需要时可预填一部分沙子、水泥或支撑物。
（4）敷设时可用人工或机械牵引，但要注意导向和润滑。
（5）敷设完成后，应尽快回土覆盖并夯实。

2）直埋布线法的施工步骤

（1）准备工作：对用于施工项目的线缆要进行详细检查，其型号、电压、规格等应与施工图相符；线缆外观应无扭曲、损坏及漏油、渗油现象。

（2）挖掘线缆沟槽：在挖掘线缆沟槽和接头的坑位时，线缆沟槽的中心线应与设计路由的中心线一致，允许有左右偏差，但不得大于 10cm，如图 4.63 所示。

（3）直埋电缆的敷设：在敷设直埋电缆时，应根据设计文件对已到工地的直埋线缆的型号、规格和长度进行核查和检验，必要时应检验其电气性能和屏蔽性能等技术指标。

（4）电缆沟槽的回填：电缆敷设完毕，应请建设单位、监理单位及施工单位的质量检查部门共同进行隐蔽工程验收，验收合格后方可覆盖、填土。填土时应分层夯实，覆土要高出地面 150～200mm，以防松土沉陷。

（a）机械挖沟 　　　　（b）人工挖沟

图 4.63　挖掘线缆沟槽

3. 管道布线

管道布线法是指由管道组成地下系统，一根或多根管道通过基础墙进入建筑物内部，把建筑群的各个建筑物连接在一起。管道埋深一般为 0.8～1.2m，或符合当地规定的深度。

1）管道布线法的施工注意事项

（1）施工前应核对管道的占用情况，清洗、安放塑料子管，同时放入牵引线。

（2）计算管道的布放长度，一定要有足够的预留长度。

（3）一次布放长度不要太长（一般为 2km），布线时应从中间开始向两边牵引。

（4）布缆的牵引力一般不大于 120kN，而且应牵引光缆的加强芯部分，并做好光缆头部的防水处理。

（5）光缆的引入和引出处需加顺引装置，不可直接拖地。

（6）管道内的光缆要注意可靠接地。

2）管道布线法的施工步骤

（1）准备工作：施工前对运到工地的线缆进行核实，核实的主要内容包括线缆的型号、规格，每盘线缆的长度等。

（2）清刷和试通选用的管孔：在敷设管道线缆前，必须根据设计规定选用管孔，并进行清刷和试通。

（3）线缆敷设：在管道中敷设线缆时，最重要的是选好牵引方式，根据管道和线缆的情况可选择用人或机器来牵引及敷设线缆。人工到人孔的牵引如图 4.64 所示，在人孔使用牵引绞车如图 4.65 所示。

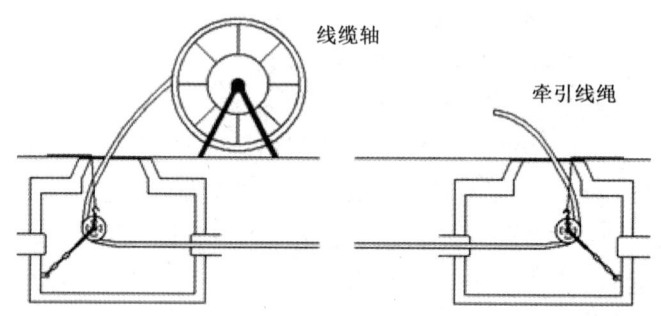

图 4.64　人工到人孔的牵引

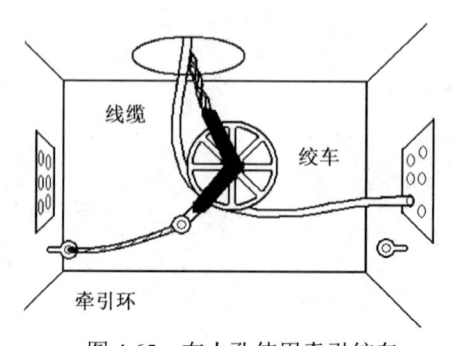

图 4.65　在人孔使用牵引绞车

（4）管道封堵：在管道中将线缆敷设完毕后，要对穿线管道进行封堵。

4．隧道内布线

在建筑物之间通常有地下通道，利用这些通道来敷设电缆不仅成本低，而且可以利用原有的安全设施。若其建筑结构较好，且内部安装的其他管线不会对通信系统线路产生危害，则可以考虑对该设施布线。

1）隧道内布线的施工注意事项

（1）电缆隧道的净高不应低于1.90m，有困难时局部地段可适当降低。

（2）电缆隧道内应有照明，其电压不应超过36V，否则应采取安全措施。

（3）电缆隧道内应采取通风措施，一般为自然通风。

（4）缆沟在进入建筑物处应设防火墙。在电缆隧道进入建筑物处，以及在变电所围墙处，应设带门的防火墙。此门应采用非燃烧材料或难燃烧材料进行制作，并应装锁。

（5）其他管线不得横穿电缆隧道。电缆隧道和其他地下管线交叉时，应尽可能避免电缆隧道的局部下降。

2）隧道内布线的施工步骤

（1）施工准备：施工前对电缆进行详细检查；规格、型号、截面、电压的等级均要符合设计要求。隧道内布线（施工现场）如图4.66所示。

图4.66 隧道内布线（施工现场）

（2）电缆展放：质检人员要会同驻地监理检查隐蔽工程金属制电缆支架的防腐处理及安装质量，电缆用载重自卸汽车拖动放线架进行敷设，敷设速度控制在15m/min，如图4.67所示。

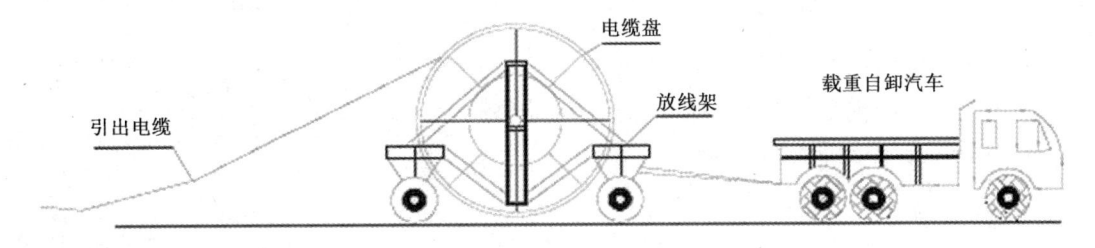

图4.67 电缆展放

（3）电缆接续：要对电缆接续工作人员进行培训、考核，合格者才可上岗作业，并严格按照制作工艺规程进行施工。

（4）挂标志牌：沿支架、穿管敷设的电缆在其两端、保护管的进出端要挂标志牌，没有封闭在电缆保护管内的多路电缆，每隔 25m 要挂一个标志牌。

4.6.3 建筑群子系统的光缆施工

1. 光缆开缆

光缆有室内光缆和室外光缆之分，室内光缆借助工具很容易开缆。由于室外光缆内部有钢丝拉线，因此对其开缆存在一定的难度，本节介绍室外光缆开缆的一般方法和步骤。

（1）在光缆开口处找到光缆内部的两根钢丝，用尖嘴钳剥开光缆外皮，用力向侧面拉出一小截钢丝，如图 4.68 所示。

（2）一只手握紧光缆，另一只手用尖嘴钳夹紧钢丝，向内侧旋转拉出钢丝，如图 4.69 所示；用同样的方法拉出另外一根钢丝，使两根钢丝都被旋转拉出。

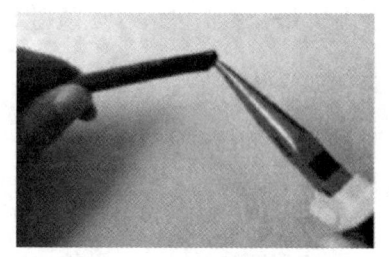

图 4.68　剥开光缆外皮　　　　　　　　　图 4.69　拉出钢丝

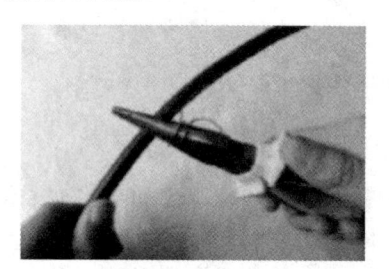

（3）用束管钳将一根钢丝全部剪断，如图 4.70 所示。另一根钢丝预留 100mm 长度，将其余钢丝剪断并且在光纤配线盒中固定。当两根钢丝都被拉出后，外部的黑皮保护套就被拉开了，先用手剥开黑皮保护套，然后用斜口钳剪掉拉开的黑皮保护套，如图 4.71 所示，最后用剥皮钳将其剪剥后抽出。

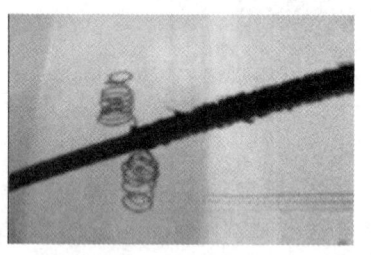

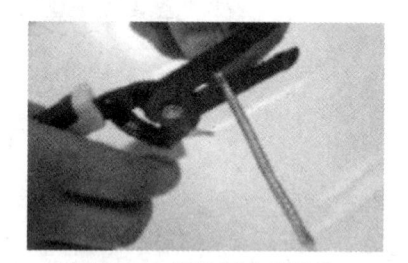

图 4.70　剪断钢丝　　　　　　　　　　图 4.71　剪掉黑皮保护套

（4）用剥皮钳将保护套剥开，如图 4.72 所示，并将其抽出。注意：由于这层保护套内部有油状的填充物（起润滑作用），因此应该用棉球将其擦干。

（5）完成开缆，如图 4.73 所示。

2. 光纤熔接

（1）剥开光缆，并将光缆固定到接续盒中。在固定多束管层式光缆时，由于要分层盘纤，各束管应依序放置，以免缠绕。将光缆穿入接续盒，固定钢丝时一定要压紧，不能让其松动。

否则有可能造成光缆打滚折断纤芯。注意不要伤到管束,开剥长度取 1m 左右,用卫生纸将油膏擦拭干净。

图 4.72　剥开保护套　　　　　　　　图 4.73　完成开缆

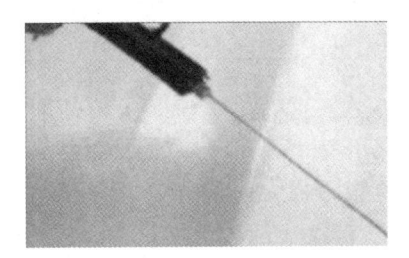

（2）将光纤穿过热缩套管。将不同管束、不同颜色的光纤分开,穿过热缩套管。剥去涂覆层的光缆很脆弱,使用热缩套管可以保护光纤接头。

（3）打开光纤熔接机的供电电源,选择合适的熔接方式。光纤熔接机的供电电源有直流电源和交流电源两种,要根据供电电流的种类来合理选择开关。每次使用光纤熔接机前,应将光纤熔接机在熔接环境中放置至少 15min。根据光纤类型设置熔接参数、预放电时间、主放电时间等。若没有特殊情况,则一般选择用自动熔接程序。在使用中和使用后要及时去除光纤熔接机中的粉尘和光纤碎末。

（4）制作光纤端面。由于光纤端面制作的好坏会直接影响接续质量,因此在熔接前一定要制作出合格的光纤端面。

（5）裸纤的清洁。将棉花撕成层面平整的小块,蘸少许酒精,夹住已经剥覆的光纤,顺光纤轴向擦拭,用力要适度,每次要使用棉花的不同部位和层面,这样可以提高棉花的利用率。

（6）裸纤的切割。首先清洁切刀和调整切刀的位置,切刀的摆放要平稳;其次切割时动作要自然、平稳、勿重、勿轻,避免断纤、斜角、毛刺及裂痕等不良端面的产生。

（7）放置光纤。将光纤放在光纤熔接机的 V 形槽中,小心压上光纤压板和光纤夹具,要根据光纤切割长度设置光纤在压板中的位置,关上防风罩,按熔接键就可以自动完成熔接,在光纤熔接机显示屏上会显示估算的损耗值。

（8）移出光纤,用光纤熔接机加热炉加热。检查光纤是否有气泡或水珠,如果有,则要重做。

（9）盘纤并固定。科学的盘纤方法可以使光纤布局合理、附加损耗小,经得住时间和恶劣环境的考验,可以避免因积压造成的断纤现象。在盘纤时,盘纤的半径越大,弧度越大,整个线路的损耗就越小。所以,一定要保持一定的半径,避免激光在纤芯中传输时产生一些不必要的损耗。

（10）密封接续盒。室外光纤接续盒一定要密封好。如果接续盒进水,则会使光纤及光纤熔接点长期浸泡在水中,从而导致光纤衰减增大。

任务工单

扫码观看光纤熔接的微课视频。

学生依据实施要求及操作步骤,在教师的指导下完成本工作任务,并填写任务工单。

光纤熔接

任务名称	光纤熔接	实训工具	光纤熔接机、切割刀、光纤剥线钳、光纤多孔钳、酒精棉、热缩套管、标签等
任务	观看微课视频，按照步骤进行光纤熔接操作		
任务目的	掌握光纤剥线、切割及熔接的操作方法		

1. 咨询
(1) 光纤熔接的工作原理。

(2) 光缆分类及室内光缆、室外光缆的组成结构。

2. 决策与计划
根据任务要求，确定所需要的设备及工具，并对小组成员进行合理分工，制订详细的工作计划。
(1) 讨论并确定实验所需的设备及工具。

(2) 成员分工。

(3) 制定实训操作步骤。
① _____
② _____
③ _____
④ _____
⑤ _____
⑥ _____

3. 实施过程记录
(1) 分析实践用光缆结构的特点。

(2) 实践操作，总结应该注意的问题。

(3) 记录实践的相关数据。

4. 检查与测试
根据任务要求，检查操作的正确性，当出现故障时进行排除，并记录测试结果。
(1) 检查操作是否正确。

(2) 记录测试结果。

(3) 分析原因，排除故障。

(4) 思考：为什么熔接后的光功率应比熔接之前的光功率大？在目测光纤接头质量时，出现以下不良状态的原因是什么？如何处理？
① 接头有痕迹；② 轴向偏移；③ 接头成球状。

任务实施

光纤熔接是光纤传输系统中工程量较大、技术要求较复杂的重要工序，其质量好坏直接影响光纤线路的传输质量和可靠性。光纤熔接的方法一般有熔接、活动连接和机械连接 3 种。其中，熔接法的节点损耗小、反射损耗小、可靠性高，在实际工程中经常使用。

1）光纤熔接时应遵循的原则

当芯数相同时，将同束管内的对应光纤熔接；当芯数不同时，按顺序先熔接大芯数的光纤，再熔接小芯数的光纤。常见的光缆有层绞式光缆、骨架式光缆和中心管束式光缆，纤芯的颜色按顺序分为蓝、橘、绿、棕、灰、白、红、黑、黄、紫、粉、青。多芯光缆能把不同颜色的光纤放在同一个管束中成为一组，这样一根光缆内就可能有好几个管束。正对光纤横切面，把红管束看作光缆的第一个管束，顺时针依次为绿管束、白 1 管束、白 2 管束、白 3 管束等。

2）准备熔接工具

光纤熔接过程中使用的主要设备、工具及材料有光纤熔接机、光纤切割机、光纤剥线钳、光纤多孔钳、凯夫拉剪刀、酒精棉、热缩套管、卫生纸、标签等。其中，光纤熔接机用来熔接光纤，光纤切割机用来制作光纤端面，光纤剥线钳用来剥去光纤管束和涂覆层，热缩套管放在光纤熔接处保护光纤。以上这些准备好后，把光纤熔接机放在整洁、水平的地面或平台上，准备熔接。

3）熔接光纤

（1）去皮工作。使用光纤多孔钳剥除光纤表面皮层约 16cm 的长度（见图 4.74），使用凯夫拉剪刀剪掉纺纶线，用卫生纸擦拭涂覆层（见图 4.75），并使用光纤剥线钳剥去 5~6cm 长的光纤，使用光纤剥线钳前面的粗口剥掉光纤包裹层，用里面的小口剥去光纤表面的透明包裹层（见图 4.76）。注意不要用力过大，以免弄断光纤。

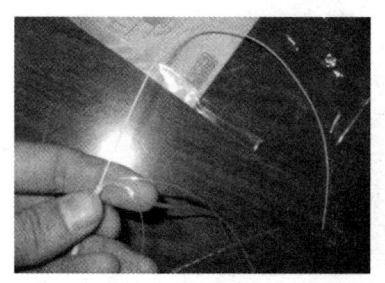

图 4.74　剥皮后的光纤

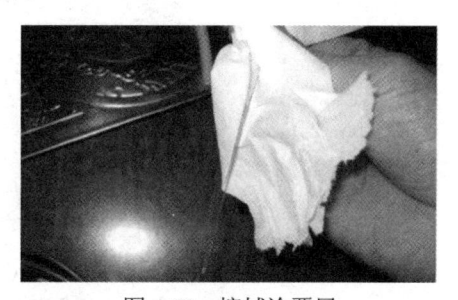

图 4.75　擦拭涂覆层

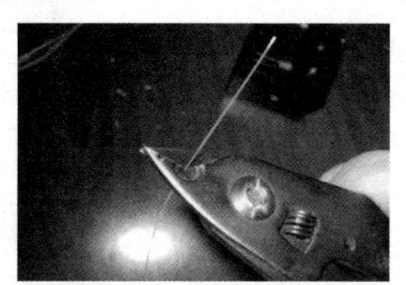

图 4.76　剥掉光纤包裹层

（2）清洗工作。使用酒精棉擦拭剥好的光纤，用力要适度，以确保光纤上无异物，如图 4.77 所示。

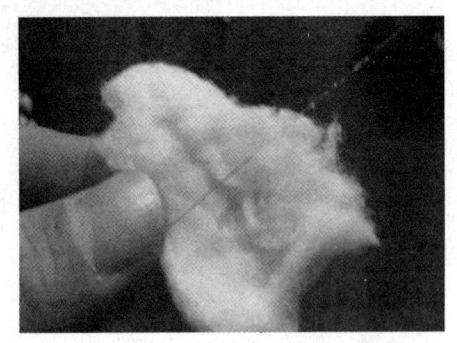

图 4.77 用酒精棉擦拭光纤

(3) 切割工作。将光纤切割机归位,并将擦拭好的光纤轻放在光纤切割机上,如图 4.78 所示。注意,在放光纤的过程中不要推拉,以免黏上异物。盖好盖子进行光纤切割,如图 4.79 所示。注意,在切割好光纤拿出的过程中不要触碰物体,以免损伤光纤。切割后的光纤如图 4.80 所示。

图 4.78 将光纤轻放在光纤切割机上　　　　图 4.79 切割光纤

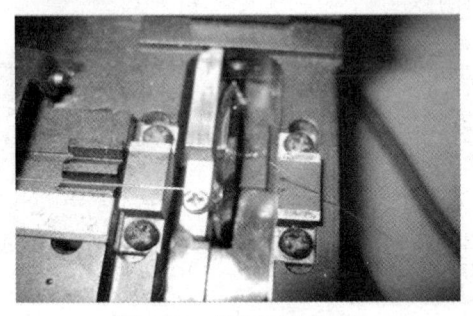

图 4.80 切割后的光纤

(4) 熔接工作。光纤切割好后要立即放到熔接机中。熔接机平台要保证洁净、无灰尘,若有灰尘则要用酒精棉擦拭干净。放置光纤时要将光纤放到熔接机的 V 形槽中,小心压上光纤压板和光纤夹具,要根据光纤切割长度设置光纤在压板中的位置。将另一根光纤也放入熔接机,并将热缩套管套在光纤上。关上防风罩,按"Auto"键光纤将自动熔接。熔接过程如图 4.81～图 4.84 所示。

(5) 加热工作。用加热炉加热热缩套管。打开防风罩,先把光纤从光纤熔接机上取下来,再将热缩套管放在裸纤中心,并放到加热炉中加热。40～60s 后,加热指示灯熄灭,这时不要着急取出光纤,待热缩套管晾一会儿定型后再取出,如图 4.85～图 4.87 所示。

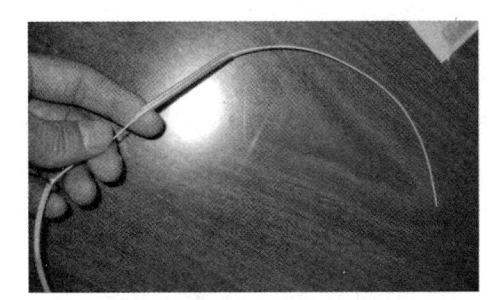

图 4.81 将热缩套管套在光纤上　　　图 4.82 将光纤放在熔接机上

图 4.83 进行熔接　　　图 4.84 熔接成功

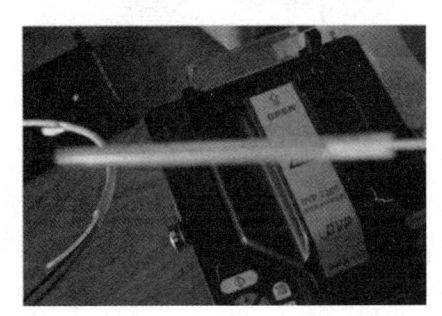

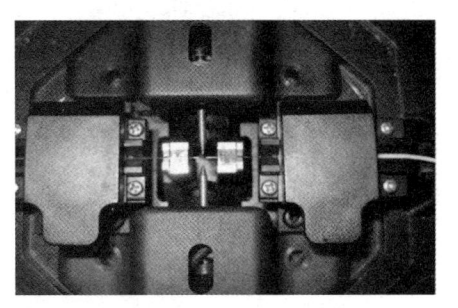

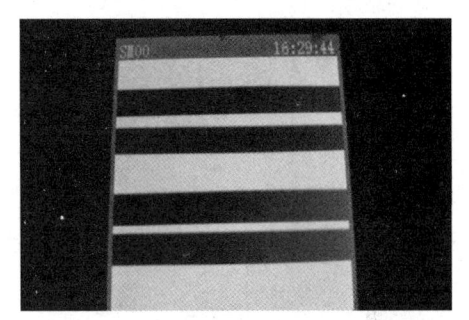

图 4.85 套热缩套管　　　图 4.86 加热热缩套管

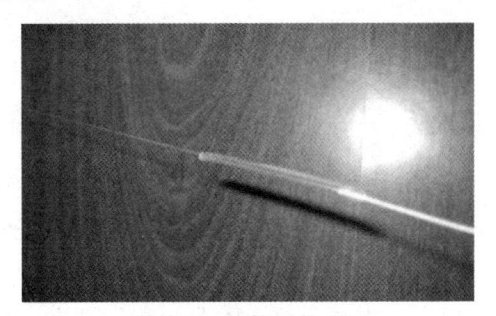

图 4.87 熔接好的光纤

（6）检查设备、工具是否齐全、完好，并清理现场的垃圾。

任务评价

以团队小组为单位完成任务，以学生个人为单位进行实习考核。

序号	检查项目	分值	自我评分	小组评分	教师评分	备注
1	遵守安全操作规范	10				

续表

序号	检查项目	分值	自我评分	小组评分	教师评分	备注
2	态度端正、工作认真	10				
3	能正确说出各个耗材的名称	10				
4	能正确说出各个工具的作用	10				
5	能掌握光纤熔接的原理	10				
6	光纤熔接的操作工艺	10				
7	测试结果	10				
8	遵守纪律	10				
9	做好 6S 管理工作	10				
10	完成任务工单的全部内容	10				

说明：

(1) 每名同学总分为 100 分。

(2) 每名同学每项为 10 分，计分标准为：不满足要求计 1～5 分，基本满足要求计 6～7 分，高质量满足要求计 8～10 分。

采用分层打分制，建议权重为：自我评分占 0.2，小组评分占 0.3，教师评分占 0.5，加权算出每名同学在本工作任务中的综合成绩。

任务总结

建筑群子系统主要采用光缆进行敷设，因此建筑群子系统的安装技术主要指光缆的安装技术。安装光缆需格外谨慎，连接每条光缆时都要熔接。光纤不能拉得太紧，也不能形成直角。较长距离的光缆敷设最重要的是选择一条合适的路径。必须有很完备的设计和施工图纸，以便施工和今后检查。在施工中要时刻注意不要使光缆受重压或被坚硬的物体扎伤。当光缆转弯时，其转弯半径要大于光缆自身直径的 20 倍，必须从保证整个通信网的质量方面来考虑，而不应以局部的需要为标准，一定要保证全程全网的传输质量。

素质课堂

全国劳动模范——"光网城市"建设的通信标兵

劳动模范简称劳模，是在社会主义建设事业中成绩卓著的劳动者，经职工民主评选，有关部门审核和政府审批后被授予的荣誉称号。中共中央、国务院授予的劳动模范为"全国劳动模范"，是中国最高的荣誉称号。

2010 年大学毕业入职中国电信太原分公司的薛万强，正赶上社会信息化基础设施建设的浪潮，成为一名普普通通的建设者。他几乎徒步走遍了他负责的所有区域；他用三年时间完成了 70 多万户居民的光纤宽带建设工作。2014 年，薛万强带领新团队承接了太原市 4G 无线网络建设，他常常一天工作 18 个小时，创下一天开通 45 个基站的最高纪录，他的团队以全省第一的成绩完成了 4G 无线网络建设。

一组组惊人的数据，让我们看到了薛万强身上永不掉线的建设动力，这种"速度与激情"一直伴随着他走过了十年的通信事业生涯。

这十年时间，薛万强"斩获"了近 20 项大大小小的个人荣誉，10 余项团体荣誉，入选了山西省"三晋英才"支持计划。2020 年,薛万强荣获"全国劳动模范"荣誉称号。在他的身上,凝聚着新时代电信人奋斗的磅礴力量。

"宽带中国·光网城市"不仅是一个网络建设的规划,它集网络接入、业务应用、服务提供及物联网和云计算技术于一体,是一个融合了智慧城市、智慧企业、智慧家庭信息化的整体战略。

肩负使命,中国电信在 2011 年正式启动"宽带中国·光网城市"工程的同时,宣布用三年的时间实现所有城市光纤化。

时间紧,任务重。在浩浩荡荡的"宽带中国·光网城市"建设大潮中,入职第二年薛万强便加入了建设者队伍。他几乎承担了太原市所有城区和郊区的光纤宽带建设任务。为了掌握第一手资料,高质量完成建设任务,他几乎用自己的脚丈量了所有负责区域,"哪条街道上都有什么小区""宽带是否覆盖""入住率高不高""怎样布设光缆线路"等他都了然于胸。

每当夜幕降临,华灯初上,薛万强才回到办公室,开始繁重的案头工作,研究第二天的建设方案。

他有"两脚走遍太原城"的韧性,也有电信人身上特有的"匠人精神"。他先后用三年的时间完成了小店、城南、迎泽、尖草坪、阳曲、清徐、古交、娄烦 70 多万户居民的光纤宽带建设工作,为几个区县的老百姓提供了高质量的信息网络。

太原市是山西省省会,位于华北地区黄河流域中部,西、北、东三面环山,可以说是周围山川叠嶂。

这样的地势,对网络建设的要求非常高。

为了解决太古高速、太佳高速、太阳高速、大西高铁等重大隧道布线难、施工环境恶劣、施工阻拦频发等问题,确保全省高速网络信号的质量,他亲自上场协调,同时为推进工程进度和节约投资成本呕心沥血。

艰巨的网络建设任务让薛万强和其团队队员们不敢有一丝懈怠。他每天早上五点半就已经出门,晚上十一二点才能回到家,一天工作时间常常达 18 个小时。在他的影响下,中国电信太原分公司无线网团队的队员们,发扬了"冬练三九、夏练三伏"的精神,每天不干到深夜不罢休,甚至创造了一天开通 45 个基站的最高纪录。

在此期间,他还带领团队完成了《应用新技术混合搭建精品网》《室内外结合解决高层群楼深度覆盖》等七项创新成果。

在多年的网络建设工作中,薛万强兢兢业业、勇于挑战、敢于创新,他和其团队队员们所有的付出和努力都在这个城市留下了痕迹。

时代也需要无数个"薛万强"们永不疲倦的学习精神、永不满足的创新精神、永不言悔的奉献精神和永不生锈的螺丝钉精神。

思考与练习

一、填空题

1. 20mm PVC 管可容纳(　　)根双绞线。

    A．7   B．5   C．2   D．3

2．在以下布线方法中，（　　）不是建筑物内水平双绞线的布线方法。

    A．暗道布线 B．向上牵引 C．吊顶内布线 D．墙壁线槽

3．安装在墙上的信息插座，其位置宜高出地面（　　）cm 左右。

    A．20   B．30   C．40   D．50

4．为便于操作，机柜和设备前面预留的空间应为（　　）。

    A．1000mm B．1500mm C．1800mm D．2000mm

5．在综合布线器材与布线工具中，穿线器属于（　　）。

    A．布线器材   B．管槽安装工具

    C．线缆安装工具   D．测试工具

6．在敷设非屏蔽双绞线时，弯曲半径应至少为线缆外径的（　　）。

    A．1倍   B．2倍   C．3倍   D．4倍

7．一般来说综合布线系统工程施工都是分阶段进行的，下列有关施工过程阶段的描述错误的是（　　）。

    A．施工准备阶段   B．施工阶段

    C．设备安装   D．工程验收

8．下列哪项不属于施工质量管理的内容？（　　）

    A．施工图的规范化和制图的质量标准

    B．系统运行的参数统计和质量分析

    C．系统验收的步骤和方法

    D．技术标准和规范管理

二、思考题

1．简述综合布线系统施工前应做的准备。

2．简述综合布线系统工程施工的工序。

3．在安装机柜时，要考虑哪些因素？

4．双绞线敷设施工的基本要求是什么？

5．简述综合布线系统工程施工应该遵循的基本要求。

模块 5

综合布线系统测试与工程验收

素质目标

- 培养实事求是、严肃认真、客观公正的职业道德。
- 培养自我控制与管理的能力、评价自我和他人的能力、时间管理能力和学习能力。
- 树立自检、互检、专检的质量控制意识。

知识目标

- 掌握不同测试方法和测试工具的使用方法。
- 掌握综合布线系统工程测试中的双绞线链路测试、光纤链路测试的相关知识。
- 掌握综合布线系统工程验收的依据和验收方法。
- 掌握综合布线系统的测试报告、验收报告的填写规范。

技能目标

- 按照作业规程应用必要的标识和隔离措施,以确保现场的工作安全。
- 能处理综合布线系统工程的简单故障。
- 工作完成后,能按任务要求进行自检并实现功能。
- 能使用电缆、光缆认证测试仪,具备电缆、光缆链路的测试技能。
- 能正确整理测试与验收的文档资料,并交付验收。

任务 1 双绞线传输测试

学习目标

- 掌握双绞线传输的验证测试方法。
- 掌握双绞线传输的认证测试方法。
- 学会搭建综合布线系统的测试链路,以完成对双绞线的传输测试。

🔴 任务描述

对综合布线系统的测试不仅是对一段电缆的测试,而且是对整个连接线路的测试,包括模块、电缆、配线架、跳线等。在实际应用中,双绞线的质量和性能往往会受各种因素的影响,通过测试双绞线的质量和性能,可以为网络的稳定运行提供保障。本任务要求对中小型综合布线系统的链路进行双绞线传输测试,掌握复杂链路的搭建方法,学会对双绞线进行验证测试。

🔴 任务引导

本任务将带领大家了解双绞线测试仪表,掌握验证测试中常见的连接故障,了解双绞线的认证测试标准,学习双绞线的认证测试模型,掌握认证测试参数的概念,学会认证及测试故障并掌握其解决办法,以及掌握综合布线系统中双绞线传输测试的相关技能。

🔴 知识链接

5.1.1 线缆传输的验证测试

验证测试又称随工测试,是边施工边测试的方法,主要检测线缆质量和安装工艺,及时发现并纠正所出现的问题,不至于等到工程完工时才发现问题而进行返工,耗费不必要的人力、物力和财力。验证测试不需要使用复杂的测试仪,只需要能测试接线图和线缆长度的测试仪。

1. 验证测试仪表

验证测试仪表具有较基本的连通性测试功能,主要用来检测电缆通断、短路、线对交叉等接线图的故障。

1)简易布线通断测试仪

较简单的电缆通断测试仪,包括主机和远端机,测试时,线缆两端分别连接主机和远端机,根据显示灯的闪烁次序判断线缆的通断情况。简易布线通断测试仪如图5.1所示。

2)电缆线序测试仪

电缆线序测试仪是小型手持式验证测试仪,可以很方便地验证电缆的连通性,包括检测开路、短路、跨接、反接及串扰等问题,如图5.2所示。

3)电缆验证仪

电缆验证仪可以检测电缆的通断、连接线序,电缆故障的位置,从而节省安装时间和费用,如图5.3所示。

4)FLUKE620

FLUKE620是一种单端电缆测试仪,在进行电缆测试时不需要在电缆的另外一端连接远端单元即可对电缆进行通断、距离、串扰等测试,如图5.4所示。

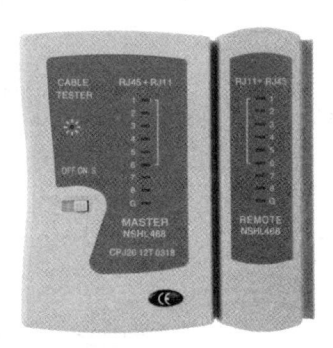

图 5.1 简易布线通断测试仪

图 5.2 电缆线序测试仪

图 5.3 电缆验证仪

图 5.4 FLUKE620

2. 常见的连接故障

在施工过程中，常见的连接故障有开路、短路、反接、错对和串扰。

（1）开路、短路（见图 5.5 和图 5.6）：在施工时，由于安装工具、接线技巧或墙内穿线技术等问题，会产生这类故障。

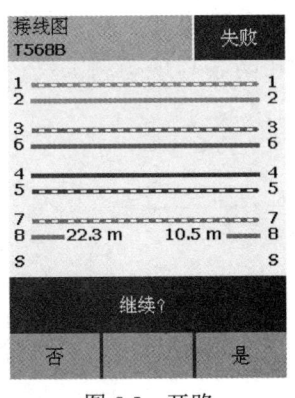

图 5.5 开路

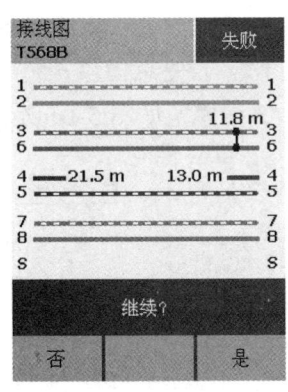

图 5.6 短路

（2）反接（见图 5.7）：同一对线在两端的针位接反，如一端为 1—2，另一端为 2—1。

（3）错对（见图 5.8）：将一对线接到另一端的另一对线上，如一端接 1—2，另一端接 3—6。较典型的错误就是打线时混用 T568A 色标与 T568B 色标。

（4）串扰（见图 5.9）：将原来的两对线分别拆开并重新组成新的线对。因为出现这种故障时，端对端的连通性是好的，所以使用万用表这类工具检查不出来，只有用专用的电缆测试仪才能检查出来。由于串扰使相关的线对没有扭结，因此信号在线对间通过时会产生很高的近端串扰。

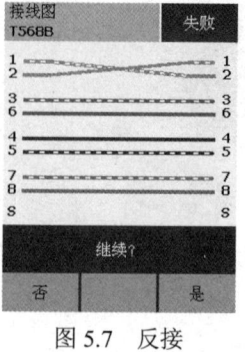

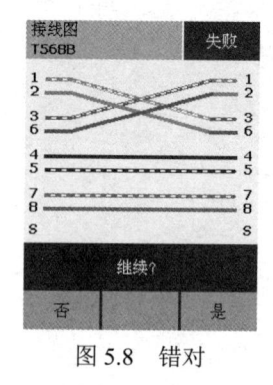

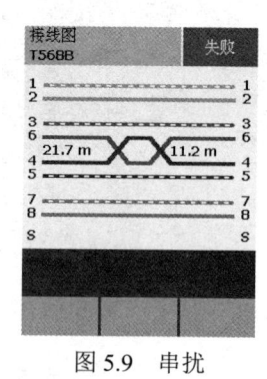

图 5.7　反接　　　　　　图 5.8　错对　　　　　　图 5.9　串扰

5.1.2　线缆传输的认证测试

认证测试又称验收测试，是所有测试工作中较重要的环节，是在工程验收时对综合布线系统的全面检验，是评价综合布线系统工程质量的科学手段。

1. 认证测试标准

（1）ANSI/TIA-568-A/B　　　《用户建筑物通用布线标准》
（2）GB/T 50312—2016　　　《综合布线系统工程验收规范》
（3）ISO/IEC 11801-3:2017　　《信息技术-用户基础设施结构化布线》

2. 认证测试模型

1）基本链路模型

基本链路包括三部分：最长为 90m 的在建筑物中固定的水平电缆、水平电缆两端的接插件（一端为工作区的信息插座，另一端为楼层配线设备）和两条与现场测试仪相连的 2m 测试缆线。基本链路模型如图 5.10 所示。

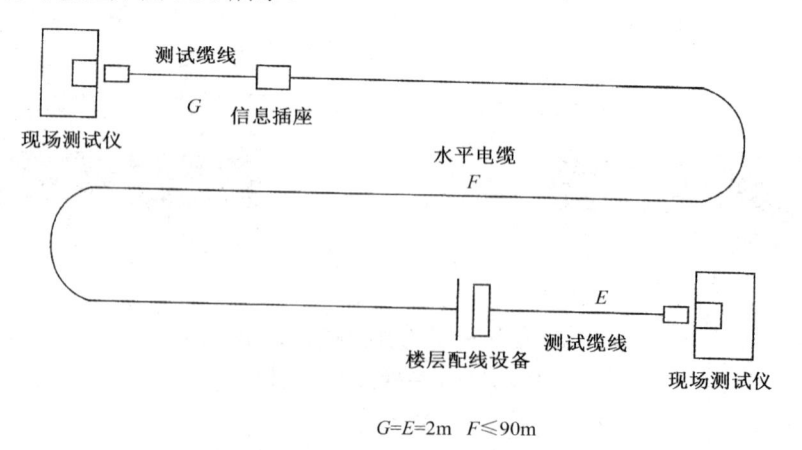

$G=E=2m$　$F\leqslant 90m$

图 5.10　基本链路模型

2）信道模型

信道指从网络设备跳线到工作区跳线的端到端的连接，它包括了最长为 90m 的在建筑物中固定的水平电缆、水平电缆两端的接插件（一端为工作区的信息插座，另一端为楼层配线设备）、一个靠近工作区的可选的附属转接连接器、最长为 10m 的在楼层配线设备和用户终端之间的连接跳线，信道最长为 100m。信道模型如图 5.11 所示。

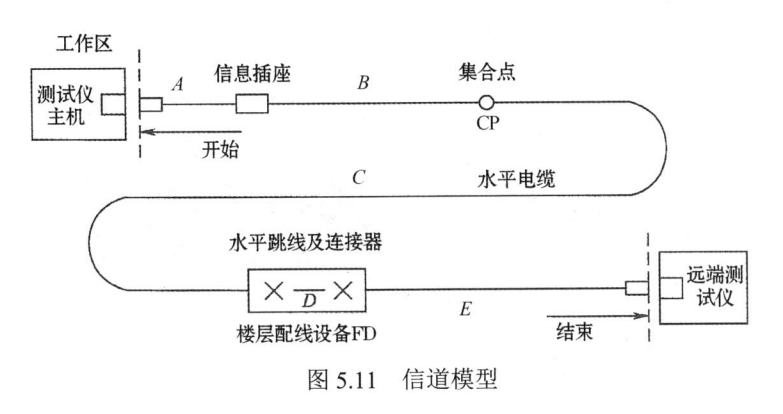

图 5.11　信道模型

3）永久链路模型

永久链路又称固定链路，由最长为 90m 的水平电缆、水平电缆两端的接插件（一端为工作区的信息插座，另一端为楼层配线设备）和链路可选的转接连接器组成，不再包括两端的 2m 测试缆线。永久链路模型如图 5.12 所示。

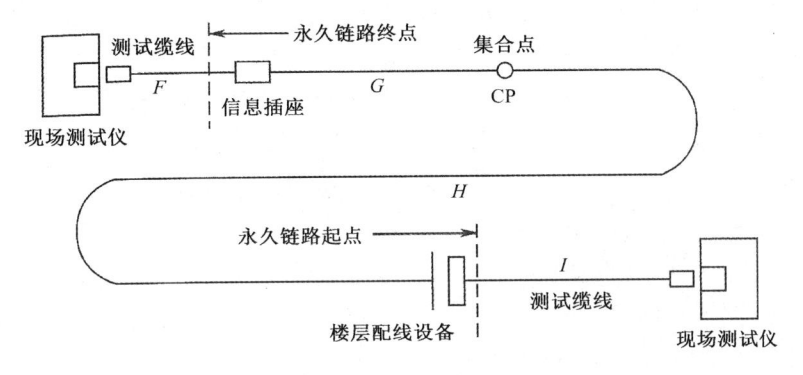

图 5.12　永久链路模型

信道模型与永久链路模型的明显区别是信道模型包括设备跳线、设备光纤跳线和工作区的用户跳线、工作区的用户光纤跳线，而永久链路模型则不包括这些。这个区别导致了采用两种模型的测试参数的不相同，详见从 GB50311－2016 标准中提取的数据。将测试中的主要参数在两种模型中进行比较，永久链路模型的要求明显比信道模型的要求要严格，参数要求更苛刻。但并不能单一地理解为在工程验收中只能采用永久链路模型进行测试，信道模型就可以省略了。

3．认证测试参数

（1）接线图。接线图有两种不同的接线标准，即 T568A 和 T568B。线缆必须正确端接于信息端口，不允许有任何形式的错接。从水平配线区至信息端口之间的双绞线必须保证连通，线对间不能短路。

这一测试的目的是确认链路的连接，即确认链路导线的线对正确且不能产生任何串扰。正确的接线图要求端到端相应的针连接，即1—1、2—2、3—3、4—4、5—5、6—6、7—7、8—8，如图5.13所示。

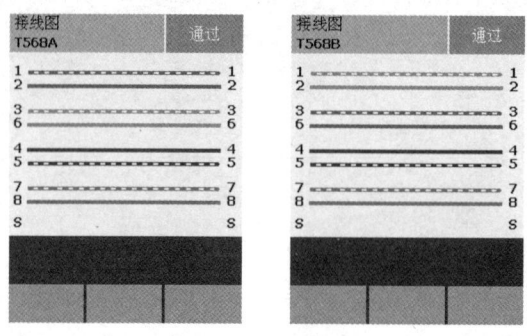

图5.13　正确接线

（2）链路长度。如果线缆长度超过指标（如100m），则信号衰减较大。在测量线缆长度时，通常采用时域反射分析（TDR）测试技术。

时域反射分析的工作原理是：测试仪从电缆一端发出一个脉冲波，在脉冲波行进时，如果碰到阻抗的变化，如开路、短路或不正常接线时，就会将部分或全部的脉冲能量反射回测试仪。依据来回脉冲波的延迟时间及已知的信号在电缆传播的额定传播速率（NVP），测试仪就可以计算出脉冲波接收端到该脉冲返回点的长度。

（3）衰减。衰减是沿链路的信号损失度量。现场测试设备应能测量出安装的每一对线的衰减最严重的情况，并且通过比较衰减最大值与衰减允许值，给出合格（Pass）或不合格（Fail）的结论。表5.1和表5.2所示分别为双绞线的信道衰减量和基本链路衰减量。

衰减是一种插入损耗，当考虑一条通信链路的总插入损耗时，布线链路中所有的布线部件都会对链路的总衰减值有贡献。一条链路的总插入损耗是电缆和布线部件的衰减总和。衰减量由下述各部分构成。

① 布线电缆对信号的衰减量。
② 每个连接器对信号的衰减量。
③ 通道的链路模型再加上10m跳线对信号的衰减量。

电缆是链路衰减的一个主要因素，电缆越长，链路的衰减就越明显。

表5.1　双绞线的信道衰减量

频率/MHz	三类线缆的衰减量/dB	五类线缆的衰减量/dB
1.00	4.2	2.5
4.00	7.3	4.5
8.00	10.2	6.3
10.00	11.5	7.0
16.00	14.9	9.2
20.00	—	10.3
25.00	—	11.4
31.25	—	12.8

续表

频率/MHz	三类线缆的衰减量/dB	五类线缆的衰减量/dB
62.50	—	18.5
100.00	—	24.0

表 5.2　基本链路衰减量

频率/MHz	三类线缆的衰减量/dB	五类线缆的衰减量/dB
1.00	3.2	2.1
4.00	6.1	4.0
8.00	8.8	5.7
10.00	10.0	6.3
16.00	13.2	8.2
20.00	—	9.2
25.00	—	10.3
31.25	—	11.5
62.50	—	16.7
100.00	—	21.6

（4）近端串扰损耗。近端串扰损耗是测量一条非屏蔽双绞线链路中从一对线到另一对线的信号耦合，是非屏蔽双绞线链路的一个关键的性能指标。在一条典型的 4 对非屏蔽双绞线链路中测试近端串扰值，需要在每一对线之间进行测试，即 12/36、12/45、12/78、36/45、36/78、45/78。表 5.3 和表 5.4 所示分别为信道近端串扰和基本链路近端串扰。

表 5.3　信道近端串扰

频率/MHz	三类线缆的近端串扰/dB	五类线缆的近端串扰/dB
1.00	39.1	60.0
4.00	29.3	50.6
8.00	24.3	45.6
10.00	22.7	44.0
16.00	19.3	40.6
20.00	—	39.0
25.00	—	37.4
31.25	—	35.7
62.50	—	30.6
100.00	—	27.1

表 5.4　基本链路近端串扰

频率/MHz	三类线缆的近端串扰/dB	五类线缆的近端串扰/dB
1.00	40.1	60.0
4.00	30.7	51.8

续表

频率/MHz	三类线缆的近端串扰/dB	五类线缆的近端串扰/dB
8.00	25.9	47.1
10.00	24.3	45.5
16.00	21.0	42.3
20.00	—	40.7
25.00	—	39.1
31.25	—	37.6
62.50	—	32.7
100.00	—	29.3

（5）衰减串扰比（ACR）。通信链路在信号传输时，衰减和串扰都会存在，串扰反映电缆系统内的噪声，衰减反映线对本身的传输质量，这两个性能参数的混合效应（信噪比）可以反映电缆链路的实际传输质量，用衰减串扰比来表示这种混合效应，将衰减串扰比定义为：被测线对受相邻发送线对串扰的近端串扰损耗值（NEXT）与本线对传输信号衰减值（Attenuation）的差值（单位为dB），即

$$ACR(dB)=NEXT(dB)-Attenuation(dB)$$

（6）回波损耗。回波损耗是线缆与接插件构成的布线链路阻抗不匹配导致的一部分能量反射。当端接阻抗（部件阻抗）与电缆的特性阻抗不一致偏离标准值时，在通信链路上就会导致阻抗不匹配。阻抗的不连续性会引起链路偏移，当电信号到达链路偏移区时，必须消耗一部分来克服链路偏移，这样会导致两个后果，一个是信号损耗，另一个是少部分能量会被反射回发送端。被反射回发送端的能量会形成噪声，导致信号失真，降低通信链路的传输性能。

回波损耗=发送信号/反射信号，回波损耗越大，反射信号越小，意味着通道采用的电缆和相关连接硬件阻抗一致性越好，传输信号越完整，在通道中的噪声越小，因此回波损耗越大越好。

4．造成测试错误的原因及解决方法

在对双绞线电缆进行测试时，可能会产生的问题有接线图未通过、长度未通过、衰减未通过、近端串扰未通过，也有可能会因为测试仪的问题造成测试错误，现分别叙述如下。

1）接线图未通过

其原因可能有：

（1）两端的接头有断路、短路、交叉、破裂开路。

（2）跨接错误。某些网络需要发送端和接收端跨接，当为这些网络构建测试链路时，由于设备线路的跨接，使测试接线图出现交叉。

解决办法：对于双绞线电缆端接线顺序不对的情况，可以采取重新端接的方式来解决；对于双绞线电缆两端的接头出现短路、断路等现象，首先根据测试仪显示的接线图断定双绞线电缆哪端出现了问题，然后重新端接双绞线电缆；对于跨接错误的问题，应确认双绞线电缆是否符合设计要求。

2）长度未通过

其原因可能有：

（1）当额定传输速率设置不正确时，可用已知的好线确定并重新校准额定传输速率。
（2）实际长度过长。
（3）开路或短路。
（4）设备连线及跨接线的总长度过长。

解决办法：可用已知的电缆重新确定并重新校准标称传播项的速度；对于电缆超长的问题，只能通过重新布设电缆来解决；双绞线电缆开路或短路的问题，首先要根据测试仪显示的信息，准确地定位电缆的开路或短路，然后通过重新端接电缆的方法来解决。

3）衰减未通过

其原因可能有：

（1）双绞线长度过长。
（2）温度过高。
（3）连接点有问题。
（4）链路线缆和接插件性能有问题，或不是同一类产品。
（5）线缆的端接质量有问题。

解决办法：对于超长的双绞线电缆，只能采取更换电缆的方式解决；对于双绞线电缆端接质量的问题，可通过重新端接的方式来解决；对于电缆和连接硬件的性能问题，应通过更换电缆的方式来彻底解决，所有线缆和连接硬件应更换为相同类型的产品。

4）近端串扰未通过

其原因可能有：

（1）近端连接点有问题。
（2）远端连接点短路。
（3）串对。
（4）外部噪声。
（5）链路线缆和接插件的性能有问题，或不是同一类产品。
（6）线缆的端接质量有问题。

解决办法：对线缆所端接的模块和配线架进行重新压接加固；对于远端连接点短路的问题，可以通过重新端接线缆来解决；如果双绞线电缆在端接模块或配线架时，线对扭绞不良，则应采取重新端接的方法来解决；对于外部干扰源，只能采用金属槽或更换为屏蔽双绞线电缆的手段来解决；对于双绞线电缆及相应连接硬件的性能问题，只能采取更换的方式来彻底解决，所有双绞线电缆及相应连接硬件应更换为相同类型的产品。

5）测试仪的问题及解决方法

（1）当测试仪不能启动时，可更换电池或充电。
（2）当测试仪不能工作或不能进行远端校准时，应确保两台测试仪都能启动，并有足够的电池或更换测试线。

（3）当测试仪设置为不正确的电缆类型时，应重新设置测试仪的参数、类别、阻抗和传输速度。

（4）当测试仪设置为不正确的链路时，应按要求重新将链路设置为基本链路或通路链路。

（5）当测试仪不能存储自动测试结果时，要确认所选的测试结果名称是否唯一或检查可用内存的容量。

（6）当测试仪不能打印存储的自动测试结果时，应确定打印机和测试仪的接口参数，并将其设置成一样的，或确认测试结果已被选为打印输出。

任务工单

扫码观看测试链路搭建与端接的微课视频。

学生依据实施要求及操作步骤，在教师的指导下完成本工作任务，并填写任务工单。

测试链路搭建与端接

任务名称	测试链路搭建与端接	实训设备及工具	综合布线实训台、网络配线架、110 语音配线架、剥线钳、压线钳、5 对打线钳等
任务	完成对测试链路的搭建，并进行测试		
任务目的	掌握搭建测试链路的方法，学会双绞线的验证测试方法		

1．咨询

（1）测试链路的概念。

（2）线缆的验证测试和认证测试。

2．决策与计划

根据任务要求，确定所需要的设备及工具，并对小组成员进行合理分工，制订详细的工作计划。

（1）讨论并确定实验所需的设备及工具。

（2）成员分工。

（3）制定实训操作步骤。

① _____

② _____

③ _____

④ _____

3．实施过程记录

（1）分析实践用的链路结构的特点。

（2）实践操作，总结应该注意的问题。

（3）记录实践的相关数据。

续表

4. 检查与测试 根据任务要求，检查操作的正确性，当出现故障时进行排除，并记录测试结果。 （1）检查操作是否正确。 （2）记录测试结果。 （3）分析原因，排除故障。

➡ 任务实施

按照图 5.14 所示的网络测试链路端接路由图进行网络信道链路的配线端接。

测试链路的搭建和端接主要包括 3 根非屏蔽跳线的 6 次端接。基本操作路由为：测试仪 RJ-45 口（下排）→110 型通信跳线架模块（上排）下层→110 型通信跳线架模块（上排）上层→非屏蔽网络配线架模块→非屏蔽网络配线架 RJ-45 口→仪器 RJ-45 口（上排）。

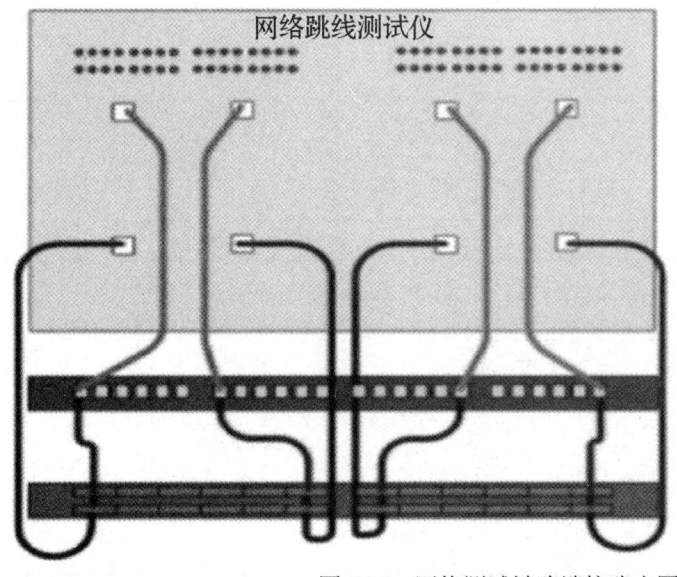

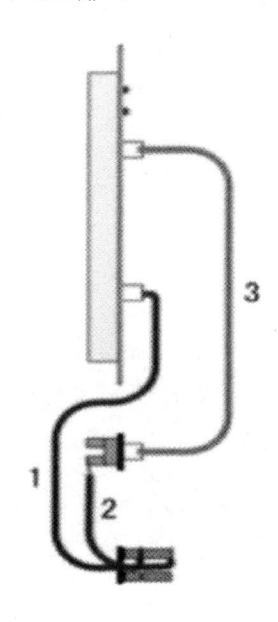

图 5.14 网络测试链路端接路由图

第一步，端接第 1 根跳线。在超五类非屏蔽网线的一端制作 RJ-45 水晶头，插接在测试仪下排左 1 口，另一端按照下面的步骤端接 110 型通信跳线架模块。

第二步，端接 110 型通信跳线架模块。

（1）剥开超五类非屏蔽网线的另一端绝缘护套，剪掉撕拉线。

（2）按照白蓝、蓝、白橙、橙、白绿、绿、白棕、棕的线序逐一压入 110 型通信跳线架模块上排下层的跳线架左边 1~8 口卡槽内。

第三步，压接连接块。

使用 5 对打线钳将连接块垂直压入在跳线架 1～8 口上，注意连接块的方向，连接块上的标识颜色从左到右为蓝、橙、绿、棕、灰。

第四步，端接第 2 根跳线。拆开网线的一端，按照白蓝、蓝、白橙、橙、白绿、绿、白棕、棕的线序先逐一压入 110 型通信跳线架模块上排连接块的卡槽内，再使用打线钳压接。

另一端完成非屏蔽网络配线架模块的端接。

第五步，端接第 3 根非屏蔽跳线。先做 1 根非屏蔽跳线，测试合格后，再将一端插接在测试仪上排的左 1 口，另一端插接在网络配线架的 1 口。

第六步，测试。用网络跳线测试仪进行测试，观察装置指示灯的闪烁顺序，检查链路的端接情况。

第七步，排除故障。仔细观察指示灯，及时排除端接中出现的开路、短路、跨接、反接等常见故障。

任务评价

以团队小组为单位完成任务，以学生个人为单位进行实习考核。

序号	检查项目	分值	自我评分	小组评分	教师评分	备注
1	遵守安全操作规范	10				
2	态度端正、工作认真	10				
3	能正确说出各个耗材的名称	10				
4	能正确说出各个工具的作用	10				
5	能掌握链路端接的原理	10				
6	端接的操作工艺	10				
7	测试结果	10				
8	遵守纪律	10				
9	做好 6S 管理工作	10				
10	完成任务工单的全部内容	10				

说明：

（1）每名同学总分为 100 分。

（2）每名同学每项为 10 分，计分标准为：不满足要求计 1～5 分，基本满足要求计 6～7 分，高质量满足要求计 8～10 分。

采用分层打分制，建议权重为：自我评分占 0.2，小组评分占 0.3，教师评分占 0.5，加权算出每名同学在本工作任务中的综合成绩。

任务总结

验证测试只注重综合布线系统的连接性能，主要是确认现场施工人员穿线缆及连接相关硬件的安装工艺是否符合要求。认证测试既注重连接性能测试，又注重电气性能测试，认证测试实际上是对整个综合布线系统工程的检验。通过认证测试能确认所安装的线缆及相关连接硬件与安装工艺是否达到了设计要求和有关标准的要求，因此必须使用能满足特定要求的仪器并按照相应的测试方法进行测试，才能保证测试结果有效。

任务 2　光纤传输测试

学习目标

- 掌握光纤测试的概念。
- 掌握光纤链路的测试方法。
- 学会使用光纤测试仪，完成对光纤链路的测试。

任务描述

根据《综合布线系统工程验收规范》（GB/T50312—2016）的要求，综合布线系统的线缆进场后，应对相应线缆进行检验。当综合布线系统工程采用光缆时，应检查光缆的合格证及其检验测试数据。测试光纤的目的，是要知道光纤信号在光纤路径上的传输损耗。本任务要求对综合布线系统的光纤链路进行测试，以减少故障，并当发生故障时找出光纤的故障点，保证系统连接的质量。

任务引导

本任务将带领大家了解光纤测试的概念，掌握光纤传输测试参数的内容，学会光纤链路的测试方法，掌握综合布线系统光纤链路测试的相关技能。

知识链接

5.2.1　光纤传输测试参数

1. 光纤测试概述

在光纤的应用中，虽然光纤本身的种类很多，但光纤及其系统的基本测试方法大体上都是一样的，所使用的设备也基本相同。

2. 光纤测试参数

1) 光纤的连续性

在进行连续性测试时，通常把红色激光、发光二极管或其他可见光注入光纤，并在光纤的末端监视输出。如果在光纤中有断裂或其他不连续点，那么光纤输出端的光功率就会减少或根本没有光输出。当光通过光纤传输后，功率的衰减大小也能说明光纤的传导性能。如果光纤的衰减太大，那么系统就不能正常工作。光功率计和光源是进行光纤传输特性测量的一般设备。

2) 光纤的衰减

光纤的衰减主要是由光纤本身的固有吸收和散射造成的。由于衰减系数应在许多波长上进行测量，因此选择单色仪作为光源，也可以用发光二极管作为多模光纤的测试源。

3) 光纤的带宽

带宽是光纤传输系统中的重要参数之一，带宽越宽，信息传输速率越高。

在大多数的多模系统中，都采用发光二极管作为光源，光源本身也会影响带宽。这是因为这些发光二极管光源的频谱分布很宽，其中长波长的光比短波长的光传播速度要快。这种光传播速度的差别就是色散，它会导致光脉冲在传输后被展宽。

3．造成光纤衰减的主要原因

造成光纤衰减的主要原因包括本征、弯曲、挤压、杂质、不均匀和对接等。
（1）本征：光纤的固有损耗，包括瑞利散射、固有吸收等。
（2）弯曲：当光纤弯曲时部分光纤内的光会因散射而损失，从而造成损耗。
（3）挤压：当光纤受到挤压时会产生微小的弯曲而造成损耗。
（4）杂质：光纤内的杂质会吸收和散射在光纤中传播的光，造成损耗。
（5）不均匀：光纤会因光纤材料的折射率不均匀而造成损耗。
（6）对接：当光纤对接时会产生损耗，如不同轴（单模光纤同轴度要求小于0.8m）、端面与轴心不垂直、端面不平、对接芯径不匹配和熔接质量差等。

4．光纤损耗的分类

光纤损耗大致可分为光纤具有的固有损耗及光纤制成后由使用条件造成的附加损耗。固有损耗包括吸收损耗、散射损耗和因光纤结构不完善引起的损耗；附加损耗包括微弯损耗、弯曲损耗和接续损耗。

1）吸收损耗

制造光纤的材料能够吸收光能。光纤材料中的粒子吸收光能以后会产生振动、发热，从而将能量散失掉，这样就产生了吸收损耗。

2）散射损耗

在黑夜里，当用手电筒向空中照射时，可以看到一束光柱。人们也曾看到夜空中探照灯发出的粗大光柱。那么，为什么我们能看到这些光柱呢？这是因为有许多烟雾、灰尘等微小颗粒浮游在大气之中，光照射到这些颗粒上，产生了散射，就射向了四面八方。这个现象是由瑞利最先发现的，所以人们把这种散射命名为"瑞利散射"。

3）因光纤结构不完善引起的损耗

光纤结构是不完善的，如光纤中有气泡、杂质或光纤粗细不均匀，以及纤芯与包层交界面不平滑等，当光线传到这些地方时，就会有一部分光散射到各个方向，从而造成损耗。这种损耗是可以想办法克服的，即改善光纤的制造工艺。

4）附加损耗

附加损耗包括的微弯损耗、弯曲损耗和接续损耗是在光纤的铺设过程中人为造成的。在实际应用中，不可避免地要将光纤一根根地接起来，光纤连接会产生损耗。对光纤的微小弯曲、挤压、拉伸受力也会使光纤产生损耗。这些都是由光纤的使用条件引起的损耗。究其主要原因，是在这些条件下，光纤纤芯中的传输模式发生了变化。

5.2.2 光纤链路测试

TIA 标准化委员会制定的新的用于光缆测试的规范 TSB-140，对光纤定义了两个级别（Tier 1 和 Tier 2）的测试。

Tier 1 能测试光缆的衰减（插入损耗）、长度及极性。在进行 Tier 1 测试时，要使用光缆损耗测试设备（OLTS），如当用光功率计测量每条光缆链路的衰减时，可通过光学测量或借助电缆护套标记并计算光缆长度，使用 OLTS 或可见光源，如故障定位器（VFL）验证光缆的极性。

Tier 2 测试不仅包括 Tier 1 测试的参数，而且包括对每条光缆链路的光时域反射计（OTDR）进行追踪，以进行故障定位。Tier 2 测试需要使用 OTDR。

1．光纤衰减测试的准备工作

（1）确定要测试的光纤。
（2）确定要测试光纤的类型。
（3）确定光功率计和光源，并与要测试的光纤的类型进行匹配。
（4）校准光功率计。
（5）确定光功率计和光源处于同一波长。

2．测试设备及其他

包括光功率计、光源、参照适配器（耦合器）、测试用光缆跳线等。

3．光功率计校准

光功率计校准的目的是确定进入光纤段的光功率的大小，校准光功率计时，要用两根测试用光缆跳线把光功率计和光源连接起来，用参照适配器把测试用光缆跳线两端连接起来。

4．测试光纤链路

测试光纤链路的目的是：了解光信号在光纤路径上的传输衰减，该衰减与光纤链路的长度、传导特性、连接器的数目、接头的多少有关。
（1）光纤链路的连接。
（2）测试连接前应对光连接的插头、插座进行清洁处理，以防由于接头不干净带来的附加损耗，造成测试结果不准确；向主机输入测量损耗标准值。
（3）操作测试仪，在所选择的波长中分别进行两个方向的光传输衰耗测试。
（4）报告在不同波长下不同方向的链路衰减测试结果，结果为"通过"或"失败"。
（5）单模光纤链路的测试同样可以参考上述过程，但光功率计和光源模块应当换为单模的。

5．OTDR 测试

光功率计只能测试光功率的损耗，如果要确定损耗的位置和损耗的起因，则要采用 OTDR。首先 OTDR 通过发射光脉冲到光纤内，然后在 OTDR 端口接收返回的信息来进行测试。

当光脉冲在光纤内传输时，会由于光纤本身的性质、连接器、接合点、弯曲或其他类似的事件而产生散射、反射。其中一部分的散射和反射会返回 OTDR 中。

OTDR 可测试的主要参数有：

（1）光纤长度和事件点的位置。

（2）光纤的衰减和衰减分布情况。

（3）光纤的接头损耗。

（4）光纤的全回损。

任务工单

学生依据实施要求及操作步骤，在教师的指导下完成本工作任务，并填写任务工单。

任务名称	光纤链路测试	实训设备及其他	简单线缆测试仪、FLUKE DSP-4100、光纤链路
任务	完成光纤链路的搭建，并进行测试		
任务目的	掌握用 FLUKE DSP-4100 进行认证测试的方法，掌握用 FLUKE DSP-4100 进行光纤链路测试的方法		

1. 咨询

（1）光纤性能参数的概念及内容。

（2）认识线缆性能测试仪。

2. 决策与计划

根据任务要求，确定所需要的设备及工具，并对小组成员进行合理分工，制订详细的工作计划。

（1）讨论并确定实验所需的设备及工具。

（2）成员分工。

（3）制定实训操作步骤。

① _____

② _____

③ _____

④ _____

3. 实施过程记录

（1）分析实践用的链路结构的特点。

（2）实践操作，总结应该注意的问题。

（3）记录实践的相关数据。

4. 检查与测试

根据任务要求，检查操作的正确性，当出现故障时进行排除，并记录测试结果。

（1）检查操作是否正确。

续表

（2）记录测试结果。

（3）分析原因，排除故障。

任务实施

（1）电缆系统包括插座、插头、用户电缆、跳线、配线架等。
（2）非屏蔽双绞线链路的标准。
① 定义测试参数和测试限的数值（公式）。
② 定义两种链路的性能指标，包括永久链路和通道。
③ 定义现场测试仪和网络分析仪的比较方法。
④ 性能的测试限会受元件的性能指标和元件互连的"实际情况"、安装工艺的影响。
（3）现场测试的参数：接线图（开路/短路/错对/串扰）、长度、衰减、近端串扰、回波损耗、衰减串扰比、传输时延、时延差、综合近端串扰、等效远端串扰、综合等效远端串扰。
实训步骤如下。

施工时用简单线缆测试仪进行测试，施工完成后用 FLUKE DSP-4100 进行认证测试。

附：FLUKE DSP-4100 的认证测试指南

1. DSP-4x00 系列产品

DSP-4x00 系列产品如图 5.15 所示。

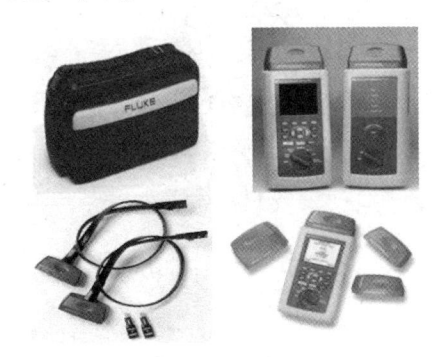

图 5.15　DSP-4x00 系列产品

2. 主端的控制功能

主端的控制功能如图 5.16 所示。

3. 远端的控制功能

远端的控制功能如图 5.17 所示。面板显示项如下。
（1）Test Pass：测试通过。

（2）Test in Progress：测试进行中。

（3）Test Fail：测试失败。

（4）Talk set active：激活对话。

（5）Low Battery：电池电量过低。

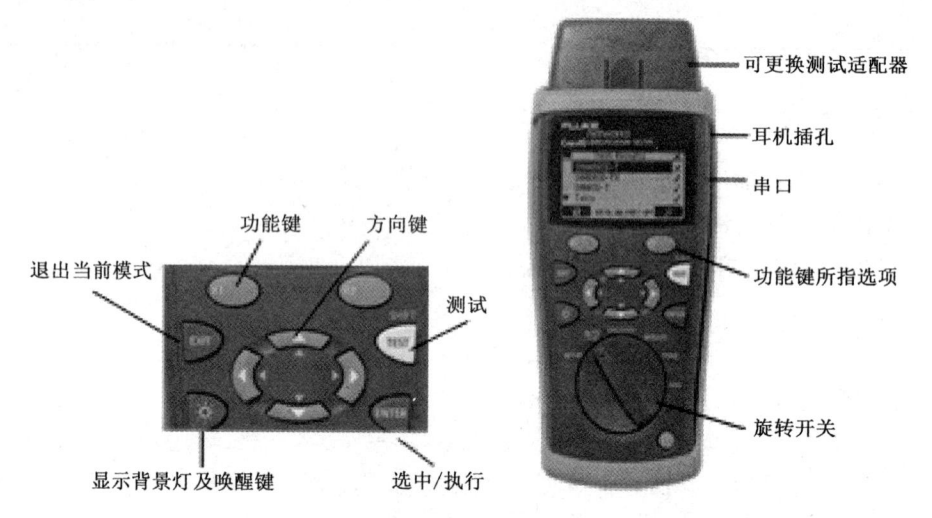

图 5.16 主端的控制功能

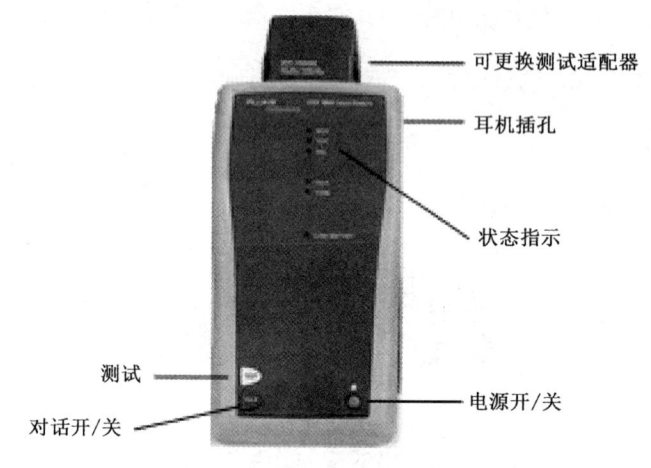

图 5.17 远端的控制功能

4. 测试准备

1）去现场前

（1）查看电池电量。

（2）主端和远端校准。

（3）确认所测线缆的类型及方式。

（4）携带相应的测试适配器及附件。

（5）检查测试适配器的设置。

（6）检查测试适配器的功能。

（7）运行自测试。

2）维护工作

（1）下载最新的升级软件。

（2）主端和远端充满电。

（3）主端和远端校准。

（4）运行自测试。

（5）校准永久链路适配器（为增加精确度的选件）。

5. 线缆测试的连接

线缆测试的连接如图5.18所示。

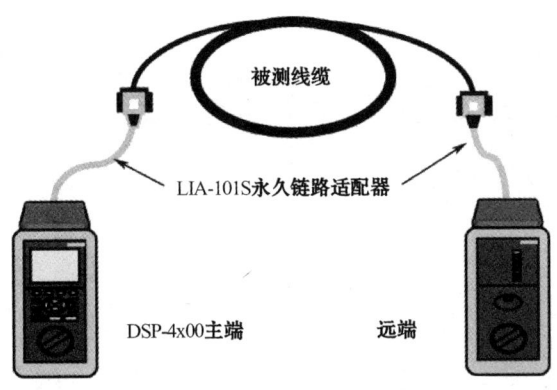

图5.18　线缆测试的连接

6. 特殊功能

（1）设置非屏蔽双绞线测试如图5.19所示。

（2）设置光纤测试如图5.20所示。

图5.19　设置非屏蔽双绞线测试　　　　图5.20　设置光纤测试

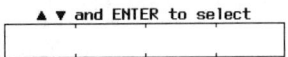

7. 自校准/自测试

（1）DSP测试仪（见图5.21）的主端和远端应该每月做一次自校准。

（2）用自测试来检查硬件情况。

图5.21　DSP测试仪

主端和远端的连接模式如下。

① 选中"Self Calibration"选项。

② 按"ENTER"键。

③ 按"TEST"键。

图 5.22 所示为主端和远端的连接模式。

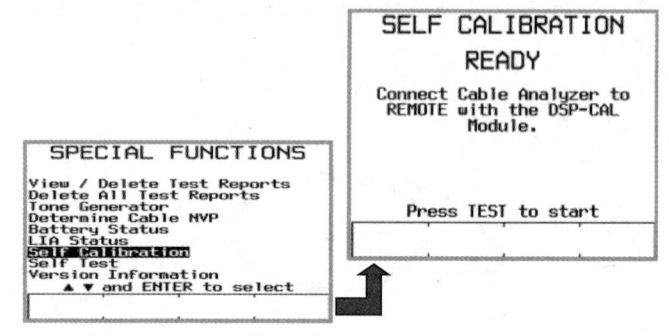

图 5.22 主端和远端的连接模式

8. 其他设置选项

（1）编辑报告标识。

（2）图形数据存储。

（3）设置自动关闭电源时间。

（4）关闭或启动测试伴音。

（5）选择打印机类型。

（6）设置串口。

（7）设置日期。

（8）选择长度单位：ft/m。

（9）选择数字格式。

（10）选择打印/显示语言。

（11）选择 50 Hz 或 60 Hz 的电力线滤波器。

（12）选择脉冲噪声故障极限。

（13）选择精确的频段指示。

9. 自动测试

自动测试如图 5.23 所示。

10. 自动测试结果

自动测试结果如图 5.24 所示。

（1）指示结果，结果为通过或失败。

（2）所有的测试都需要选择参照标准。

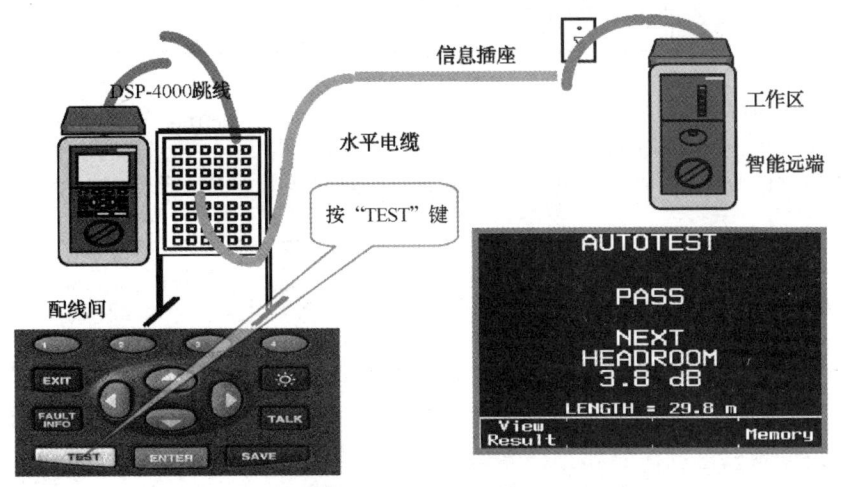

图 5.23 自动测试

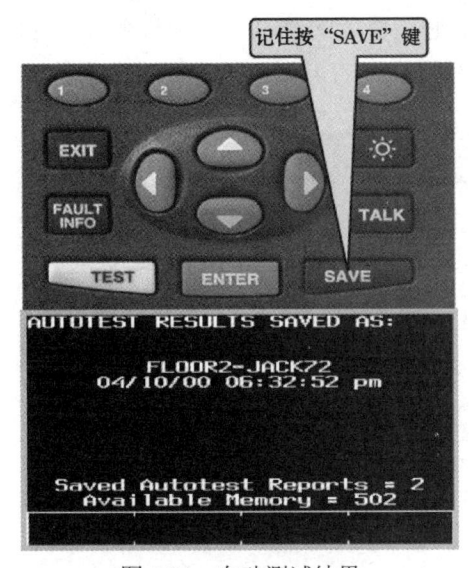

图 5.24 自动测试结果

任务评价

以团队小组为单位完成任务，以学生个人为单位进行实习考核。

序号	检查项目	分值	自我评分	小组评分	教师评分	备注
1	遵守安全操作规范	10				
2	态度端正、工作认真	10				
3	能正确说出各个耗材的名称	10				
4	能正确说出各个工具的作用	10				
5	能掌握链路测试的原理	10				
6	端接的操作工艺	10				
7	测试结果	10				
8	遵守纪律	10				
9	做好 6S 管理工作	10				
10	完成任务工单的全部内容	10				

> 说明:
> (1) 每名同学总分为 100 分。
> (2) 每名同学每项为 10 分,计分标准为:不满足要求计 1~5 分,基本满足要求计 6~7 分,高质量满足要求计 8~10 分。
> 采用分层打分制,建议权重为:自我评分占 0.2,小组评分占 0.3,教师评分占 0.5,加权算出每名同学在本工作任务中的综合成绩。

⏵ 任务总结

在光纤通信中,由于光纤的物理特性及光纤连接器等部件的存在,可能会导致光信号的质量受到影响,从而影响光纤通信的可靠性和性能。光纤测试是确保光纤通信系统正常运行的重要手段。通过光纤测试可以检测和分析光信号的各种参数,以确保光纤通信系统的可靠性和性能。在进行光纤测试时,需要使用专业的测试设备和工具,并对光纤进行清洁和检查,以保证测试结果的准确性和可靠性。通过合适的测试方法和设备,以及严格的测试环境控制,可以得到准确的测试结果,为光纤通信系统的优化和改进提供参考。

任务 3 综合布线系统工程验收

⏵ 学习目标

- 熟悉综合布线系统工程验收规范。
- 掌握综合布线系统工程验收阶段。
- 掌握综合布线系统工程验收内容。
- 能完成综合布线系统工程验收工作。

⏵ 任务描述

综合布线系统工程经过设计、施工、测试后进入验收阶段,综合布线系统工程验收将全面考核工程的建设工作。检验设计质量和工程质量,是施工方向建设方移交工程的正式手续,也是建设方对工程的认可。本任务要求学生能完成综合布线系统工程的收尾工作,了解综合布线系统工程验收各阶段的内容,完成综合布线系统工程验收工作,使工程顺利移交。

⏵ 任务引导

本任务将带领大家了解综合布线系统工程验收规范,掌握综合布线系统工程验收阶段,掌握环境检查、设备安装检验、线缆的敷设和保护方式检验、缆线终接和工程电气测试等各个验收项目的具体内容,以及综合布线系统工程验收的相关技能。

⏵ 知识链接

5.3.1 工程验收规范

综合布线系统工程验收主要依据中华人民共和国国家标准 GB/T 50312—2016《综合布线

系统工程验收规范》中描述的项目和测试过程进行验收,但具体的综合布线系统工程验收还应严格按下列原则和验收项目内容进行。

(1)综合布线系统工程应按《信息通信综合布线系统 第1部分:总规范》(YD/T 926.1—2023)中规定的链路性能要求进行验收。

(2)工程竣工验收项目的内容和方法应按《综合布线系统工程验收规范》(GB/T 50312—2016)的规定执行(详见规范)。

(3)综合布线系统工程缆线链路的电气性能应按《综合布线系统电气特性通用测试方法》(YD/T 1013—2013)中的规定进行测试。

(4)综合布线系统工程的验收除应符合上述规范外,还应符合中国现行的《通信线路工程验收规范》(GB 51171—2016)和《通信管道工程施工及验收技术规范》(YD 5103—2003)中的相关规定。

(5)在综合布线系统工程的施工和验收中,如遇到上述各种规范未包括的技术标准和技术要求,为了保证验收,可按有关设计规范和设计文件的要求办理。

5.3.2 工程验收阶段

1.开工前检查

开工前检查包括环境检查和设备材料检验。环境检查包括检查土建施工的地面、墙面、门、电源插座及接地装置、机房面积、预留孔洞等。设备材料检验包括检查产品的规格、数量、型号是否符合设计要求;检查材料设备的外观;抽查线缆的电气性能指标等。

2.随工验收

为了随时考核施工单位的施工水平和施工质量,对产品的整体技术指标和质量有一个了解,部分验收工作要在工程施工过程中进行。

3.初步验收

初步验收包括检查工程质量、审查竣工资料,对发现的问题提出处理意见,并组织相关责任单位来落实。

4.竣工验收

竣工验收为工程建设的最后一个流程。

5.3.3 工程验收内容

1.环境检查

(1)交接间、设备间、工作区的土建工程已全部竣工。房屋地面平整、光洁,门的高度和宽度要不妨碍设备和器材的搬运,门锁和钥匙要齐全。

(2)房屋预埋地槽、暗管及孔洞和竖井的位置、数量、尺寸均应符合设计要求。

(3)铺设活动地板的场所,其活动地板的防静电措施应符合设计要求。

（4）交接间、设备间应提供220V单相带地电源插座。

（5）交接间、设备间应提供可靠的接地装置，当设置接地时，其接地电阻值及接地装置应符合设计要求。

（6）交接间、设备间的面积、通风及环境温、湿度应符合设计要求。

2. 设备安装检验

1）机柜、机架的安装要求

（1）机柜、机架安装完毕后，垂直偏差度应不大于3mm。机柜、机架的安装位置应符合设计要求。

（2）机柜、机架上的各种零件不得脱落或碰坏，若漆面有脱落应予以补漆，各种标志应完整、清晰。

（3）机柜、机架的安装应牢固，当有抗震要求时，应按施工图的抗震设计进行加固。

2）各类配线部件的安装要求

（1）各类配线部件应完整，安装就位，标志齐全。

（2）安装螺丝时必须拧紧，面板应保持在一个平面上。

3）8位模块通用插座的安装要求

（1）8位模块通用插座应安装在活动地板或地面上，并固定在接线盒内，插座面板采用直立和水平等形式；接线盒盖可开启，并应具有防水、防尘、抗压功能。接线盒盖面应与地面齐平。其安装在墙体上时，宜高出地面300mm。

（2）8位模块通用插座、多用户信息插座或集合点配线模块，安装位置应符合设计要求。

（3）8位模块通用插座底座盒的固定方法按施工现场条件而定，宜采用预置扩张螺丝固定等方法。

（4）固定螺丝需要拧紧，不能产生松动现象。

（5）各种插座面板应有标识，以颜色、图形、文字表示所接终端设备的类型。

4）桥架及线槽的安装要求

（1）桥架及线槽的安装位置应符合施工图的规定，左右偏差不应超过50mm。

（2）桥架及线槽的水平度每米偏差不应超过2mm。

（3）垂直桥架及线槽应与地面保持垂直，并无倾斜现象，垂直度偏差不应超过3mm。

（4）线槽截断处及两个线槽拼接处应平滑、无毛刺。

（5）吊架和支架安装时应保持垂直，整齐牢固，无歪斜现象。

（6）金属桥架及线槽节与节间应接触良好，安装牢固。

3. 线缆的敷设和保护方式检验

1）线缆的敷设要求

（1）线缆的型式、规格应与设计规定相符。

(2) 线缆的布放应自然平直,不得产生扭绞、打圈接头等现象,不应受外力的挤压和损伤。

(3) 线缆两端应贴有标签,并标明编号,标签书写应清晰和正确。标签应选用不易损坏的材料制作。

(4) 线缆终接后,应有余量。交接间、设备间对绞电缆的预留长度宜为 0.5~1m;工作区电缆的预留长度为 10~30mm;光缆布放宜盘留,预留长度宜为 3~5m,有特殊要求的应按设计要求预留长度。

(5) 线缆的弯曲半径应符合规定。

(6) 线缆布放时,在牵引过程中,吊挂线缆的支点相隔间距不应大于 1.5m。

(7) 布放线缆的牵引力,应小于线缆允许张力的 80%,对光缆的瞬间最大牵引力不应超过光缆的允许张力。以牵引方式敷设光缆时,主要牵引力应加在光缆的加强芯上。

(8) 线缆布放过程中为避免受力和扭曲,应制作合格的牵引端头,如采用机械牵引时,应根据牵引的长度、布放环境、牵引张力等因素选用集中牵引或分散牵引等方式。

(9) 布放光缆时,光缆盘转动应与光缆布放同步,光缆的牵引速度一般为 15m/min。光缆出盘处要保持松弛的弧度,并留有缓冲余量,但余量不宜过多,以避免光缆出现背扣。

(10) 电源线、综合布线系统的线缆应分隔布放,线缆间的最小净距应符合设计要求。

(11) 综合布线系统的光缆、电缆与电力线及其他管线的间距为建筑物内线缆的敷设要求,建筑物群区域内的电缆、光缆与各种设施之间的间距要求按本地网通信线路工程验收规范中的相关规定执行。

(12) 在暗管或线槽中的线缆敷设完毕后,宜在信道两端口出口处用填充材料进行封堵。

2) 保护措施

(1) 水平子系统线缆的敷设保护。

① 预埋金属线槽的保护要求如下。

a. 在建筑物中预埋线槽,宜按单层设置,每一路由预埋线槽不应超过 3 根,线槽截面高度不宜超过 25mm,总宽度不宜超过 300mm。

b. 当线槽直埋长度超过 30m 或在线槽路由交叉、转弯时,宜设置过线盒,以便布放线缆和维修。

c. 过线盒盖能开启,并与地面齐平,盒盖处应采取防水措施。

d. 过线盒和接线盒盒盖应能抗压。

e. 金属线槽至信息插座接线盒间的线缆宜采用金属软管敷设。

② 预埋暗管的保护要求如下。

a. 预埋在墙体中间的暗管管径不宜超过 50mm,楼板中的暗管管径不宜超过 25mm。

b．在直线布管时，每 30m 处要设置过线盒。

　　c．暗管的转弯角度应大于 90°，在路径上每根暗管的转弯角度不得多于两个，并不应有 S 弯出现，当有弯头的管段长度超过 20m 时，应设置过线盒；当有两个弯时，管段长度超过 15m 就要设置过线盒。

　　d．暗管转弯的曲率半径不应小于该管外径的 6 倍，当暗管外径大于 50mm 时，其曲率半径不应小于该管外径的 10 倍。

　　e．暗管管口应光滑，并加有护口保护，管口伸出部位宜为 25～50mm。

　③ 线缆桥架和线缆线槽的保护要求如下。

　　a．当桥架水平敷设时，支撑间距一般为 1.5～3m；当桥架垂直敷设时，固定在建筑物结构体上的间距宜小于 2m，距地 1.8m 以下的部分应加金属盖板进行保护。

　　b．当敷设金属线槽，遇到下列情况时要设置支架或吊架。

　　——线槽接头处。

　　——每间距 3m 处。

　　——离开线槽两端出口 0.5m 处。

　　——转弯处。

　　c．塑料线槽槽底固定点的间距一般宜为 1m。

　④ 当在活动地板下敷设线缆时，活动地板内的净空高度应为 150～300mm。

　⑤ 当采用公用立柱作为顶棚支撑柱时，可在立柱中布放线缆。立柱支撑点宜避开沟槽和线槽位置，支撑应牢固。

　（2）工作区子系统线缆的敷设保护。

　　在工作区的信息点位置和线缆敷设方式未定的情况下，或在工作区的地毯下布放线缆时，工作区宜设置交接箱，每个交接箱的服务面积约为 80m^2。

　① 当信息插座安装于桌旁时，其到地面的距离可为 300mm 或 1200mm。

　② 当信息插座安装在办公桌隔板架上时，要注意其与电源插座的位置不要太近。

　（3）干线子系统线缆的敷设保护。

　① 干线子系统线缆不得布放在电梯或供水、供气、供暖管道竖井中，也不应布放在强电竖井中。

　② 干线通道间应沟通。

　③ 建筑群子系统线缆的敷设保护方式应符合设计要求。

　④ 光缆应装于保护箱内。

4．缆线终接

1）缆线终接的一般要求

（1）缆线在终接前，必须核对缆线标识内容是否正确。

（2）缆线中间不允许有接头。

（3）缆线终接处必须牢固、接触良好。

（4）缆线终接应符合设计和施工的操作规程。

2）对绞电缆芯线的终接要求

（1）在终接时，每对对绞线应保持扭绞状态，扭绞松开长度对于五类对绞线不应大于13mm。

（2）当对绞线与8位模块通用插座相连时，必须按色标和线对顺序进行卡接。同一个布线工程中的两种连接方式不应混合使用。

（3）屏蔽对绞电缆的屏蔽层与接插件终接处的屏蔽罩必须可靠接触，屏蔽层应与接插件终接处的屏蔽罩进行360°圆周接触，接触长度不宜小于10mm。

3）光缆芯线的终接要求

（1）当采用光纤连接盒对光纤进行连接、保护时，在光纤连接盒中光纤的弯曲半径应符合安装工艺的要求。

（2）光纤熔接处应加以保护和固定，使用连接器以便光纤跳接。

（3）光纤连接盒的面板应有标志。

4）各类跳线的终接要求

（1）各类跳线和接插件间应良好接触，接线无误，标志齐全。跳线选用类型应符合系统的设计要求。

（2）各类跳线长度应符合设计要求，一般对绞电缆跳线不应超过5m，光缆跳线不应超过10m。

5．电气测试

综合布线系统工程的电气测试包括电缆系统的电气性能测试和光纤系统的电气性能测试，其中电缆系统的电气性能测试的项目分为基本测试项目和任选测试项目。各项测试项目应有详细记录，以作为竣工技术文件的一部分。

1）电缆系统的电气性能测试

（1）五类电缆要求：长度、接线图、衰减、近端串扰要符合规范要求。

（2）超五类电缆要求：长度、接线图、衰减、近端串扰、延迟、延迟差要符合规范要求。

（3）六类电缆要求：长度、接线图、衰减、近端串扰、延迟、延迟差、综合近端串扰、回波损耗、等效远端串扰、综合远端串扰要符合规范要求。

2）光缆系统的电气性能测试

（1）类型。单模/多模、根数等是否正确。

（2）衰减。

（3）反射。

综合布线系统工程的电气测试如表5.5所示。

表5.5 综合布线系统工程的电气测试

序号	编号			内容								记录
				电缆系统						光缆系统		
	地址号	缆线号	设备号	长度	接线图	衰减	近端串扰	延迟	其他任选项目	衰减	反射	
	测试日期、人员及测试仪表型号											
	处理情况											

🡪 任务工单

学生依据实施要求及操作步骤,在教师的指导下完成本工作任务,并填写任务工单。

任务名称	综合布线系统工程验收	实训设备及工具	综合布线实训装置、水平仪、卷尺、测试工具等
任务	完成综合布线系统工程的现场验收工作		
任务目的	掌握综合布线系统工程验收的管理方法,掌握综合布线系统工程验收的相关技能		

1. 咨询

(1)综合布线系统工程验收的依据和原则。

(2)综合布线系统工程验收的内容。

2. 决策与计划

根据任务要求,确定所需要的设备及工具,并对小组成员进行合理分工,制订详细的工作计划。

(1)讨论及确定实验所需的设备及工具。

(2)成员分工。

(3)制定实训操作步骤。

① _____

② _____

③ _____

④ _____

3. 实施过程记录

(1)分析实践用的系统结构的特点。

(2)实践操作,总结应该注意的问题。

续表

（3）记录实践的相关数据。

4．检查与测试

根据任务要求，检查操作的正确性，当出现故障时进行排除，并记录测试结果。

（1）检查操作是否正确。

（2）记录测试结果。

（3）分析原因，排除故障。

➡ 任务实施

经甲方相关管理部门认可后方可进入现场验收，验收流程如下。

（1）信息点抽测：由项目部委托第三方检验机构进行福禄克认证测试，依照综合布线系统工程的竣工验收标准和职责判定工程是否合格。

（2）标识或标签：标识或标签是否清晰，设备、面板上是否有 MAC 地址和点位命名标注，点位命名要和弱电间上架的命名标识一一对应。依照综合布线系统工程的竣工验收标准和职责判定其是否合格。

（3）验证网络架构是否与施工方所提交的网络拓扑图、综合布线系统逻辑图、信息点分布图、机柜布局图、配线架上的信息点分布图等相符。依照综合布线系统工程的竣工验收标准和职责判定其是否合格。

（4）工作区验收。

① 线槽走向、布线是否美观、大方，符合规范要求。

② 信息插座是否按规范进行安装。

③ 信息插座的安装是否做到了一样高及一样平，是否牢固。

④ 信息面板是否固定牢固。

⑤ 标志是否齐全。

（5）配线子系统验收。

① 槽安装是否符合规范。

② 槽与槽、槽与槽盖是否接合良好。

③ 托架、吊杆是否安装牢固。

④ 配线子系统与干线子系统、工作区的交接处是否出现了裸线，有没有按规范施工。

⑤ 配线子系统槽内的线缆有没有固定。

⑥ 接地是否正确。

（6）干线子系统验收。对干线子系统的验收除包括配线子系统的验收内容外，还包括检查楼层与楼层之间的洞口是否封闭，以防火灾出现时成为一个隐患点；线缆是否按间隔要求固定；拐弯处的线缆是否留有弧度。

(7) 电信间、设备间验收。
① 检查机柜安装的位置是否正确，规格、型号、外观是否符合要求。
② 跳线制作是否规范，配线面板的接线是否美观、整洁。
(8) 线缆布放。
① 线缆的规格、路由是否正确。
② 线缆的标号是否正确。
③ 线缆的拐弯处是否符合规范。
④ 竖井的线槽、线是否固定牢固。
⑤ 是否存在裸线。
⑥ 竖井层与楼层之间是否采取了防火措施。
(9) 架空布线。
① 架设竖杆的位置是否正确。
② 吊线规格、垂度、高度是否符合要求。
③ 卡挂钩的间隔是否符合要求。
(10) 管道布线。
① 使用的管孔及管孔位置是否合适。
② 线缆的规格。
③ 线缆的走向路由。
④ 防护设施。
(11) 以上合格后由参与验收的各部门在验收文档上签字并盖章。施工方要对不合格部位进行限期整改，整改完毕后，组织进行复检。
(12) 验收手续完成，移交设备和网络。

任务评价

以团队小组为单位完成任务，以学生个人为单位进行实习考核。

序号	检查项目	分值	自我评分	小组评分	教师评分	备注
1	遵守安全操作规范	10				
2	态度端正、工作认真	10				
3	能正确说出各个验收项目的名称	10				
4	能正确说出各个工具的作用	10				
5	能掌握布线验收规范	10				
6	验收操作工艺	10				
7	测试结果	10				
8	遵守纪律	10				
9	做好 6S 管理工作	10				
10	完成任务工单的全部内容	10				

说明：
(1) 每名同学总分为 100 分。
(2) 每名同学每项为 10 分，计分标准为：不满足要求计 1~5 分，基本满足要求计 6~7 分，高质量满足要求计 8~10 分。
采用分层打分制，建议权重为：自我评分占 0.2，小组评分占 0.3，教师评分占 0.5，加权算出每名同学在本工作任务中的综合成绩。

任务总结

工程验收工作对于保证工程质量起重要作用，也是工程质量的四大要素"设计、产品、施工、验收"的一个组成部分。工程验收体现在新建、扩建和改建工程的全过程，就综合布线系统工程而言，其不仅与土建装修工程密切相关，而且涉及与其他行业间的接口。

由于综合布线系统工程中尚有不少技术问题需要进一步研究，很多标准的内容尚未完善及健全，随着综合布线系统工程技术的发展，相关标准会被修订或补充，因此在进行工程验收时，应密切注意当时有关部门有无发布新的标准或补充规定，以便结合工程实际情况进行验收。

任务4　工程文件验收

学习目标

- 熟悉综合布线系统的工程文件技术要求。
- 掌握综合布线系统的工程竣工技术文件内容。
- 掌握综合布线系统的工程鉴定技术文件内容。
- 能编制工程竣工技术文件。

任务描述

工程文件验收主要是检查乙方是否按协议或合同规定的要求，交付所需要的文档，它是工程验收能否通过的一个重要依据。综合布线系统工程的竣工技术文件要保证质量，做到外观整洁、内容齐全、数据准确。本任务要求学生能进行工程竣工技术文件的编制，完成工程文件验收，以实现交付。

任务引导

本任务将带领大家了解综合布线系统的工程文件技术要求，掌握综合布线系统的工程竣工技术文件内容、综合布线系统的工程鉴定技术文件内容及综合布线系统工程文件验收的相关技能。

知识链接

5.4.1　工程文件技术要求

工程文件在工程施工过程中或竣工后应及早编制，并要在工程验收前提交建设单位。工程文件通常一式三份，若有多个单位需要时，则可适当增加份数。

工程文件和相关资料应做到内容齐全、资料真实可靠、数据准确无误、文字表达条理清楚、文件外观整洁、图表内容清晰，不应有互相矛盾、彼此脱节、错误和遗漏等现象。

5.4.2　工程竣工技术文件

为了便于工程验收和今后管理，施工单位应编制工程竣工技术文件，按协议或合同规定的要求交付所需要的文档。工程竣工技术文件包括以下几个方面。

（1）竣工图纸：总体设计图、施工设计图，包括配线架、色场区的配置图、色场图，配线架布放位置的详场图、配线表、点位布置竣工图。

（2）工程核算：综合布线系统工程的主要安装工程量，包括主干布线的缆线规格和长度，装设楼层配线架的规格和数量等。

（3）器件明细：设备、机架和主要部件的数量明细表，即对整个工程中所用的设备、机架和主要部件分别进行统计，清晰地列出其型号、规格、程式和数量。

（4）测试记录：工程中各项技术指标和技术要求的随工验收、测试记录，如缆线的主要电气性能、光缆的光学传输特性等。

（5）隐蔽工程：直埋电缆或地下电缆管道等隐蔽工程经工程监理人员认可的签证；当设备安装和缆线敷设工序告一段落时，经常驻工地人员或工程监理人员随工检查后的证明等原始记录。

（6）设计更改：在施工中有少量修改时，可利用原工程设计图进行更改、补充，不需要重做竣工图纸，但施工中改动较大时，应重做竣工图纸。

（7）施工说明：在施工中一些重要部位或关键段落的施工说明，如建筑群配线架和建筑物配线架合用时，它们连接端子的分区和容量等。

（8）软件文档：当综合布线系统工程中采用计算机辅助设计时，应提供程序设计说明和有关数据，如磁盘、操作说明、用户手册等文件资料。

（9）会议记录：在施工过程中由于各种客观因素要变更或修改原有设计或采取相关技术措施时，应提供建设、设计和施工等单位之间对于这些变动情况的洽商记录，以及施工中的检查记录等基础资料。

5.4.3 工程鉴定技术文件

验收通过后就进入了鉴定程序。虽然有时常把验收与鉴定结合在一起进行，但验收与鉴定还是有区别的。

验收是用户对工程施工工作的认可，检查工程施工是否符合设计要求和有关施工规范。用户要确认工程是否达到了原来的设计目标，质量是否符合要求，有没有不符合原设计有关施工规范的地方。

鉴定是对工程施工的水平程度做评价。鉴定评价来自专家、教授组成的鉴定小组，用户只能向鉴定小组客观地反映使用情况，鉴定小组人员要对工程进行全面考察，写出鉴定书提交给上级主管部门。

验收机构必须对综合布线系统工程的质量、电信公用网的安全运行，以及用户的业务使用和投资效益负责，并要对厂家、代理和施工单位负责。

鉴定是由专家组和甲、乙方共同进行的。当专家组、用户和施工单位三方对工程进行验收时，施工单位应报告工程的方案设计、施工情况和运行情况等，专家应实地参观测试，开会总结，确认验收与否。

一般施工单位要为用户和有关专家提供详细的技术文档，如系统设计方案、布线系统图、布线系统配置清单、布线材料清单、安装图、操作维护手册等。这些资料均应标注工程名称、工程编号、现场代表、施工技术负责人、文档编制人和审核人、编制日期等。施工单位还要为鉴定会准备相关的技术材料和技术报告，包括综合布线系统工程的建设报告；综合布线系统工程的测试报告；综合布线系统工程的资料审查报告；综合布线系统工程的用户试用意见；综合布线系统工程的验收报告。

1. 综合布线系统工程的建设报告

此报告主要介绍工程的特点及设计、施工和质量保证的总体情况。

1）工程概况

介绍该工程的承接公司和实施公司；工程的开工时间和进度计划；工程方案的确定和评审。

2）工程设计与实施

（1）设计目标和指导思想。简明介绍该工程的设计目标和相应的技术方案，以及方案选择的依据。例如，工程的设计目标是建设一个单位内部可以实现资源共享的基础设施，并采用快速以太网组网技术等。

（2）楼宇结构化布线的设计与实施。介绍该工程涉及的楼宇、网络管理中心的设置、网络管理中心与楼宇的连接介质和连接技术。

（3）设计要求。介绍网络的拓扑结构，使用的线缆类型、管线技术和材料等。

（4）实施。介绍楼宇间的综合布线系统结构、各个楼宇信息点的数量、已安装的信息插座数等。

（5）布线的质量与测试。介绍保证质量的手段，如与用户方的及时沟通、隐蔽工程有监理方的签证、入网用户点和有关线路的质量测试等。

（6）布线测试选定的测试工具，测试结果是否合格，并给出测试结果报告。

3）工程特点

主要从系统的先进性、可扩充性和可管理性来阐述工程特点。

4）工程文档

为工程的承接方用户提供的文档明细。

5）结束语

经验总结，以及对相关协助人员的致谢等。

2. 综合布线系统工程的测试报告

此报告主要介绍测试的内容，包括材料选用、施工质量、每个信息点的技术参数等。

（1）线材检验。此部分主要介绍选材（铜缆、光缆、信息插座）的规格和所依据的标准，如采用符合 ANSI/TIA-568-D 标准的非屏蔽五类双绞线，符合 100Base-FX、ANSI/TIA-568-D、IEEE 802 和 IEC 标准的光缆等。

（2）桥架和线槽查验。此部分主要介绍金属桥架、明线槽是否美观、稳固，走线位置是否合理，施工过程中是否影响楼房的整体结构等。

（3）信息点参数测试。此部分介绍选用的测试仪和测试参数，并给出测试记录。

（4）对综合布线系统工程是否符合设计要求，是否可交付使用，给出结论。

3. 综合布线系统工程的资料审查报告

在该报告中要列出施工方为用户方提供的工程技术资料明细，并确定资料是否翔实、齐全；同时要有资料审查组组员名单和组员的签字。

4. 综合布线系统工程的用户试用意见

用户试用意见即用户试用后得出的初步结论，包括工程是否设计合理，性能是否可靠，是否实用、安全，是否能满足用户对工程的使用要求等，并要有用户方的签字。

5. 综合布线系统工程的验收报告

该报告主要给出了工程验收小组的组成情况，以及工程验收小组经过资料审阅和现场的实地考察后给出的验收意见。

具体可以从以下几个方面给出评价：工程规模；工程技术的先进性和设计合理性；施工质量是否达到了设计标准；文档资料是否齐全。最后给出是否通过验收的结论，并且要附上工程验收小组的成员名单和成员的签字。

任务工单

学生依据实施要求及操作步骤，在教师的指导下完成本工作任务，并填写任务工单。

任务名称	编制工程竣工技术文件	实训软件	Microsoft Word、Microsoft Excel 等
任务	进行工程竣工技术文件的编制，以实现交付		
任务目的	掌握工程竣工技术文件的编制方法和验收方法		

1. 咨询

（1）工程竣工技术文件的内容。

（2）鉴定工程竣工技术文件的内容。

2. 决策与计划

根据任务要求，确定所需要的设备及工具，并对小组成员进行合理分工，制订详细的工作计划。

（1）讨论并确定实验所需的设备及工具。

（2）成员分工。

（3）制定实训操作步骤。
① _____
② _____
③ _____
④ _____

续表

> 3．实施过程记录
> （1）分析实践用的楼宇布线验收方案。
>
> （2）实践操作，总结应该注意的问题。
>
> （3）记录实践的相关数据。
>
> 4．检查与测试
> 根据任务要求，检查文档的正确性，更正错误。
> （1）检查竣工技术资料是否齐全。
>
> （2）检查文档要素是否正确。
>
> （3）检查数据，更正错误。

➡ 任务实施

竣工资料编制以工程完工为前提组织实施，将工程建设工作中的各项数据、图表资料等组织成一定的内容，记录工程建设的历程，为工程保修、维护、改建和技术改造等提供重要的数据库。

1．竣工资料的准备

在竣工资料编制的过程中，准备工作尤为关键，必须进行全面、翔实的备查、验收。具体的准备工作包括以下几个方面。

（1）组织专业精干的人员，包括技术人员、项目管理人员等，对工程资料制作进行培训和实际操作。

（2）在开始编制竣工资料之前，必须对工程的设计文件、施工图纸、验收报告、竣工验收批准文件、技术质量验收档案等内容进行全面梳理，建立并完善工程要完成的清单目录，以确定所需竣工文件的类型、内容和数量。

（3）督促工程实际投入匹配的建设项目中，保障工程建设质量，以便在后期资料准备中有可靠的依据。

（4）全面采集改造、验收、测试工作的数据和技术参数，如建设工程的施工方案和差错排查确认等，以确保数据的完整性和准确性。

（5）同时要在组织竣工资料的过程中，充分把握管理程序和流程，紧密衔接竣工验收、技术质量验收、安全文明施工等各个环节，将技术、安全、质量、经济等方面的各类检验报告合理地组织在一起，构建工程竣工验收档案和资料库。

2．竣工资料的内容

竣工资料的内容是相当复杂和丰富的，包括设计文件、施工图纸、验收报告、竣工验收批准文件、工程现场验收记录、技术质量验收档案、财务表决说明、安全情况、质量情况、经济情况、人员情况等多个方面。具体包含如下内容。

（1）设计文件：包括施工图、质量标准、工程方案等，这些内容详细说明了建筑工程的各个环节及其质量要求，是编制竣工资料的重要依据。

（2）竣工验收批准文件：包括竣工验收报告、竣工验收批准书等，这是记录竣工验收结果和批准工程完工的重要文件，也是工程竣工的标志性文件。

（3）工程现场验收记录：包括改造、验收、测试工作中的各项参数数据、测量数据、检查记录等，体现了工程建设中琐碎而重要的细节。

（4）技术质量验收档案：包括工程建设过程中的文书材料，如质量评定报告、质量监督检查表、施工记录等，其包含内容必须从质量、工艺、安全、环保等方面全面考虑。

（5）财务表决说明：包括成本预算、用款计划、资金管理及财务标准等，是盘点工程收支情况的核心文件。

（6）人员情况：包括人员配备情况、人员培训情况、人员管理情况等，是工程管理过程的记录。

3．竣工资料编制的流程

由于竣工资料的编制是一个复杂的过程，它关系到工程建设的各个方面，因此必须重视竣工资料编制的流程，以确保所有流程的安全、准确、及时。

（1）竣工资料要充分考虑各方利益，尽量实现资源整合。

（2）竣工资料验证既是整个竣工资料编制的关键之一，又是保障工程建设质量和安全的必要手段。

（3）竣工资料管理要恪守工程建设管理原则，遵循法律法规和标准规范，严格执行承诺，保证数据真实有效、安全可靠，并对数据进行保密。

（4）竣工资料传递要及时、准确、流畅，要确保资料流程与实际工作流程能够衔接。

（5）竣工资料保存应根据工程的特点、工期、经费预算、技术水平、管理个性和当地实际情况等进行科学、合理的规划和制定，使各类数据和文书得到妥善保管和有效使用。

竣工资料是工程建设的重要组成部分，具有特殊重要性和长期使用价值，我们要掌握竣工资料编制的准备、内容和流程等的技巧与方案，为更好地组织和实施有关工程建设工作提供指导和支持。

附：大厦综合布线系统工程的文件目录

大厦综合布线系统工程的文件目录

序号	文件标题名称	页数	备注
1	综合布线系统图	1	
2	综合布线系统材料清单表	1	
3	综合布线系统施工图	1	
4	项目竣工总结报告	1	

1. 综合布线系统图

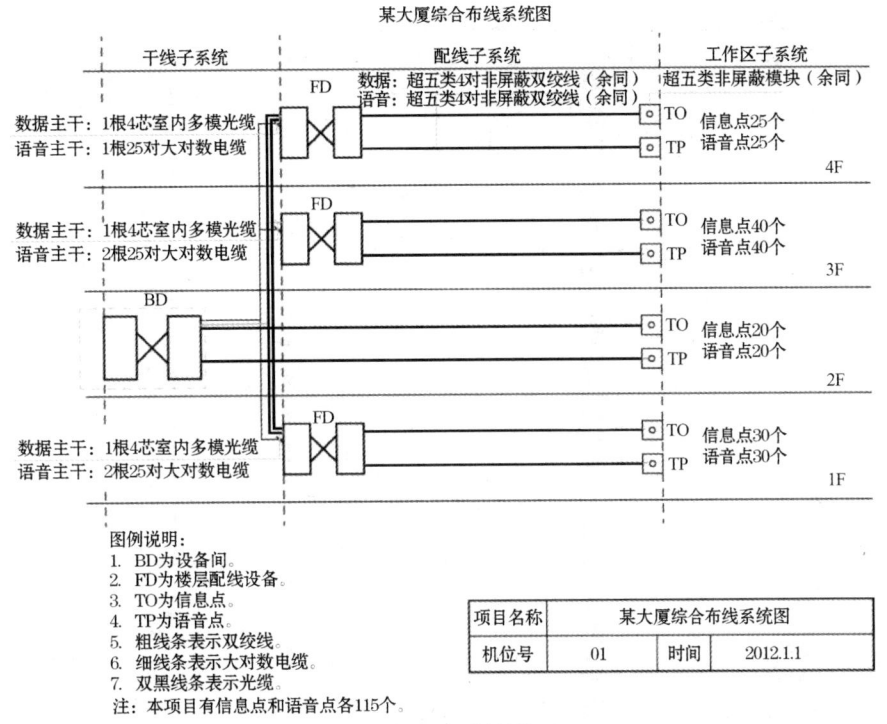

某大厦综合布线系统图

干线子系统	配线子系统	工作区子系统

FD 数据：超五类4对非屏蔽双绞线（余同）
语音：超五类4对非屏蔽双绞线（余同）　　超五类非屏蔽模块（余同）

数据主干：1根4芯室内多模光缆
语音主干：1根25对大对数电缆
　　　　　　　　TO 信息点25个
　　　　　　　　TP 语音点25个　4F

数据主干：1根4芯室内多模光缆
语音主干：2根25对大对数电缆
　　　　　　　　TO 信息点40个
　　　　　　　　TP 语音点40个　3F

BD
　　　　　　　　TO 信息点20个
　　　　　　　　TP 语音点20个　2F

数据主干：1根4芯室内多模光缆
语音主干：2根25对大对数电缆
　　　　　　　　TO 信息点30个
　　　　　　　　TP 语音点30个　1F

图例说明：
1. BD为设备间。
2. FD为楼层配线设备。
3. TO为信息点。
4. TP为语音点。
5. 粗线条表示双绞线。
6. 细线条表示大对数电缆。
7. 双黑线条表示光缆。
注：本项目有信息点和语音点各115个。

项目名称	某大厦综合布线系统图		
机位号	01	时间	2012.1.1

综合布线系统图

2. 综合布线系统材料清单表

综合布线系统材料清单表

序号	名称与规格	品牌	单位	数量	备注
1	25对大对数	NORTEC	m	30～80	
2	4芯多模室内光纤	NORTEC	m	30～80	
3	单口面板	NORTEC	个	230	
4	86型明装底盒	NORTEC	个	230	
5	超五类非屏蔽3m跳线	NORTEC	条	115	
6	超五类模块	NORTEC	个	230	
7	超五类非屏蔽1m跳线	NORTEC	条	115	
8	110RJ-45跳线	NORTEC	条	115	
9	超五类非屏蔽双绞线	NORTEC	箱	30	305米/箱
10	理线架	NORTEC	个	21	
11	耦合器（ST）	NORTEC	个	24	
12	1.5m尾纤（ST）	NORTEC	条	24	
13	超五类非屏蔽24口配线架	NORTEC	个	12	
14	1m光纤跳线（ST-SC）	NORTEC	对	6	
15	100对110配线架	NORTEC	个	5	
16	标准32U机柜	NORTEC	台	3	
17	12口光纤配线架（ST）	NORTEC	个	3	
18	24口光纤配线架（ST）	NORTEC	个	1	
19	标准42U机柜	NORTEC	台	1	

3. 综合布线系统施工图

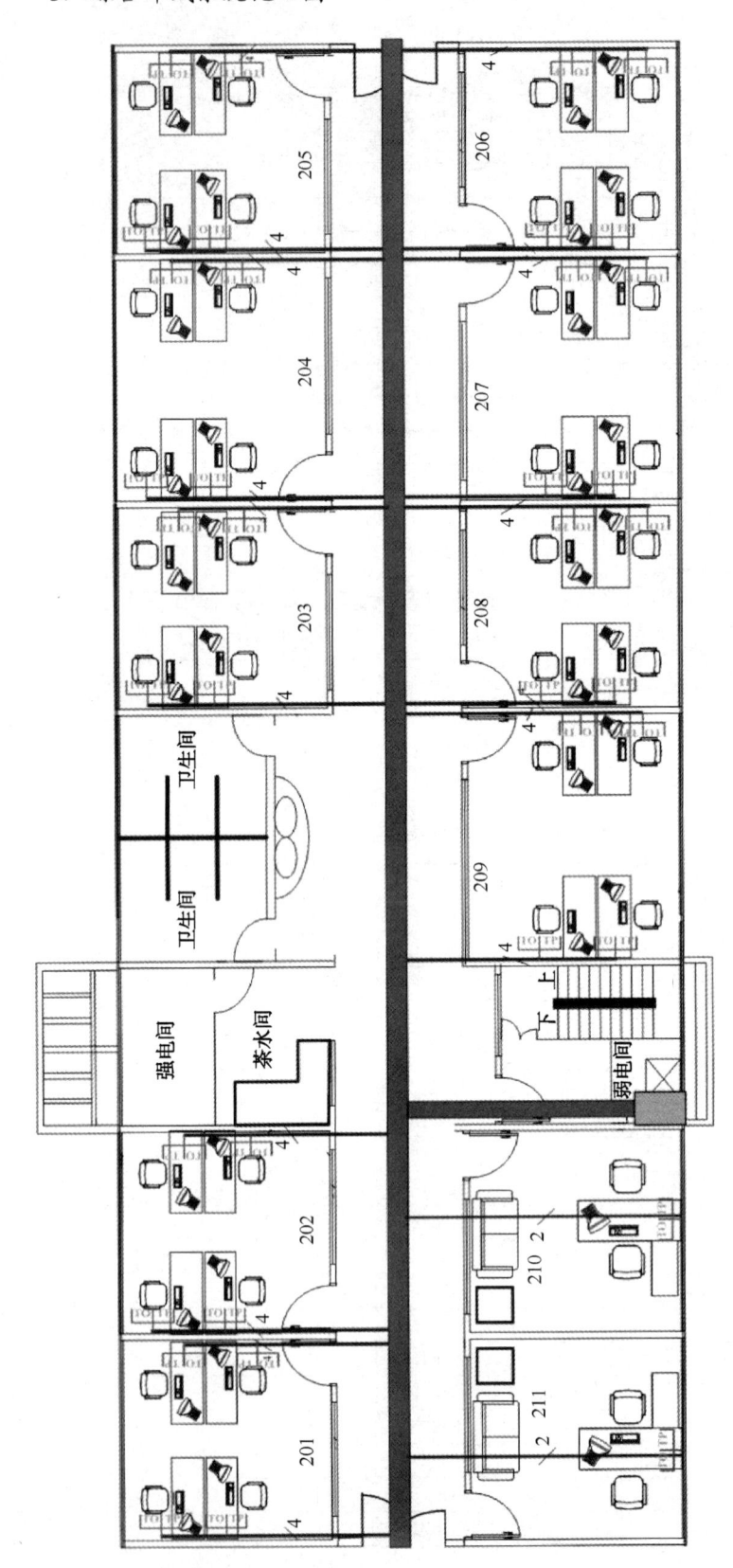

4. 项目竣工总结报告

项目名称表

序号	信息点编号	楼层机柜编号	配线架编号	配线架端口编号	房间编号	工作区编号
1	FD2-1-1-201-1	FD2	1	1	201	1
2	FD2-1-2-201-2	FD2	1	2	201	2
3	FD2-1-3-201-3	FD2	1	3	201	3
4	FD2-1-4-201-4	FD2	1	4	201	4
5	FD2-1-5.202-5	FD2	1	5	202	5

编制人：　　　　　　　　　　　　　　　时间：

质量检测和故障诊断分析表

故障项目	故障现象
A6	4芯开路
A8	1、2芯交叉，3、6芯交叉
A9	1、2线对与3、6线对错对
A10	1、2线对与3、6线对错对，4、5线对与7、8线对错对
A11	3、6芯短路
A13	3、6芯交叉，4芯开路
A15	7、8芯短路
A17	4、5线对与7、8线对错对，2芯开路

任务评价

以团队小组为单位完成任务，以学生个人为单位进行实习考核。

序号	检查项目	分值	自我评分	小组评分	教师评分	备注
1	遵守安全操作规范	10				
2	态度端正、工作认真	10				
3	能正确说出竣工技术资料的名称	10				
4	能正确说出各个竣工技术文件的作用	10				
5	能掌握综合布线系统的验收方案	10				
6	验收规范	10				
7	测试结果	10				
8	遵守纪律	10				
9	做好6S管理工作	10				
10	完成任务工单的全部内容	10				

说明：

（1）每名同学总分为100分。

（2）每名同学每项为10分，计分标准为：不满足要求计1~5分，基本满足要求计6~7分，高质量满足要求计8~10分。采用分层打分制，建议权重为：自我评分占0.2，小组评分占0.3，教师评分占0.5，加权算出每名同学在本工作任务中的综合成绩。

任务总结

工程竣工后，施工单位应在工程验收以前，将工程竣工技术资料交给建设单位，为日后维护提供数据依据。文档的移交是每个工程重要又容易被忽略的细节，设计科学而完备的文档不仅可以为用户提供帮助，更重要的是为集成商和施工方吸取经验和总结教训提供了可能。竣工技术文件要保证质量，做到外观整洁、内容齐全、数据准确。根据实际条件，考察综合布线系统工程的案例，查阅该工程的竣工技术文件。按照编制竣工技术文件的要求收集、整理质量记录，对查出的施工质量缺陷，按不合格控制程序进行处理，在最终检验合格和实验合格后，对工程成品采取防护措施。

素质课堂

匠心文化的传承——"班墨奚"文化

中国匠心文化经历代传承和创新发展，形成了工匠创物、工匠手作、工匠制度和工匠精神"四位一体"相互关联的生态系统。工匠创物是匠心文化的承载载体，表现为器物和工具等物质性实体，是中华文明发展与繁荣的集中体现；工匠手作是匠心文化的外化形式，表现为工匠在生产过程中的辛勤劳作和所使用的高超技艺；工匠制度是匠心文化道德情感的具体运用和表现，如古代的匠户制度和学徒制度；工匠精神是匠心文化的核心和灵魂，其时代内蕴可概括为尚巧求新、执着专注的创造精神，精益求精、追求卓越的敬业精神和尽美至善、道技合一的精神境界。在工匠精神的传承演变中，其内容逐渐从早期的工匠技艺传承，发展到今天的匠心文化传播。

随着新一代信息技术的高速发展，全球制造业正朝着"智能化"方向转型升级，中国制造向智能化时代迈进也上升为国家战略，工匠精神不断被赋予新的时代内涵。我们只有继续弘扬劳模和工匠精神，把中国匠心文化的创造性转化、创新性发展融入新时期对高水平应用型人才的培养，才能培养和造就一批具有优秀品质的大国工匠。弘扬工匠精神、传承匠心文化，培育劳动光荣、技能宝贵、创造伟大的大国工匠已成为新时代应用型人才培养的紧迫任务。中国匠心文化赋能新时代应用型人才培养是大势所趋、时代必然。

工匠祖师鲁班、科圣墨子、造车鼻祖奚仲这三位历史文化名人都是枣庄人。鲁班不仅是一个历史人物，还是一个被美化、被神化的智慧形象。鲁班精神，主要体现了人们崇尚智慧、追求精益求精的文化心理。墨子在"兼相爱、交相利"的思想中包含的是宽广和博大，以及心系万民忧乐、情系苍生疾苦的情怀，他是中国第一位集思想与实践于一身的科学家与技艺高超的匠人。奚仲对人类最大的贡献就是发明了世界上第一辆马车，在促进生产力发展和人类文明进步的历史进程中，做出了彪炳史册的巨大贡献，因而被世人称为造车鼻祖、车神、车圣。奚仲造车，虽为木质，却是很好的开端。此后发展为各式各样的马车、牛车、人力车、汽车、火车等。人们用创造性的思维、灵巧的手造福于人类，用先贤智者们的思维催生新鲜事物。

精于工，人人皆可成才；匠于心，行行尽展其能；践于行，梦想变成现实！

思考与练习

一、选择题

1. 双绞线的电气特性"FEXT"表示（　　）。
   A．衰减　　　　　　　　　　B．衰减串扰比
   C．近端串扰　　　　　　　　D．远端串扰

2. 永久链路全长小于或等于（　　）m。
   A．90　　　　B．94　　　　C．99　　　　D．100

3. 将同一线对的两端针位接反的故障，属于（　　）故障。
   A．交叉　　　B．反接　　　C．错对　　　D．串扰

4. 下列有关串扰故障的描述，不正确的是（　　）。
   A．串扰就是将原来的线对分别拆开重新组成新的线对
   B．出现串扰故障时端与端的连通性不正常
   C．用一般的万用表或简单的电缆测试仪检测不出串扰故障
   D．串扰故障需要使用专门的电缆认证测试仪才能检测出来

5. 频率与近端串扰值和衰减的关系是（　　）。
   A．频率越小，近端串扰值越大，衰减也越大
   B．频率越小，近端串扰值越大，衰减也越小
   C．频率越小，近端串扰值越小，衰减也越小
   D．频率越小，近端串扰值越小，衰减也越大

6. 下列有关电缆认证测试的描述，不正确的是（　　）。
   A．认证测试主要是确定电缆及相关连接硬件和安装工艺是否达到规范和设计要求
   B．认证测试是对通道性能进行确认
   C．认证测试需要使用能满足特定要求的测试仪器并按照一定的测试方法进行测试
   D．认证测试不能检测电缆链路或通道中连接的连通性

7. 接线图的错误不包括（　　）。
   A．反接、错对　　　　　　　B．开路、短路
   C．超时　　　　　　　　　　D．串扰

8. 在综合布线系统工程验收的4个阶段中，对隐蔽工程进行验收的是（　　）。
   A．开工检查阶段　　　　　　B．随工验收阶段
   C．初步验收阶段　　　　　　D．竣工验收阶段

9. 不属于光缆测试的参数是（　　）。
   A．回波损耗　　　　　　　　B．近端串扰
   C．衰减　　　　　　　　　　D．插入损耗

二、简答题

1．简述综合布线系统工程的测试目的。
2．综合布线系统工程的验收步骤分几步，分别是什么？
3．简要说明工程竣工技术文件应包括哪些文档。
4．综合布线系统工程的测试分哪几类？有什么不同？
5．请给出认证测试中基本链路和通道的概念，它们之间的区别是什么？并说出测试接法的不同之处。

模块 6

综合布线系统工程案例设计与实现

素质目标

- 培养学生勤劳诚信、团队协作、工程配合和沟通交流等职业素养。
- 培养学生的心理承受能力、吃苦耐劳的精神和团队合作意识。
- 要求学生具有勤奋学习的态度，严谨求实、创新的工作作风。

知识目标

- 掌握企业办公楼网络布线、数字校园网络布线的需求分析方法。
- 熟悉企业办公楼网络布线、数字校园网络布线的设计原则、设计依据及规范。
- 掌握企业办公楼网络布线、数字校园网络布线各子系统的布线方案设计及选择。
- 掌握使用 AutoCAD 软件进行综合布线图的设计与绘制的操作方法。
- 掌握企业办公楼网络布线、数字校园网络布线各子系统的安装工艺要求。
- 掌握光缆开缆及光缆接续操作。
- 掌握企业办公楼网络布线的调试及验收方法。
- 掌握数字校园网络布线的施工及测试方法。

技能目标

- 能设计企业办公楼、数字校园等智能建筑综合布线系统的方案。
- 能熟练使用 AutoCAD 软件绘制综合布线图。
- 能按图纸、工艺、安全规程要求布线、安装。
- 会使用光纤设备及工具，具备光缆开缆及光缆接续操作技能。
- 会使用电缆、光缆测试仪，具备电缆、光缆的链路测试技能。

任务 1 企业办公楼网络布线工程设计与实现

学习目标

- 掌握企业办公楼网络布线的需求分析方法。

- 掌握企业办公楼网络布线的设计方法。
- 掌握企业办公楼网络布线的施工操作方法。
- 掌握企业办公楼网络布线的调试和验收方法。
- 会使用 AutoCAD 软件绘制综合布线图。

任务描述

某企业办公楼作为一座现代化的大厦,对信息需求高,为了适应新技术的发展和应用,需建造一个高性能、高品质的综合布线系统。该综合布线系统将对楼内的弱电系统,即计算机、电话等通信线路,采用结构化综合布线技术,用统一管道和统一介质的电缆进行配管、配线,使综合布线系统能够方便、灵活地与相关系统的终端设备进行连接,组建电话、计算机、会议电视、监视电视等网络。本任务要求学生能对企业办公楼进行综合布线设计,经过查看建筑图纸和现场勘测,使用 AutoCAD 软件绘制综合布线图作为施工依据。

任务引导

本任务将带领大家完成企业办公楼网络布线的需求分析,熟悉企业办公楼网络布线的设计原则、设计依据及规范,进行具体方案设计,掌握企业办公楼综合布线施工及验收的相关技能,以及 AutoCAD 软件的使用方法。

知识链接

6.1.1 企业办公楼网络布线的需求分析

商务酒店、写字楼、办公大楼等实施综合布线的高层建筑,都属于智能大厦的范畴。利用系统集成方法将计算机技术、通信技术、信息技术与建筑艺术有机结合,可实现对设备的自动监控、对信息资源的管理和对使用者的信息服务。

网络综合布线系统是企业智能办公楼所有信息的传输系统,利用双绞线或光缆来完成各类信息的传输。区别于传统的楼宇信息传输系统的是,它采用模块化设计,统一标准实施,以满足智能化建筑高效、可靠、灵活等的要求。因此,要实现对企业办公楼的数据、语音、多媒体视像、会议电视、自动控制信息等的灵活、方便和快速传输,综合布线系统建设显得尤为关键。

企业办公楼的结构化综合布线系统应当具有以下特点。

(1) 实用性:支持以太网(包括快速以太网、吉比特以太网和 10 吉比特以太网)等各种网络,支持多种数据通信、多媒体技术及信息管理系统等,能够适应现代和未来技术的发展。

(2) 灵活性:任何信息点都能够连接各种类型的网络设备和网络终端设备,如交换机、集线器、计算机、网络打印机、网络终端、网络摄像头、IP 电话等。

(3) 开放性:支持所有厂家符合国际标准的网络设备和计算机产品,支持各种类型的网络结构,如总线型网络结构、星形网络结构、树形网络结构、网形网络结构、环形网络结构等。

（4）模块化：所有接插件都采用积木式的国际标准件，以便日常的使用、管理、维护和扩充。

（5）扩展性：实施后的结构化综合布线系统是可扩充的，以便当有更大的网络接入需求和更高的网络性能需求时，其可以较容易地接入新的设备，或者实现各种设备的更新。

（6）经济性：一次性投资，长期受益，维护费用低，使整体投资达到最少。

目前，综合布线系统为通信网络提供的线路通道为语音、数据的传输网络，具体应用如普通的电话、宽带上网、IP电话等。随着新技术的不断发展，一些新的通信方法，如电视电话、卫星电话等正在逐步发展。而这些技术对通信线路的要求是很高的，这就要求在设计综合布线系统时必须对通信网络的应用进行科学分析，还要为将来的网络技术升级为多媒体应用、ATM和千兆以太网等技术奠定良好的基础。

综合布线系统是其他所有弱电系统的基础，要采取较新的技术和产品，使今后10～15年电信技术的发展、网络技术的发展不受综合布线系统的限制。同时要考虑目前应用的需要。

企业办公楼建设的总目标是以高性能的综合布线系统为支撑，建成一座包含多用途的OA系统、能适应日益发展的办公业务电子化要求的现代化和智能化大厦，从而实现对大厦的电气、防火/防盗、监控、计算机通信等全套设施的按需控制、资源共享及与外界进行信息交流。

根据工程的具体情况，使它满足其系统纳入结构化综合布线系统的条件。

（1）超五类水平电缆在设备端口至终端端口的距离不超过90m。

（2）采用高速率、大带宽的传输介质，数据传输的带宽在水平区内可达622Mbit/s。

（3）具有一定的抗电磁效率与水平，同时能提供良好的内部环境和畅通的对外联络设施。

根据施工平面图及甲方要求，将工程信息点均设计为语音点和数据点，得到的各楼层信息点的分布如表6.1所示。

表6.1 各楼层信息点的分布

楼层	数据点	语音点
地下室	**	**
1层	**	**
2层	**	**
3层	**	**
⋮	⋮	⋮
n层	**	**

注：该企业办公楼在**层都是标准的办公楼，每层有*个办公区，每个办公区内设有**个语音点、**个数据点。

信息点总计：****。

6.1.2 企业办公楼网络布线的设计

此设计方案参照国际标准（ISO/IEC 11801-3:2017）和商业大楼电信布线标准（ANSI/TIA-568-A），采用符合超五类标准的布线线缆和连接硬件。企业办公楼综合布线系统支持语音和数据（图像、多媒体）传输，可满足快速以太网、ATM 155Mbit/s/622.5Mbit/s及千兆以太网等场合的应用。

1．设计原则

由于不同的建筑，入住不同的用户；不同的用户，有不同的需求；不同的需求，构成了不同的建筑物综合布线系统。因此，在工程设计中应该做到以下几点。

1）设计思路应当面向功能需求

根据建筑物的用户特点、需求，分析综合布线系统工程所应具备的功能，结合远期规划进行有针对性的设计。

2）综合布线系统工程应当合理定位

信息插座、配线架（箱、柜）的标高及水平配线的设置，在整个建筑物的空间利用中应全面考虑、合理定位，满足发展和扩容需求。关于房屋的尺寸、几何形状、预定用途及用户意见等均应认真分析，使综合布线系统真正融入建筑物本身，做到和谐统一、美观实用。

3）经济性

经济性是指在实现先进性、可靠性的前提下，达到功能和经济的优化设计，使综合布线系统可长时间地适应建筑物的需求。

4）选用标准化定型产品

综合布线系统工程要选用经过国家认可的产品质量检验机构鉴定合格的、符合国家有关技术标准的定型产品；特别推荐采用大公司的产品。在一个综合布线系统工程中一般应采用同一种标准的产品，以便设计、施工管理和维护，保证综合布线系统工程的质量。

总之，综合布线系统工程应依据国家标准、通信行业标准和推荐性标准，并参考国际标准进行设计。此外，根据综合布线系统工程结构的要求，各子系统在结构化和标准化的基础上，应能代表当今最新的技术成就。在具体进行综合布线系统工程设计时，要注意把握以下几个基本点。

（1）尽量满足用户的通信需求。
（2）了解建筑物、楼宇之间的通信环境与条件。
（3）确定合适的通信网络拓扑结构。
（4）选取使用的传输介质。
（5）以开放式为基准，保证综合布线系统与多数厂家产品、设备的兼容性。
（6）将综合布线系统工程的设计方案和建筑费用预算提前告知用户。

2．设计依据及规范

（1）ISO/IEC 11801-3:2017　　　　《信息技术-用户基础设施结构化布线》
（2）ANSI/TIA-568-D　　　　　　《商业建筑电信布线标准》
（3）ANSI/EIA/TIA-606-A—2002　《商用建筑的电信基础设施的管理标准》
（4）中国民用建筑电气设计规范 JGJ/T 16—2016。
（5）GB 50314—2015《智能建筑设计标准》。

（6）GB 50311—2016《综合布线系统工程设计规范》。

（7）GB/T 50312—2016《综合布线系统工程验收规范》。

（8）GB/T 50148—2010《电气装置安装工程 电力变压器、油浸电抗器、互感器施工及验收规范》。

（9）GB 50149—2010《电气装置安装工程 母线装置施工及验收规范》。

（10）GB 50150—2016《电气装置安装工程 电气设备交接试验标准》。

3．布线方案设计

根据企业办公楼的需求分析及上述有关标准可知，该结构为一个典型的星形拓扑结构（见图6.1），现将设计方案概述如下。

根据用户要求，企业办公楼主设备间设于一层的综合布线机房，从主设备间引线缆经桥架和竖井接至工作区。水平布线电缆均采用超五类4对非屏蔽双绞线电缆，信息插座选用五类系列插座。该企业办公楼分为五部分进行设计，分别为工作区、配线子系统、电信间、干线子系统及设备间。该结构为二级星形拓扑结构。

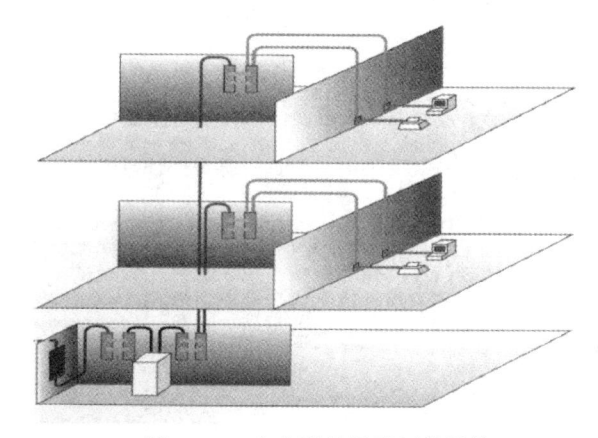

图6.1 一个典型的星形拓扑结构

1）工作区

工作区是指信息端口以外的空间，但通常习惯将电信插座列入工作区，由信息输出口及其到终端设备的连接线和各种转换头组成。连接线使用标准的 24AWG 非屏蔽双绞线，以实现 RJ-45 插座与各种类型、各个厂商生产的设备的连接，包括计算机、网络集线器、交换机、路由器、电话机、传真机。工作区材料配置表如表6.2所示。本综合布线系统共设置了1127个双口信息点。

表6.2 工作区材料配置表

序号	型号	名称	数量
1	PT/FA3-08ⅧB	RJ-45 双位插座面板	**
2	PT/5.566.019	RJ-45 插座模块	**
3	JPX211C	125 回线配线箱	**
4	PT/8.037.070	125 回线背装架	**
5	PT/FT2-55	25 回线高频接线模块	**

(1)单人办公室设计。我们以销售部经理办公室为例,该办公室只有1个人办公。销售部经理向上要对总经理负责,向下要管理公司遍布全国各地的分公司、办事处和代理商。由于销售部业务量大,销售部经理管理范围广,因此其对数据和语音的需求非常大,并且这些需求也较频繁和持续,经常需要召开网络会议和电话会议。同时,销售部经理也是公司的关键岗位,在设计信息点时应特别关注。

销售部经理办公室应分配两个数据信息点和两个语音信息点,因此要为销售部经理办公室设计两个双口信息插座,每个双口信息插座安装1个RJ-45数据口和1个RJ-11语音口。基本链路模型如图5.10所示,销售部经理办公室的办公桌靠墙摆放,我们把1个双口信息插座设计在办公桌旁边的墙面上,距离窗户一侧的墙面为3.0m,距离地面的高度为0.3m,用网络跳线与计算机连接,用语音跳线与电话机连接。另1个双口信息插座设计在沙发旁边的墙面上,距离门口一侧的墙面为1.0m,以便销售部经理在办公室召开小型会议时就近使用计算机,也可以坐在沙发上召开电话会议。图6.2所示为单人办公室设计图。

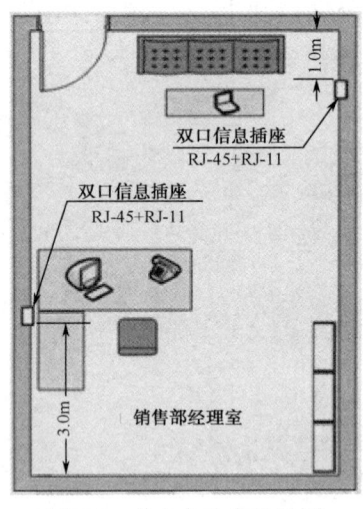

图6.2 单人办公室设计图

由此确定单人办公室材料的规格和数量,如表6.3所示。

表6.3 单人办公室材料的规格和数量

序号	材料名称	型号/规格	数量	单位	使用说明
1	信息插座底盒	86系列、金属、镀锌	2	个	土建施工、墙内安装
2	信息插座面板	86系列、双口白色塑料	2	个	弱电施工安装
3	信息插座模块	网络模块、RJ-45、非屏蔽、六类	2	个	弱电施工安装 1个/面板
4	信息插座模块	语音模块、RJ-11	2	个	弱电施工安装 1个/面板

(2)多人办公室设计。我们以财务部办公室为例。该部门有4个人办公,两名会计,两名出纳。公司的财务管理系统主要有会计核算系统、应收账款系统、应付账款系统等。由于现在一般公司都使用网络版财务管理系统软件,财务收支也经常使用网络银行,因此数据和语音对财务部非常重要。鉴于安全和保密需要,财务部办公室的布局应与其他部门不同,往往需要在

门口设置 1 个柜台,把外来人员与财务部人员隔离,隔台进行业务作业。同时,财务部也是公司的关键部门,在设计信息点时要特别注意。

根据每个工位配置 1 个数据点和 1 个语音点的基本要求,财务部有 4 个工位,应设计 4 个双口信息插座,每个双口信息插座安装 1 个 RJ-45 数据口和 1 个 RJ-11 语音口。

财务部两名出纳的工位靠近门口,并且组成一个柜台;两名会计的工位靠里边墙。因此,我们把两名出纳工位的信息插座设计在左侧墙面上,并设计两个双口信息插座,距离门口一侧的墙面为 3.0m,用网络跳线与计算机连接,用语音跳线与电话机连接。把两个会计工位的信息插座设计在里边墙面上,并设计两个双口信息插座,其距离左边的隔墙分别为 1.5m 和 3.0m,全部信息插座距离地面的高度为 0.3m。图 6.3 所示为多人办公室设计图。

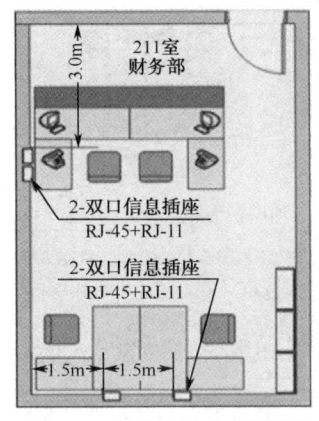

图 6.3 多人办公室设计图

由此确定多人办公室材料的规格和数量,如表 6.4 所示。

表 6.4 多人办公室材料的规格和数量

序号	材料名称	型号/规格	数量	单位	使用说明
1	信息插座底盒	86 系列、金属、镀锌	4	个	土建施工、墙内安装
2	信息插座面板	86 系列、双口白色塑料	4	个	弱电施工安装
3	信息插座模块	网络模块、RJ-45、非屏蔽、六类	4	个	弱电施工安装 1 个/面板
4	信息插座模块	语音模块、RJ-11	4	个	弱电施工安装 1 个/面板

(3)集体办公室设计。销售部办公室共可容纳 32 人同时办公,因此应按照集体办公室设计信息点。销售部主要由遍布全国各地的分公司、办事处和代理商组成,通过与商务部进行配合完成整个销售流程。销售管理系统由商务系统、销售系统和市场推广三部分组成。其主要工作包括产品销售、合同签订、方案制作等,对数据和语音有很大的需求。因此,销售部的数据点和语音点的设计尤为重要。

根据每个工位配置 1 个数据点和 1 个语音点的基本要求,销售部办公室共有 32 个工位,应设计 32 个双口信息插座,每个双口信息插座安装 1 个 RJ-45 数据口和 1 个 RJ-11 语音口。同时,在两侧墙面上分别多设计 1 个双口信息插座,用于连接传真机或作为预留插座。因此,销售部办公室共有 68 个信息点,其中数据信息点和语音信息点各 34 个。

销售部办公室共设有 32 个工位，其中 14 个工位靠墙放置，18 个工位没有靠墙放置。对于靠墙的工位，我们分别设计了 1 个双口信息插座在办公桌旁边的墙面上，距离地面 0.3m，用网络跳线与计算机连接，用语音跳线与电话机连接。对于没有靠墙的工位，我们设计了地弹插座，安装在对应办公桌下的地面上。多设计的两个双口信息插座分别安装在左右两侧靠近门口一端的墙面上。图 6.4 所示为集体办公室设计图。

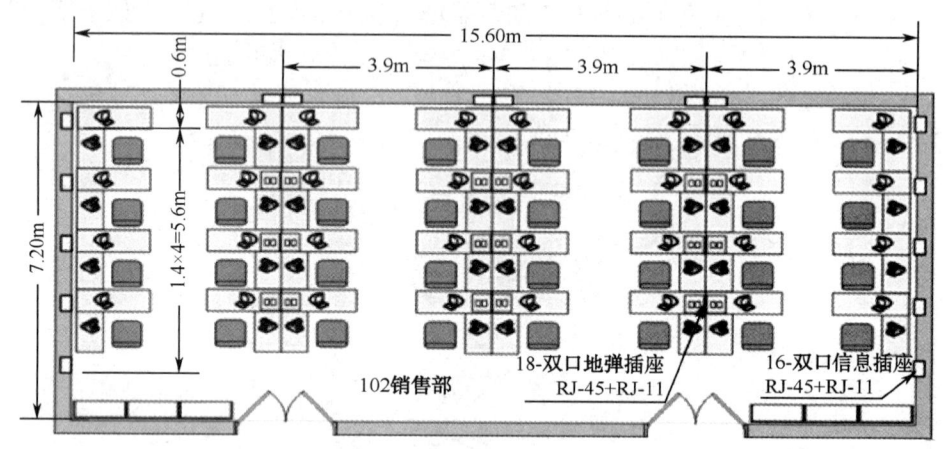

图 6.4 集体办公室设计图

由此确定集体办公室材料的规格和数量，如表 6.5 所示。

表 6.5 集体办公室材料的规格和数量

序号	材料名称	型号/规格	数量	单位	使用说明
1	信息插座底盒	86 系列、金属	16	个	土建施工、墙内安装
2	信息插座底盒	120 系列、金属	18	个	土建施工、墙内安装
3	信息插座面板	86 系列、双口白色塑料	16	个	弱电施工安装
4	地弹信息面板	120 系列、双口金属镀锌	18	个	弱电施工安装
5	信息插座模块	网络模块、RJ-45、非屏蔽、六类	34	个	弱电施工安装 1 个/面板
6	信息插座模块	语音模块、RJ-11	34	个	弱电施工安装 1 个/面板

（4）会议室设计。销售部会议室为圆形桌，按照最多 12 个人开会进行设计。由于销售部需要管理全国各地的分公司、办事处和代理商，因此经常需要召开网络会议和电话会议，也需要接待来访客户或召开部门内部会议，所以经常会使用笔记本电脑、投影机等设备。该会议室使用频繁，需要设置多个信息点，从而满足与会人员的需要。

该会议室最多可容纳 12 个人，根据对称原则，可在销售部会议室设计 8 个双口信息插座，其中包括 14 个 RJ-45 数据口和两个 RJ-11 语音口。

在两侧墙面上分别安装两个双口信息插座，全部安装 RJ-45 网络模块，共 8 个。在会议桌下的地面上安装 4 个双口信息插座，其中安装 6 个 RJ-45 网络模块和两个语音模块。当与会笔记本电脑少于 6 台时，可使用会议桌下面的地弹插座；当与会笔记本电脑多于 6 台时，可使用两侧墙面上的双口信息插座。图 6.5 所示为会议室设计图。

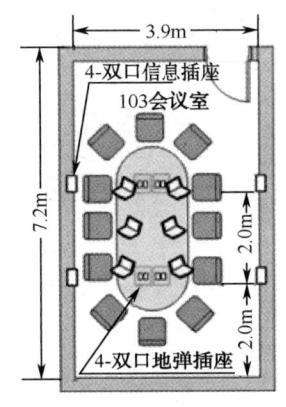

图 6.5 会议室设计图

由此确定会议室材料的规格和数量，如表 6.6 所示。

表 6.6 会议室材料的规格和数量

序号	材料名称	型号/规格	数量	单位	使用说明
1	信息插座底盒	86 系列、金属	4	个	土建施工、墙内安装
2	信息插座底盒	120 系列、金属	4	个	土建施工、墙内安装
3	信息插座面板	86 系列、双口白色塑料	4	个	弱电施工安装
4	地弹信息面板	120 系列、双口金属镀锌	4	个	弱电施工安装
5	信息插座模块	网络模块、RJ-45、非屏蔽、六类	14	个	弱电施工安装 1 个/面板
6	信息插座模块	语音模块、RJ-11	2	个	弱电施工安装 1 个/面板

2）配线子系统

配线子系统的主要功能是实现信息插座和电信间之间的连接。该子系统统一采用超五类 24AWG8 芯双绞线，标准长度为 90m。常用的超五类线缆的传输速率为 100Mbit/s。"光纤到桌面"应用于特殊设置或专线，满足高带宽的图形信号的传输要求。

配线子系统为配线间水平配线架至各个办公室门口的分配线箱的连接线缆组成的系统。本数据点采用超五类 4 对非屏蔽双绞线，语音点采用五类 4 对非屏蔽双绞线。

3）电信间

电信间是连接干线子系统设备和配线子系统设备的地方，其内主要是铜缆配线架和光纤配线架。利用配线架上的跳线管理方式，可以使综合布线系统具有灵活、可调整的特点。当布置要求出现变化时，仅将相关跳线进行改动即可。电信间应该具有足够的空间放置配线架和网络设备，使用标准插接式模块或跳线式模块实现配线管理，各种逻辑拓扑结构可在此进行调整。其设计要完善，完全标准化，以便设备安装与管理。

由于各个楼层的信息点数比较多，因此在每层楼都要设电信间。电信间是由配线架、跳线及相关的有源设备（如集线器、服务器及交换机）组成的。电信间材料配置表如表 6.7 所示。

表 6.7 电信间材料配置表

序号	型号	名称	数量
1	PT/XG.30U.60	19 英寸配线柜（30U）	**
2	PT/FT2-55	25 回线高频接线模块	**
3	PT/8.037.061	250 回线背装架	**
4	PT/8.037.100HX	100 回线背装架	**
5	PT/FA3-08VI	24 口 Patch-Pannel	**
6	PT/4.431.000	管理线盘	**
7	PT/8.840.072	标志块	**
8	PT/UTP.C3.025	三类 25 对非屏蔽双绞线电缆	**
9	PT/FB.SN.004	4 芯室内多模光纤	**
10	PT/TX.ST1.02	ST-ST 光纤单芯多模跳线	**
11	PT/TX.STC1.02	ST-SC 光纤单芯多模跳线	**
12	PT/GP11A	12 口光纤分线盒	**
13	PT/FL.ST.01	ST 法兰盘适配器	**

4）干线子系统

干线子系统能提供干线电缆的路由。其主要由光缆或铜缆组成，并能提供楼层之间及与外界通信的通道。

5）设备间

设备间主要由计算机中心机房、网络集线器、交换机、路由器、服务器、程控交换机、楼宇控制设备和保安控制中心内的各种设备与配线设备之间、设备与设备之间的连接组成。其他部门的光缆和线缆进入企业办公楼后要连接到总配线架上。

设备间是一个空间概念，总配线架能收集来自各配线子系统的线缆，并与相关有源设备通过跳线或对接实现系统的联网。

本项目主设备间设在一层中心机房内，其布线设备及材料主要为系统配线架和相关跳线等。设备间的设备配置表如表 6.8 所示。

表 6.8 设备间的设备配置表

序号	型号	名称	数量
1	PT/XG.40U.60	19 英寸配线柜（40U）	**
2	PT/FA3-08	16 口 Patch-Pannel	**
3	PT/FT2-55	25 回线高频接线模块	**
4	PT/8.037.061	250 回线背装架	**
5	PT/4.431.000	管理线盘	**
6	PT/8.840.072	标志块	**
7	PT/TX.ST1.02	ST-ST 光纤单芯多模跳线	**

续表

序号	型号	名称	数量
8	PT/TX.STC1.02	ST-SC 光纤单芯多模跳线	**
9	PT/GP11A	12 口光纤分线盒	**
10	PT/FL.ST.01	ST 法兰盘适配器	**

综合布线系统各子系统的分布情况如图 6.6 所示。

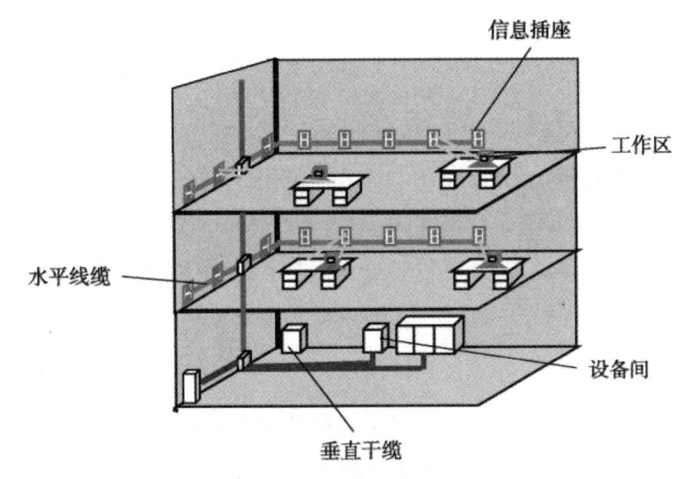

图 6.6 综合布线系统各子系统的分布情况

6）其他产品说明

本项目的施工工具包括以下几类。

（1）打线工具：主要用于主干线缆与配线架和压线模块的压接，为基本工具之一。

（2）安装消耗品：施工辅材，包括扎带、胶带、油笔等。

（3）检测工具：美国 FLUKE 手持式工程仪表，可迅速、方便地测试 1~4 对线缆的开路、短路、反接、错接、线对交错等情况，以及 ISO/IEC 11801-3:2017 提出的各种参数。

6.1.3 企业办公楼网络布线的施工

1．综合布线系统的施工设计说明

企业办公楼综合布线系统涉及计算机网络和通信系统。综合布线系统有利于多种网络拓扑结构的应用，实行结构化综合布线方式，以达到高度智能化及节省投资的目的。

1）工作区

工作区由各办公区组成，根据各自不同的功能，信息插座由单口信息插座和双口信息插座构成，信息插座内采用的是拆装灵活的模块。通过信息插座既可以引出电话线，又可以连接数据终端及其他弱电设备。

信息插座和电源可安装在墙面及柱子上，部分可安装在地板上。安装在墙面及柱子上的信息插座的底边和地板的距离为 30cm。安装在地板上的信息插座需要防水和防尘，且可升降，使其在有无地毯的地板上都能保持水平。

对于办公室而言，信息点可安装在办公桌靠墙一侧的墙面上。办公区也可根据每个办公室的实际使用情况配置信息点。

2）配线子系统

水平线缆将干线线缆延伸到用户工作区，采用的是五类 4 对非屏蔽双绞线。这种线缆能在 100m 的范围内保证 155Mbit/s、622.5Mbit/s 及千兆以太网的传输速率，能够满足各种带宽信号的传输。

3）电信间

电信间机柜的安装要求符合 GB 50311—2016《综合布线系统工程设计规范》国家标准的安装工艺要求。电信间的电源一般安装在网络机柜的旁边，安装 220V（三孔）电源插座。新建建筑一般要求在土建施工过程中按照弱点施工图上标注的位置安装到位。交换机安装前首先要检查产品外包装是否完整并开箱检查产品。机柜内设备之间的安装距离至少要留 1U 的空间，以便设备散热。

4）干线子系统

干线子系统的布线路由必须选择缆线最短、最安全和最经济的路由，同时考虑未来发展的需要。干线子系统在施工时，一般应该预留一定的缆线做冗余信道，这一点对综合布线系统的可扩展性和可靠性来说是十分重要的。

5）设备间

设备间（主配线间）由设备间中的电缆、连接器和相关支撑硬件组成，它能把公共系统的各种不同设备互连起来。它将中继线交叉处和布线交叉处与公共系统设备（如用户级交换机）连接起来。根据企业办公楼的实际情况，设备间设在一层中心机房内。在企业办公楼中使用一个竖直桥架，以便缆线的管理。而且在竖直桥架上每隔 2m 焊一根与桥架宽度相等的精轧螺纹钢，直径大约为 1.5cm，以固定和支撑垂直上下的缆线，并使安装好的缆线美观一些。

2. 综合布线系统的管线方案

1）配线子系统的布线

配线子系统能完成由接线间到工作区信息出口线路连接的任务。其有两种走线方式，具体如下。

（1）墙上型信息出口走线方式。这种方式采用吊顶的轻型装配式槽形电缆桥架走线，适用于大型建筑物，能为配线子系统提供机械保护和支持。装配式槽形电缆桥架是一种闭合式的金属托架，安装在吊顶内，先将线路从弱电井引至各种设有信息点的房间，再由预埋在墙内的不同规格的铁管，将线路引到墙上的暗装铁盒内。

综合布线系统的布线是放射型的，线缆数量较多，所以线槽容量的计算很重要。按照标准线槽的设计方法，应根据水平干线的外径来确定线槽的容量，即线槽的横截面积=水平干线截面积之和×3。

线槽的材料为冷轧合金板，材料表面可进行相应处理，如镀锌、喷塑、烤漆等。线槽可以根据情况选用不同的规格。为保证线缆的转弯半径，线槽需要配以相应规格的分支辅件，以满足线路路由的弯转自如。

同时，为确保线路安全，应使槽体有良好的接地端。金属线槽、金属软管、电缆桥架及各分配线箱均需要先整体连接，再接地。如果不能确定信息出口的准确位置，那么拉线时可先将线缆盘在吊顶内的出线口，待具体位置确定后，再引到各信息出口。

（2）地面型信息出口走线方式。这种方式采用地面线槽走线，适用于大开间的办公室，有大量地面型信息出口的情况建议先在地面垫层中预埋金属线槽。主线槽先从弱电井引出，沿走廊引向各个方向，到达设有信息点的各房间，再用支线槽引向房间内的各信息点出线口。强电线路可以与弱电线路平行配置，但需要分隔于不同的线槽中。这样可以向每个用户提供一个包括数据、语音、不间断电源、照明电源出口的集成面板，真正做到在清洁的环境下，实现办公室自动化。由于地面垫层中可能会有消防等其他系统的线路，因此必须由建筑设计单位根据综合布线系统管线设计人员提出的要求，综合各系统的实际情况，完成对地面线槽路由部分的设计。地面线槽也需要先整体连接，再接地。

2）干线子系统的走线

干线子系统是由一连串通过地板通孔垂直对准的接线间组成的。用于综合布线系统的典型接线间，其可以进入的最小安全尺寸是 200cm×150cm，标准的天花板高度为 2.4m，门的大小至少为高 2.1m、宽 1m，向外开。

干线子系统的走线分为两部分。

（1）干线的垂直部分。垂直部分的作用是提供弱电井内垂直干线的通道。这部分采用预留电缆井方式，在每层楼的弱电井中留出专供综合布线系统大对数电缆通过的长方形地面孔。电缆井的位置设在支撑电缆的墙壁附近，但又不妨碍端接配线架的地方。在预留有电缆井一侧的墙面上，还应安装电缆爬架。在爬架的横挡上开一排小孔，用紧固绳将大对数电缆绑在上面，用于固定和承重。如果附近有电梯等大型电磁干扰源，则应使用封闭的金属线槽为垂直干线提供屏蔽保护。预留的电缆井的大小，按标准算法，至少为要通过的电缆外径之和的 3 倍。此外，还必须保留一定的空间余量，以确保在今后综合布线系统扩充时不需要安装新管线。

（2）干线的水平通道部分。水平通道部分的作用是提供垂直干线从主设备间到其所在楼层的弱电井的通道。这部分也应采用吊顶的轻型装配式槽形电缆桥架走线。所用的线槽由金属材料构成，用来安放和引导电缆，可以对电缆起机械保护作用。水平通道部分还能提供一个防火、密封、坚固的空间，使线缆可以安全地延伸到目的地。其线槽算法与配线子系统设计部分的线槽算法一致。

与垂直部分一样，水平通道部分也必须保留一定的空间余量，以确保在今后综合布线系统扩充时不需要安装新的管线。

3）设备电源管线

接线间的 AC 电源需求与接线间内安装的设备数量有关。

首先，在配线间内应至少留有两个为本系统专用的，符合一般办公室照明要求的 220V 电压、10A 电流的单相三极电源插座。根据接线间内放置设备的供电需求，还需要配 4 个 AC 双排插座的 20A 专用线路。此线路不应与其他大型设备并联，并且最好先连接到 UPS，以确保对设备的供电。

3．施工组织

1）施工组织阶段

（1）施工准备阶段。施工准备阶段包括施工图编制与审核、施工预算编制、施工组织设计及施工方案的编写、设备/材料的采购与定做、工程施工工具与设施的准备，以及施工队伍的组织等。

（2）施工阶段。施工阶段包括配合土建和装修施工、预埋管线管路；固定与土建施工有关的支持固定件；固定配线箱及配电柜等；随土建工程的进度逐步进行各子系统设备的安装与线路敷设；各子系统的检验测试等。

（3）竣工验收阶段。竣工验收阶段包括系统调试及其投入正常运行；完成全部测试报告及竣工文件；汇集建设单位、施工单位及质量监督部门的审查文件；现场验收；针对有行业管理的专项系统完成行业主管部门的验收。

总之，无论工程大小、系统难易，都必须在施工中做到有条不紊，按一定顺序衔接进行，同时在积累经验、掌握技术的基础上，还必须遵循一定的工程程序，包括图纸会审、技术交底、工程变更、施工预算、施工配合、竣工验收等，只有这样才能有效地提高工作效率，确保工程质量。

2）保证施工质量、安全施工管理及节约成本的措施

（1）保证施工质量的措施。为了确保综合布线系统工程的施工质量，使工程达到设计要求，必须加强工程施工技术管理工作。每项工程从施工准备阶段开始，到竣工验收阶段，都必须按照一定的程序和要求，由有关的技术人员和管理人员以文字、图表等形式，记录影响工程质量的有关规定，要求所有文件材料的形成与积累必须做到及时、准确、系统与科学。

① 及时。在施工过程中，对各种要求的数据、现象及时进行记录，做到分阶段、按专业积累、整理、编制施工文件。在竣工验收时，及时做好施工文件的整理、归档及向建设单位移交的工作。

② 准确。要求在施工过程中形成的技术文件能如实地反映工程施工的客观情况，严格按施工图和现行材料质量标准、质量检验标准、施工及验收规范施工，做到变更有手续、有根据，施工各单位有记录，严禁出现擅自修改、伪造和事后补做等情况。

③ 系统。按照工程程序，对形成的技术文件进行整理，系统地反映施工的全过程。

④ 科学。以科学的态度对待施工中的每个数据，做到施工有依据、检查有结论、现场有记录、测试验收有报告、修改图纸有手续、工程竣工有总结。

（2）安全施工管理的措施。在弱电系统工程实施中，安全是我们要遵循的首要原则。安全包括人身安全和设备安全，因此在施工过程中必须采取相应的安全管理措施，以消除一切事故隐患，避免事故伤害，确保综合布线系统的安装和运行。

① 建立、完善以项目经理为首的安全生产领导组织，有组织、有领导地开展安全管理

活动。

② 建立各级人员安全责任制度，明确人员的安全责任，定期检查安全责任落实情况，奖罚分明。

③ 施工人员要严格遵守各项安全操作规程，严格按照施工图、施工规范施工。

④ 对施工人员进行安全教育与训练，增强安全意识，提高安全施工的知识水平，以防人为的不安全行为，减少人为失误。

（3）节约成本的措施。综合布线系统突出的优势在于其综合设计后能达到节省人力、物力、财力的目的，而在施工中采取有效的节约措施，可以使综合布线系统更加完善。

① 在工程实施过程中对设备用料进行核算，做好施工准备，以利于安装过程中材料充分、有限地使用。

② 协调管理各工序的工程，实施各子系统工程严格服从工程指挥部的管理，避免因工序交叉造成的二次装修带来的损失。

③ 严格按施工规范安装，注意保护其他专业产品，尽量不损坏建筑物表面及已安装的设备，确保企业办公楼自控设备整体的协调、对称和美观。

④ 在施工过程中，在满足设计要求的前提下，以及在保证系统安全、可靠运行的基础上，推广使用新技术、新机具和新工艺，以提高安装质量及效率，达到再创新的目的。

⑤ 严格按施工管理程序完成竣工资料、文件的收集、整理，以减少管理费用的支出，为今后综合布线系统的维护、维修创造条件。

⑥ 在施工过程中遇到施工图纸与实际现场不符的情况或存在不完善的地方，工程指挥部要结合现场情况，以最快的速度、最短的时间将问题呈报给建设方和设计方，把图纸尽快修改完善，使施工顺利进行。

6.1.4 企业办公楼网络布线的调试及验收

综合布线系统是计算机网络中较基础也是较重要的部分，它是连接每个服务器和工作站的纽带，起着信息通路的作用。作为高速传输数据的物理链路，当综合布线系统发生严重的故障时，会导致整个网络系统瘫痪。因此，综合布线系统工程竣工后，为保证其符合设计要求，确保信息畅通和高速传输，必须对其进行调试。调试是综合布线系统工程较重要的一环，必须采用专用测试仪器对综合布线系统的各条链路进行检测，以便评定综合布线系统的信号传输质量及工程质量。用于检测铜缆的设备必须选择符合 TSB-67 标准的 II 精度专业级线缆认证测试仪（包括信道及基本链路的测试），仪器应具备线缆故障定位、故障分析及自动存储测试结果并可客观地将其打印输出的功能。

1．调试阶段

（1）供应商在全部安装工程完成后，应按照业主及厂商的要求，负责对综合布线系统进行调试。

（2）调试好的综合布线系统必须达到业主所要求的使用功能。

（3）如果调试中出现问题，则必须排除故障，反复试验，务必使其完善。

（4）安装人员可随装随测，以及时发现问题并改正。

2. 验收阶段

（1）当供应商认为综合布线系统调试完毕并达到使用要求时，需要会同工程师及业主进行验收。

（2）验收所需进行的检验、测试项目及每项试验的具体方法和要求，应提前送交工地工程指挥部审批，待工程指挥部同意后方可进行。

（3）如果在验收过程中某些部分出现了问题，那么在纠正错误后要重新进行试验。当重新试验时，至少有3次同一试验没有出现问题，工程师满意后才算通过。

（4）供应商应提供检验和测试的工具。

（5）当进行检验和测试时，必须有详细的技术记录。测试结束后，供应商需要将整理好的测试记录送交工程师。

（6）测试后的综合布线系统需要经过一段时间的试运行。在试运行期间，综合布线系统由供应商及业主安排的工作人员共同管理。

（7）在综合布线系统试运行之前，供应商应提供培训课程，以确保业主的工作人员熟悉设计资料和图纸文件，掌握系统装置、设备各方面的情况，如系统的设计、设备日常运行的操作和监视、故障排除、损坏设备的更换和维修，以及设备的例行维修、保养等。

（8）在试运行期间，供应商应指导及协助业主的工作人员完成工作记录，若有问题出现，则应及时处理并记录在案。

（9）试运行结束后，供应商应将整套完整的竣工图纸连同整个综合布线系统交付给业主。交付之前必须经工程师审阅，其认为符合要求后方可正式交付业主。

3. 综合布线系统检测模型

综合布线系统有基本链路及信道两种检测模型，现场认证检测可根据实际需要选择相应的检测模型。对于综合布线系统自身的检测，可选用基本链路模型；对于综合布线系统应用的检测，可选用信道模型。

4. 系统的特性参数及测试内容

系统的特性主要分为两大类：第一类是电缆、接插件的物理特性，如导体的金属材料强度、柔韧性、防水性和温度特性。在出厂时，电缆的物理特性已经确定，使用者在购买时不能采用一般方法进行测试。第二类是系统的电气特性，这些特性对于用户而言是主要的，所以用户应该了解这些特性。

系统测试主要工程的电气性能和光纤特性，包括接线图、链路长度、近端串扰、特性阻抗、衰减等。

1）接线图

接线图有两种不同的接线标准，即T568A标准和T568B标准。本布线方案采用的是T568A标准，线缆必须正确端接于信息端口，不允许有任何形式的错接。从水平配线区至信息端口之间的双绞线必须保证连通，线对间不能短路。

2）链路长度

根据 T568B 标准，综合布线系统基本链路的最大长度为 90m，信道的最大长度为 100m。链路的长度可以用电子长度来估算。电子长度基于链路的传输时延和电缆的 NVP（Nominal Velocity of Propagation，额定传输速率）值，当我们测量一个信号在链路中一来一回的时间，又知道电缆的 NVP 值时，就可以计算链路的电子长度。

3）近端串扰

近端串扰指双绞线内部一对线中的一根线与另一根线之间因信号耦合效应而产生的干扰，有时它也被称为线对间近端串扰。由于近端串扰没有经过环路传输被平滑衰减，因此其造成的影响比远端串扰造成的影响大得多。线对之间肯定会有信号的耦合，显然这种耦合信号越小越好，或被衰减得越多越好。近端串扰是众多特性中较主要的一项，特别是对高速局域网来说，其影响是非常大的。布线施工不规范、安装错误、连接不当都会引起严重的近端串扰。

本系统超五类线缆所用测试标准为 T568A，五类和超五类标准中不同频率时的近端串扰（通道）如表 6.9 所示。

表 6.9　五类和超五类标准中不同频率时的近端串扰（通道）

频率/MHz	五类/dB	超五类/dB
1.00	54	63.3
4.00	45	53.6
10.00	39	47.0
16.00	36	43.6
20.00	35	42.0
31.25	32	40.4
62.50	27	38.7
100.00	24	33.6

4）特性阻抗

特性阻抗是交变电信号通过电缆时所表现出来的障碍性反应。电缆的特性阻抗应该是一个特定的常数，但若施工、安装时连接不当或电缆损坏（如电缆的急剧弯曲和扭结、捆绑过紧），则都可能引起阻抗的不连续与不一致，称为阻抗异常。它会造成信号的反射，引起网络电缆中信号的畸变，并使网络出错。

5）衰减

线路信号衰减的大小直接影响传输的性能，其不但与长度有直接关系，而且与阻抗有关。根据标准，本系统的信道系统衰减量和基本链路衰减量在传输频率为 100MHz 时应分别为 24dB 和 21.60dB。前者总长度在 100m 以内，后者总长度在 94m 以内。衰减参数表、传输时延参数表、回波损耗参数表分别如表 6.10～表 6.12 所示。

表 6.10 衰减参数表

频率/MHz	五类	超五类
1.00	2.5	2.2
4.00	4.8	4.5
10.00	7.5	7.1
16.00	9.4	9.1
20.00	10.5	10.2
31.25	13.1	11.5
62.50	18.4	12.9
100.00	23.2	18.6

表 6.11 传输时延参数表

参数	五类	超五类
Prop Delay	<1μs	548ns

表 6.12 回波损耗参数表

参数	五类	超五类
100MHz	10dB	
250MHz		10dB

6）其他参数

（1）Power.Sum.NEXT：综合近端串音。

（2）Power.Sum.ELFEXT：综合等效远端串音。

（3）ACR：衰减串扰比，ACR=NEXT-Attenuation。

（4）Power.Sum.ACR：综合衰减串扰比。

任务工单

学生依据实施要求及操作步骤，在教师的指导下完成本工作任务，并填写任务工单。

任务名称	使用 AutoCAD 软件绘制综合布线图	实训设备及软件	基本配置的计算机、AutoCAD 软件
任务	使用 AutoCAD 软件绘制各种图例和基本布线图		
任务目的	掌握 AutoCAD 软件的基本使用方法		
1. 咨询 （1）AutoCAD 软件的使用方法。 （2）常用图例的绘制方法。 2. 决策与计划 根据任务要求，确定所需要的设备及工具，并对小组成员进行合理分工，制订详细的工作计划。			

续表

（1）讨论并确定实验所需的设备及工具。

（2）成员分工。

（3）制定实训操作步骤。
① _____
② _____
③ _____
④ _____

3．实施过程记录
（1）熟悉 AutoCAD 软件的操作界面。

（2）熟悉常用图例，总结应该注意的问题。

（3）记录操作步骤。

4．检查与测试
检查操作的正确性，对比结果和要求是否有差别，如果有，是什么原因产生的？
（1）检查操作是否正确。

（2）记录测试结果。

（3）分析原因，改正错误。

任务实施

AutoCAD 软件是由美国 Autodesk（欧特克）公司于 20 世纪 80 年代初，为微机上应用 CAD 技术而开发的绘图程序软件包，已成为国际上广为流行的绘图工具。

在综合布线系统工程设计中，AutoCAD 软件常用于绘制综合布线系统的管线路由图、楼层信息点分布图、机柜配线架布局图等。综合布线系统结构图作为全面概括综合布线系统全貌的示意图，主要描述进线间、设备间、电信间的设置情况，以及各布线子系统缆线的型号、规格和整体综合布线系统的结构等内容。

步骤如下。

（1）绘制图例（外部块）。

① 绘制路由器（见图6.7）。
② 绘制接线端子（见图6.8）。
③ 绘制分配线架（见图6.9）。

图6.7 路由器图例 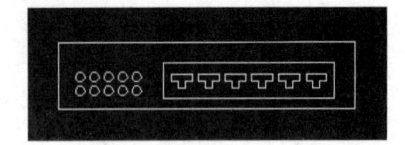　　　　图6.8 接线端子图例 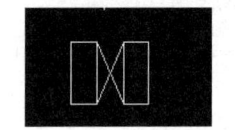　　　　图6.9 分配线架图例

④ 绘制12口光纤配线架（见图6.10）。
⑤ 绘制主配线架（见图6.11）。
⑥ 绘制区域主配线架（见图6.12）。

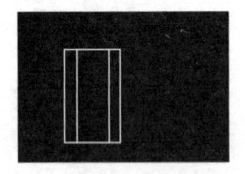

图6.10 12口光纤配线架图例 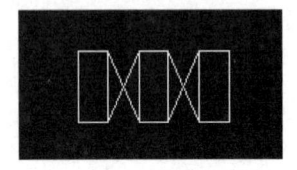　　　图6.11 主配线架图例 　　　图6.12 区域主配线架图例

（2）绘制综合布线图。

本系统从中间画起，即先画配线架，再画两边。

① 画第一层设备图（见图6.13）。
② 复制第一层设备图，画其他5层设备图（见图6.14）。
③ 画主设备图（见图6.15）。

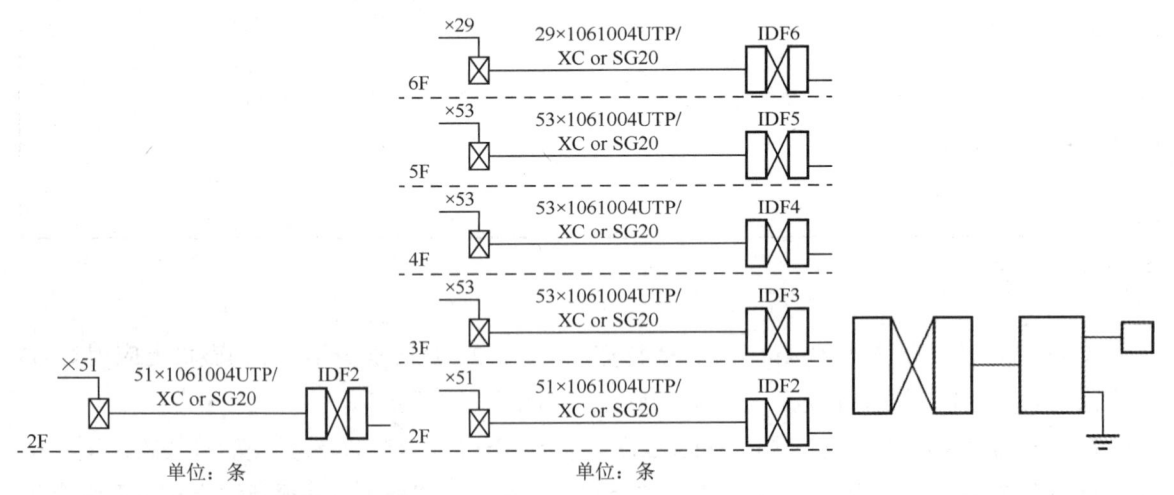

图6.13 第一层设备图　　　图6.14 其他5层设备图　　　图6.15 主设备图

④ 画连接线（见图6.16）。
⑤ 标注电缆说明（见图6.17）。

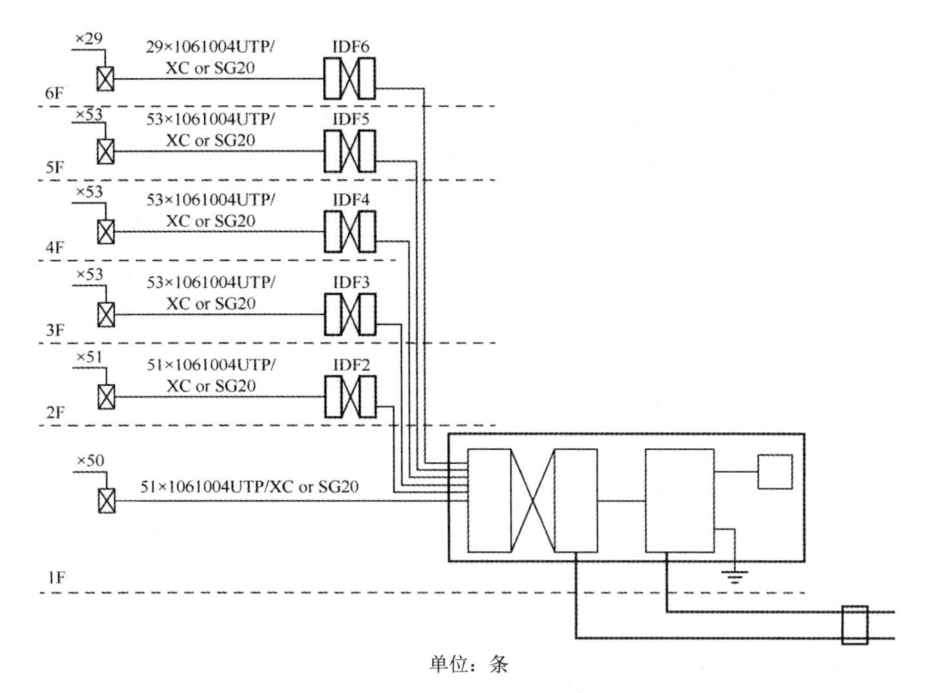

图 6.16　连接线

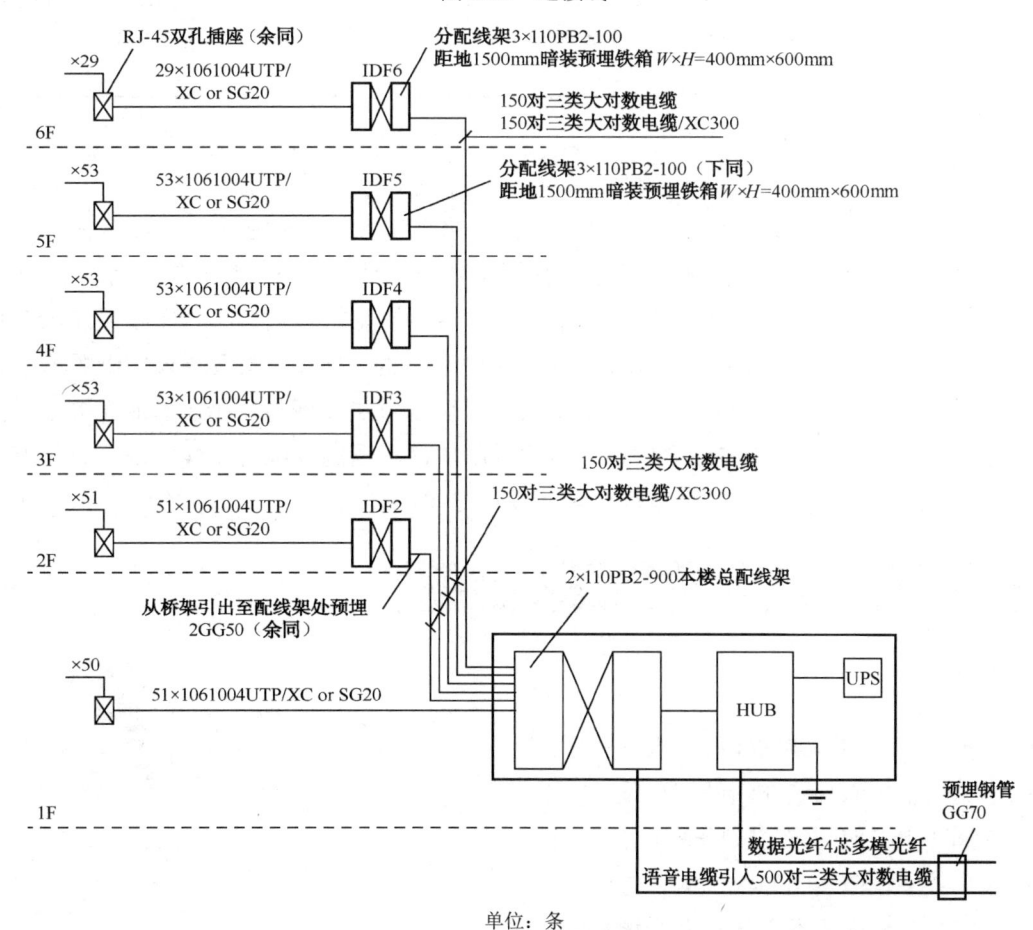

图 6.17　标注电缆说明

任务评价

以个人为单位完成任务，随机安排同学评分，以学生个人成绩为实习考核结果。

序号	检查项目	分值	自我评分	小组评分	教师评分	备注
1	遵守安全操作规范	10				
2	态度端正、工作认真	10				
3	能正确说出各个图例的名称	10				
4	能正确绘制布线设备及线缆等图形	10				
5	能掌握楼宇布线结构及方案设计	10				
6	图形绘制规范	10				
7	测试结果	10				
8	遵守纪律	10				
9	做好6S管理工作	10				
10	完成任务工单的全部内容	10				

说明：

（1）每名同学总分为100分。

（2）每名同学每项为10分，计分标准为：不满足要求计1~5分，基本满足要求计6~7分，高质量满足要求计8~10分。

采用分层打分制，建议权重为：自我评分占0.2，小组评分占0.3，教师评分占0.5，加权算出每名同学在本工作任务中的综合成绩。

任务总结

智能大厦是信息时代的必然产物，是计算机网络系统应用的主要方向。商务酒店、写字楼、办公大楼等实施综合布线的高层建筑，都属于智能大厦的范畴。网络布线系统是智能大厦所有信息的传输系统，利用双绞线或光缆来完成各类信息的传输。综合布线系统的工程图纸是通过各种图形符号、文字符号、文字说明及标注表达的。预算人员要通过图纸了解工程规模、工程内容，统计工程量，编制工程概预算文件。施工人员要通过图纸了解施工要求，按图施工。AutoCAD软件是综合布线系统设计中的常用软件，图例和综合布线图是设计的基本要求，熟练掌握后才能进一步学习及掌握更多的设计图绘制技巧。

任务2 数字校园网络布线设计与实现

学习目标

- 掌握数字校园网络布线的需求分析方法。
- 掌握数字校园网络布线的工程设计方法。
- 掌握数字校园网络布线的施工操作方法。
- 掌握数字校园网络布线的测试方法。
- 能进行多模光缆开缆操作及光缆接续。

任务描述

某职业学院经过长期发展,规模和实力有了显著提升,为提高工作效率,方便教职工和学生的工作与学习,该学院决定全面实施数字化校园工程。数字化校园应用平台是以网络平台和共享型教学资源管理服务平台建设及其功能开发为基础,应用网络技术和多媒体技术,对教学资源、科研信息、综合管理、技术服务、生活服务等信息进行收集、处理、整合、存储、制作、传输和应用,使数字资源得到充分优化、利用的一种数字化虚拟教育环境。本任务要求对数字校园网络布线方案进行设计,按照工程实施步骤完成安装,以实现多模光缆开缆操作及光缆接续。

任务引导

本任务将带领大家完成数字校园网络布线的需求分析,熟悉数字校园网络布线的设计原则及设计标准规范,学习校园内宿舍楼等楼宇的具体布线方案设计,掌握数字校园网络布线实施及验收的相关技能。

知识链接

6.2.1 数字校园网络布线的需求分析

覆盖全面、应用深入、高效稳定、安全可靠的数字校园,要求消除信息孤岛和应用孤岛,建立校级统一信息系统,实现部门间高效率的工作,为校园的广大教职工提供无所不在的一站式服务。

通过实现从环境(如设备、教室)、资源(如图书、讲义、课件)到应用(如教、学、管理、服务、办公)的全部数字化,在传统校园的基础上构建一个数字空间,以拓展传统校园的时间和空间维度,提升传统校园的运行效率,扩展传统校园的业务功能,最终实现教育过程的全面信息化,从而达到提高教学管理水平和效率的目的。

1. 设计目标

某职业学院校园网工程建设要达到以下目标。

(1)构架千兆校园网主干线路,实现新综合教学楼、教学楼、电子信息工程学院办公楼、化学院、生科院实验楼、学生宿舍楼、各家属楼的互连。

(2)每个教室、实验室、办公室、家属楼、宿舍均可实现 100Mbit/s 的校园网接入,以及信息资源的充分共享。学校领导、老师、学生可以随时随地进入校园网,获取校园网信息。

(3)校园网将采用 10Mbit/s 光纤接入中国电信网络。

(4)校园网将设置 WWW 服务、FTP 服务、E-mail 服务和 VOD 服务。

(5)校园网必须安装内容过滤器,以过滤网站的不良信息。

(6)校园网将建立一个 OA 系统,以便学校开展无纸化办公。

(7)校园网将构建一个完整的网络防毒系统,有效杜绝病毒的传播。

(8)校园网必须能进行全网的智能化管理,使系统管理员方便、高效地实现网络管理。

(9)校园网的建设必须为以后的网络建设预留发展和扩容空间。

(10)要求全网的交换机必须采用同一个厂家的产品,服务器也统一品牌。全网综合布线产品的品牌必须统一。

2. 校园网网络拓扑结构

对校园网的结构进行具体分析之后得出，网络中心应设在新综合教学楼六楼，因此教学楼、电子信息工程学院办公楼、化学院、生科院实验楼、学生宿舍楼、各家属楼的核心交换机将采用百兆可控网管型交换机。同时，教学楼、电子信息工程学院办公楼、化学院、生科院实验楼、学生宿舍楼、各家属楼要配置百兆交换机连接到核心交换机上。对于网络中心，要求全部铺设防静电地板并做好接地和防雷措施。除此之外，还应安装一台 10kV 的 UPS 及两个能使用 4 小时的后备电池以满足停电之需。某职业学院校园网的网络拓扑结构图如图 6.18 所示。

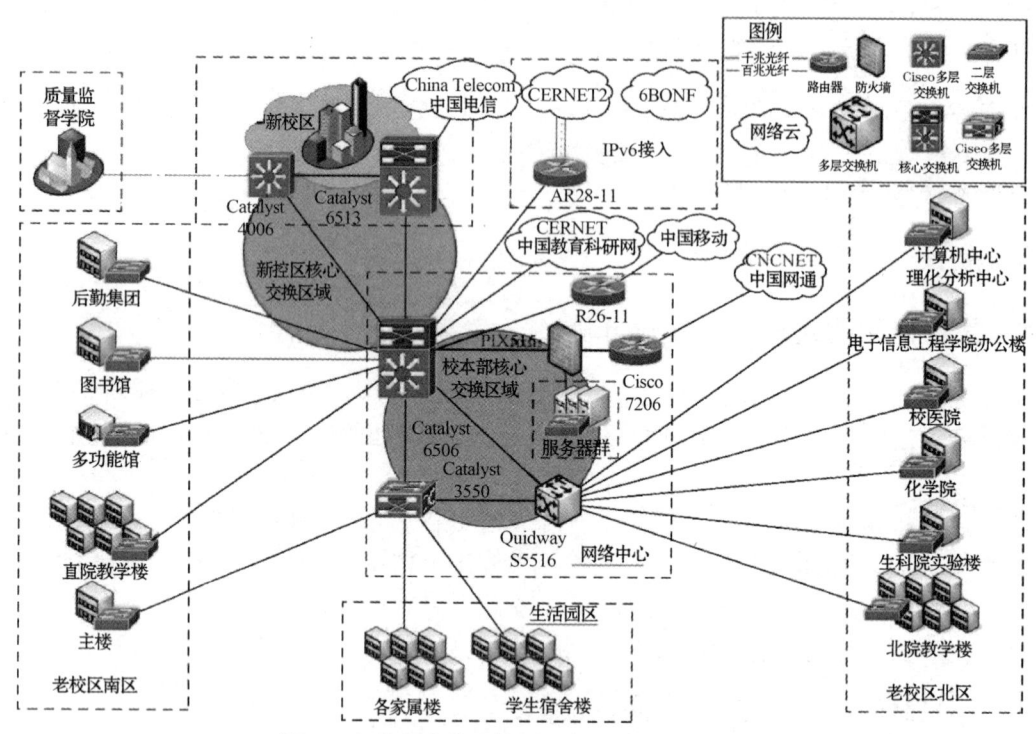

图 6.18 某职业学院校园网的网络拓扑结构图

3. 校园网信息点分布说明

校园网信息点数概略表如表 6.13 所示。

表 6.13 校园网信息点数概略表

楼名	光纤配线架/个	铜缆配线架/个
各家属楼	1	1
新综合教学楼	1	2
教学楼	1	2
电子信息工程学院办公楼	1	2
化学院、生科院实验楼	1	2
后勤集团	1	2
学生宿舍楼	1	2
合计	7	13

6.2.2 数字校园网络布线的工程设计

数字校园网络综合考虑了各智能系统对综合布线系统的要求，为各弱电系统集成提供了传输通道，具有开放式的结构，能与众多厂家的产品兼容，具有模块化、可扩展、面向用户的特点。其能完全满足现在及今后在语音、数据和影像等方面的需求；能将语音、数据和影像等方面的通信融于一体，可应用于各种局域网；能适应将来网络结构的更改或设备的扩充。

1. 设计原则

以"满足客户需求"为第一前提，适当超前，统一规划。

（1）先进性：选择的产品要技术领先、产品丰富、价格适中；具有大容量、高速率，能适应多媒体应用的需求及将来发展的需要。

（2）可扩展性：综合布线系统不仅要能满足现阶段的业务需求，而且要能满足将来业务增长和新技术发展的需要。

（3）便于升级：由于计算机网络技术以惊人的速度向前发展，因此对综合布线系统的设计要便于升级。

（4）高可靠性：由于综合布线系统是网络应用所依赖的基础，因此选择的综合布线系统产品要具备较好的可靠性。

（5）标准化：通信协议和接口应符合国际标准，并应是今后发展的主流。

（6）开放性：能容纳不同厂家的设备和不同的网络平台。

（7）安全性：具有保证信息不被窃、不丢失的机制。

（8）实用性：网络拓扑结构必须满足各种应用要求。

（9）设计、施工、运营与服务：强调以人为本的设计思想，为用户提供安全、舒适、方便、快捷、高效的工作环境。

（10）由于综合布线系统有很长的使用期，反复布线只会造成投资上的浪费和时间上的消耗，因此在设计时应尽量做到统一规划、注重实用、适当超前，一次达到较先进的水平。

2. 设计标准规范

（1）GB 50174—2017《数据中心设计规范》

（2）GB 50311—2016《综合布线系统工程设计规范》

（3）GB 50314—2015《智能建筑设计标准》

（4）YD/T 926.1—2023《信息通信综合布线系统第1部分：总规范》

（5）YD/T 926.2—2023《信息通信综合布线系统第2部分：光纤光缆布线及连接件通用技术要求》

（6）GB 51348—2019 《民用建筑电气设计标准（共二册）》

（7）TSB-36/40 《工业标准及国际商务建筑布线标准》

（8）ANSI/TIA-568-A/B 《商业大楼电信布线标准》

（9）TIA/EIA 569 《商务建筑物电信布线路由标准》

3. 布线方案设计

1）工作区

随着校园网应用越来越多，校园网综合布线变得越来越重要。工作区在施工时要考虑的因素较多，应尽可能地考虑用户对室内布局的需要，同时要考虑从信息插座连接应用设备（如计算机、电话）的方便性和安全性。每个教室、实验室、办公室、家属楼、宿舍均可实现100Mbit/s的校园网接入及信息资源的充分共享。

以学生宿舍楼为例。学生宿舍楼连入校园网络，不仅可以有利于同学通过网络方便、快捷地了解各种信息、拓展学生的思维、提高处理各种问题的能力，如上网查找学习资料、参加网上的一些活动、快速进入选课系统进行选课等，而且能加强学校对学生的管理，节约成本、提高效率。一号学生宿舍楼位于老校区宿舍区，楼高5层，除去卫生间和洗漱间共有20间宿舍，共计100个房间。本项目对一号学生宿舍楼实施布线，使其可以实现数据、语音的接入。

一号学生宿舍楼信息点分布如表6.14所示。

表6.14 一号学生宿舍楼信息点分布

楼层	信息点数量		信息插座/个
	语音点/个	数据点/个	
一层	40	40	40
二层	40	40	40
三层	40	40	40
四层	40	40	40
五层	40	40	40
总计	200	200	200

在设计学生宿舍楼时，由于PVC管在建房施工期间已经埋入，因此直接将线插入PVC管即可，信息插座设计在距离地面30cm的位置；信息插座与计算机设备的距离保持在5m范围内；网卡接口类型要与线缆接口类型保持一致；所有综合布线系统工作区所需的信息模块、信息插座、面板的数量要准确。

一号学生宿舍楼的校园网综合布线系统能为数据传输提供实用、灵活、可扩展、可靠的模块化介质通路，由于该宿舍楼规模不大，在选择好设备间位置后，从设备间到各信息点的距离都在非屏蔽双绞线的100m有效传输距离内，为方便管理，综合布线系统采用不设楼层配线间，直接从设备间到信息点的布线方式，水平布线子系统和垂直布线子系统合为一条链路，楼层配线间与设备间合为一体。最后通过校园网接口将整栋一号学生宿舍楼连接入网。

一号学生宿舍楼第二层的平面结构图如图6.19所示。其他楼层与该楼层基本相同。

2）配线/干线子系统

配线子系统的走线管道由两部分构成：一部分是每层楼内放置水平传输介质的总线槽，另一部分是将传输介质引向各房间信息接口的分线管或分线槽。从总线槽到分线管或分线槽需要有过渡连接。在分线槽中放置的双绞线密度过大会影响底层双绞线的传输性能。将用于语音系统的双绞线和用于数据传输的双绞线设于一个并列的走线槽内。水平线槽一般有多处转弯，在转弯处应留有足够大的空间以保证双绞线有充分的弯曲半径。在水平线槽的转弯处应有垫衬以减小拉线时的摩擦力，线管或线槽应采用镀锌铁槽或铁管。干线子系统拓扑图如图6.20所示。

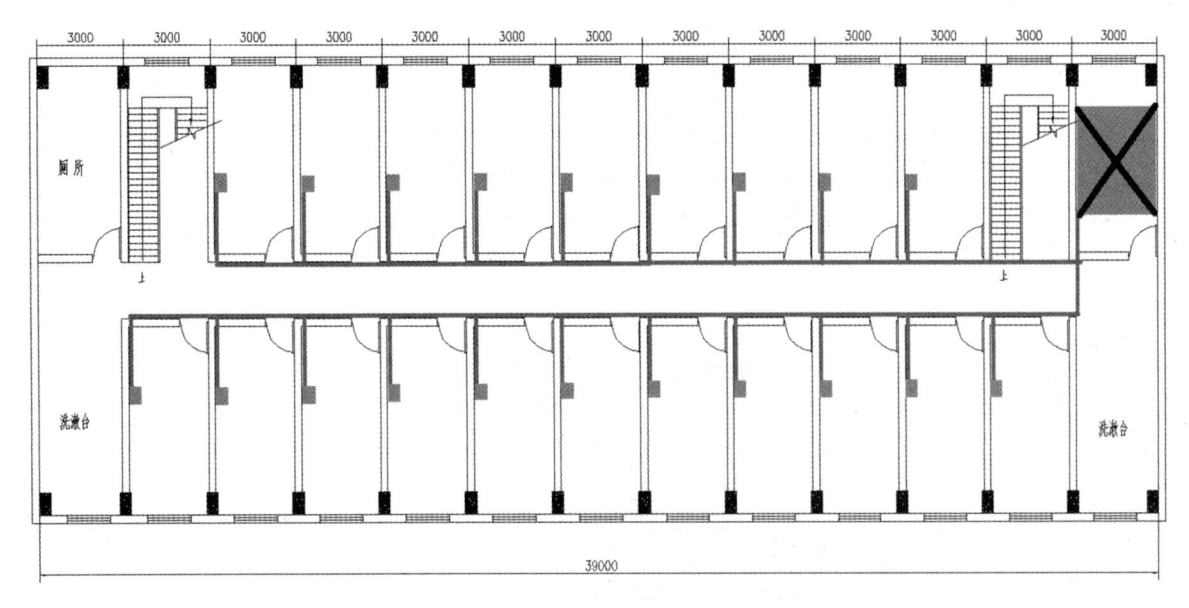

图6.19 一号学生宿舍楼第二层的平面结构图（单位：mm）

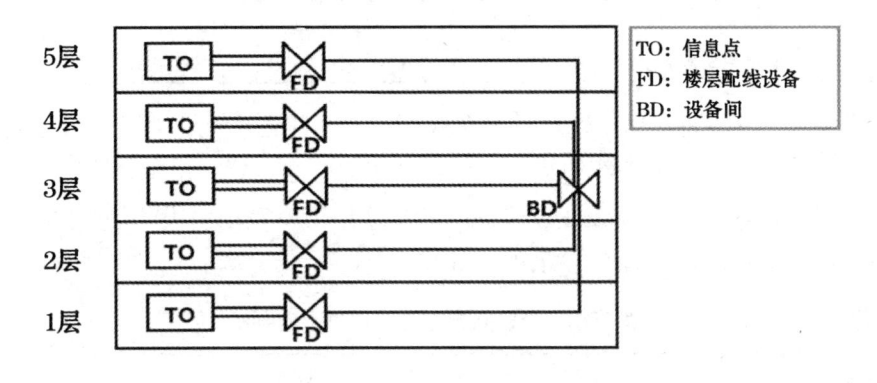

图6.20 干线子系统拓扑图

在水平电缆布放施工中，要在每根电缆的两端粘贴编号，以保证配线架上的端口与信息点的插座一一对应。

干线子系统用于跨越楼层的传输，一般采用多对数双绞线或多模光纤，多对数双绞线宜采用25对三类双绞线或五类双绞线。双绞线和光纤对安装有不同的要求，双绞线要垂直放置于竖井中，由于其自身的质量牵拉，日久之后会使双绞线的绞合发生一定程度的改变，这种改变对传输语音的三类双绞线来说影响不是太大，但对需要传输高速数据的五类双绞线来说，这个问题是不能被忽略的，因此在设计垂直竖井内的线槽时应仔细考虑双绞线固定的问题。双绞线固定时的力的大小是应该受到重视的，如果扎线太紧可能会降低近端串扰值，从而影响线缆的传输性能。由于光纤有极强的抗干扰能力，因此安装后不会发生像双绞线那样的问题，但光纤本身较脆弱，强力牵拉或弯折会使纤芯折断，所以安装时应由有经验的工程师在现场指导。干线子系统的线槽引向电信间布线柜的部分可能需要沿水平方向安装，由垂直向水平过渡应留有足够大的空间以保证电缆和光纤都有充分的弯曲半径。一般大对数电缆和光纤的弯曲半径都应大于线径的 20 倍。

3）电信间和设备间

电信间、设备间是系统进行管理、控制、维护的场所。电信间的数据水平配线架采用六类模块化配线架。语音和数据跳线可现场制作，以减少成本。电信间的配线设备一般不多，但考虑网络产品的安全，电信间必须通风良好，干燥而无灰尘。

设备间所在的空间还有对门窗、天花板、电源、照明、接地的要求，其总体要求如表 6.15 所示。

表 6.15 设备间的总体要求

项目	要求
面积	≥10m²
地板	等效均布活荷负载大于 56kg/m²　　距天花板大于 2.3m
电源	电源稳定，单项为 220V，允许变化范围为-10%~+7% 相间不平衡电压为 10V，频率为 50Hz±1%
温度	18~27℃　变化速度：<7.5℃/30min
地线	计算机系统地线的接地地阻小于 1Ω，与避雷地线的间距大于 15m 通信系统地线的接地电阻小于 0.5Ω，地线引出线采用 25~35mm² 铜芯绝缘电缆

（1）位置要求。设备间应尽量建在综合布线干线子系统的中间位置，并尽可能靠近建筑物电缆引入区和网络接口，以便干线线缆的进出；设备间应当设置在电梯、楼梯附近，以便装运笨重的设备；设备间应尽量避免设在建筑物的高层或地下室及用水设备的下层。

（2）设备间的温度、相对湿度要求如表 6.16 所示。

表 6.16 设备间的温度、相对湿度要求

项目	A 级	B 级	C 级
温度/℃	夏季：22±4 冬季：18±4	12~30	8~35
相对湿度/%	40~65	35~70	20~80

（3）设备间的尘埃数量要求如表 6.17 所示。

表 6.17 设备间的尘埃数量要求

项目	A 级	B 级
粒度/μm	>0.5	>0.5
个数/（粒/dm³）	<10 000	<18 000

（4）设备间的空气要求如表 6.18 所示。

表 6.18 设备间的空气要求

有害气体	二氧化硫（SO_2）	硫化氢（H_2S）	二氧化氮（NO_2）	氨（NH_3）	氯（Cl_2）
平均限值/（mg/m³）	0.200	0.006	0.040	0.050	0.010
最大限值/（mg/m³）	1.50	0.03	0.15	0.15	0.30

（5）照明。为了方便工作人员在设备间内操作设备和维护相关的综合布线器件，设备间必须安装足够照明度的照明系统，并配置应急照明系统。设备间内距地面 0.8m 处，照明度不应低于 200lx。设备间配备的事故应急照明，在距地面 0.8m 处，照明度不应低于 5lx。

（6）噪声。为了保证工作人员的身体健康，设备间内的噪声应小于 70dB。如果长时间在大于 70dB 噪声的环境下工作，不但影响人的身心健康和工作效率，而且可能造成人为的噪声事故。

（7）电磁场干扰。根据综合布线系统的要求，设备间无线电干扰的频率范围应在 0.15～1000MHz，噪声不大于 120dB，磁场干扰场强不大于 80A/m。

（8）设备间供电电源应满足的要求。频率为 50Hz；电压为 220V/380V；相数为三相五线制、三相四线制或单相三线制。

设备间供电电源的允许变动范围如表 6.19 所示。

表 6.19 设备间供电电源的允许变动范围

项目	A 级	B 级	C 级
电压变动/%	−5～+5	−10～+7	−15～+10
频率变动/%	−0.2～+0.2	−0.5～+0.5	−1～+1
波形失真率/%	<±5	<±7	<±10

4）建筑群子系统光传输的设计

光传输的再生段距离由光纤衰减和色散等因素决定。不同的系统，由于各种因素的影响程度不同，再生段距离的设计方式也不同。在实际工程应用中，设计的系统分为两种：一种是衰减受限系统，即再生段距离由 S 点和 R 点之间的光通道衰减决定；另一种是色散受限系统，即再生段距离由 S 点和 R 点之间的光通道色散决定。以上主要针对长途光缆和多中继光缆的传输进行设计。

（1）敷设环境和条件。光缆的外护层要达到阻水、防潮、耐腐蚀的要求，对鼠咬或白蚁啃噬严重的地方要采用金属带皱纹纵包或尼龙护套层加以保护。

（2）光纤类型选用。对于单模光纤，我们推荐使用 G.652 光纤（非色散位移光纤），这种光纤可使用于 1310nm 波长区和 1550nm 波长区。在 1310nm 波长区工作时，理论色散为零；在 1550nm 波长区工作时，传输损耗最低，但色散系数较大。这种光纤主要应用在长距离为 622Mbit/s 及其以下的系统通信。对于多模光纤，我们推荐使用普通中心束管轻铠式光缆，主要应用在 850nm 波长区和 1310nm 波长区近距离为 1.0Gbit/s 及其以下的系统通信。

室内外并用光缆：采用紧密填充的设计，光缆可以安装在托盘上、管道里或悬挂于架空缆线上，完全适用于室外或室内的干线光缆安装。而且该光缆采用防火、防紫外线（UV）护套，其结构坚固而柔软，便于机房安装。室内外并用光缆能够采用多模结构、单模结构或两者的混合结构，并且有1~144根光纤芯数供用户选择。

室外光缆：室外光缆设计的较高水平是配备防水设计的缆芯、缆管及防紫外线护套。这种设计使光缆直径最小，光纤芯数可为1~144根。此光缆为应用于建筑物间的干线或广域网的连接线的较佳选择。

（3）光纤传输介质的品牌选取。所选用的光纤传输介质应严格遵循设计标准：IEEE 802标准、ANSI/TIA-568工业标准及ISO/IEC 11801-3:2017标准。

根据以上对光纤传输介质的选用要求，应该选择知名品牌的产品。在室外要选用专用的室外光缆，它由钢带包裹双钢丝加强，可以减少机械损伤，防止鼠咬，其应具有以下特点。

① 具备UL/CUL认证。
② 符合ISO/IEC 11801-3:2017、EN 50173、EN 50167、EN 50169和ANSI/TIA-568标准的规定。
③ 符合更加严格的EMC的EN 55032:2012标准。
④ 全部光纤都符合相应标准且在正常情况下运行状况优良。
⑤ 具备3P/SGS认证。
⑥ 传输速率高。
⑦ 均能提供色标标签。
⑧ PVC型。阻燃，符合IEC 332-1标准。
⑨ FRPE型（LSFROH），低烟，符合IEC 1034标准；阻燃，符合IEC 332-3标准；无卤，符合IEC 754-1标准。

6.2.3 数字校园网络布线的施工及测试

1. 施工准备

室外沟槽的施工工具：铁锹、十字镐、电镐和电动蛤蟆夯等。

线槽、线管和桥架的施工工具：电钻、充电手钻、电锤、台钻、钳工台、型材切割机、手提电焊机、曲线锯、钢锯、角磨机、钢钎、铝合金人字梯、安全带、安全帽、电工工具箱（老虎钳、尖嘴钳、斜口钳、一字旋具、十字旋具、测电笔、电工刀、裁纸刀、剪刀、活络扳手、呆扳手、卷尺、铁锤、钢锉、电工皮带和手套）等。

线缆敷设工具：包括线缆牵引工具和线缆标识工具。线缆牵引工具有牵引绳索、牵引缆套、拉线转环、滑车轮、防磨装置和电动牵引绞车等；线缆标识工有手持线缆标识机和热转移式标签打印机等。

线缆端接工具：包括双绞线端接工具和光纤端接工具。双绞线端接工具有剥线钳、压线钳、打线工具；光纤端接工具有光纤磨接工具和光纤熔接机等。

线缆测试工具：简单铜缆线序测试仪、FLUKE DTX xxxx系列线缆认证测试仪、光功率计和光时域反射仪等。

在施工前，要现场调查，了解设备间、配线间、工作区、布线路由（如吊顶、地板、电缆竖井、暗敷管路、线槽及洞孔），特别要对预先设置的管槽进行检查，看其是否符合安装施工的基本条件。

2. 施工内容及要求

工程施工包括管槽安装、电缆铺设、配线机柜安装、配线架安装、线缆端接、信息模块端接、链路测试、网络设备安装等。具体内容如下。

（1）管槽安装与水平双绞线的铺设。

（2）信息插座面板与配线模块的安装和端接（包括 RJ-45 端口）。

（3）安装中线缆的长度、跳线和端接开绞的长度及连接数的限制必须遵守 ISO/IEC 11801-3:2017 标准的规定。

（4）双绞线的安装应避免强力拉伸和过小的扭曲半径，这一点必须严格遵守 ISO/IEC 11801-3:2017 标准的规定。

（5）所有部件安装应牢固、可靠，并能防潮、防湿、防鼠害，避免因外界因素造成损失。

（6）综合布线系统的接地必须遵守 ISO/IEC 11801-3:2017 标准的规定，屏蔽层的配线设备（FD 或 BD）端应接地，用户（终端设备）端视具体情况接地；应尽量连接至同一个接地体。

（7）设备间的安装。

3. 施工进度

根据双方约定，整个施工计划完成周期为 40 天，计划实施任务的进度如图 6.21 所示。

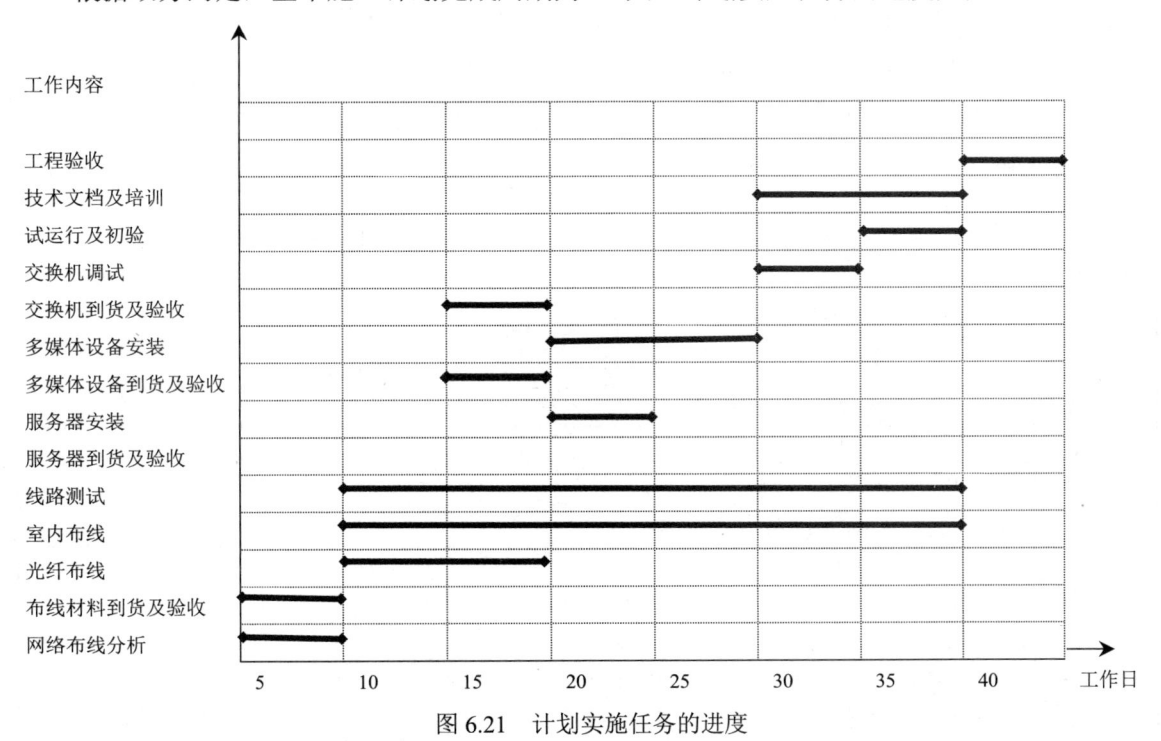

图 6.21 计划实施任务的进度

4. 测试方案

综合布线系统的测试，从工程角度来说可以分为两类：验证测试与认证测试，验证测试一般是在施工中由施工人员边施工边测试，以保证完成每个连接的正确性，通常仅注重布线的连接性能，对布线的电气特性并不关心；认证测试是指对综合布线系统依照测试标准进行逐项性能测试和电气测试。国内流行的综合布线验收测试的"通用型标准"有三个：ANSI/TIA-568-D 标准、GB/T 50312—2016 标准、ISO/IEC 11801-3:2017 标准。校园网布线工程的认证测试以 GB/T 50312—2016 标准为主，结合 ANSI/TIA-568-D 标准和 ISO/IEC 11801-3:2017 标准。

在校园网布线工程进行中采用"随装随测"，即安装人员可以边施工边测试，这样既可以保证质量又可以提高施工速度，测试项目中的线对要正确安装，电缆的总长度要符合布线要求。

在工程完成后，要进行认证测试。通信介质的正确连接及良好的传输性能，是综合布线系统正常运行的基础，综合布线系统安装完成后，要对综合布线系统进行逐点、全面、可靠的测试，以保证每个信息点达到测试标准。

同时，综合布线验收规范（GB/T 50312—2016）中提出的检测及测试记录文档不仅是工程竣工文档资料的重要组成部分，而且是工程验收能否通过的一个重要依据。在综合布线系统工程的施工前、后及施工过程中可能存在大量问题，当用户需要布线厂家提供质保时，就需要用户提供工程材料的资料，除了布线的产品清单、网络图标，还需要提供的是工程测试报告，厂家只有看到测试报告才会为用户提供质保证书。因此我们在综合布线系统工程测试环节要完成测试记录文档。

整个测试流程包括完成综合布线系统工程的项目需求分析、制定测试方案，方案被内部评审通过后，要编制原始记录，原始记录被内部评审通过后进行测试环境确认。测试环境确认通过后进行测试实施，完成后进行问题审核，对测试方案进行整改，回归测试通过后完成测试报告的初稿，接下来进行报告评审，通过后才能提交测试报告及配置文档。

➡️ 任务工单

学生依据实施要求及操作步骤，在教师的指导下完成本工作任务，并填写任务工单。

任务名称	多模主干光缆接头施工	实训设备、材料及工具	主干光缆、光纤熔接机和配套工具
任务	开剥光缆，熔接光纤和尾纤		
任务目的	掌握多模光缆开缆及接续的方法		

1. 咨询

（1）光缆端接的工作原理。

（2）光缆结构。

2. 决策与计划

根据任务要求，确定所需要的设备及工具，并对小组成员进行合理分工，制订详细的工作计划。

（1）讨论并确定实验所需的设备及工具。

（2）成员分工。

续表

（3）制定实训操作步骤。 ①_____ ②_____ ③_____ ④_____ 3．实施过程记录 （1）分析实践用的光缆结构的特点。 （2）实践操作，总结应该注意的问题。 （3）记录实践的相关数据。 4．检查与测试 根据任务要求，检查操作的正确性，当出现故障时进行排除，并记录测试结果。 （1）检查操作是否正确。 （2）记录测试结果。 （3）分析原因，排除故障。

任务实施

1．光纤熔接

（1）使用偏口钳或钢丝钳剥开光缆加固钢丝，如图 6.22 所示。

（2）剥开另一侧的光缆加固钢丝，如图 6.23 所示。最后将两侧的光缆加固钢丝剪掉，只保留 10cm 左右即可。

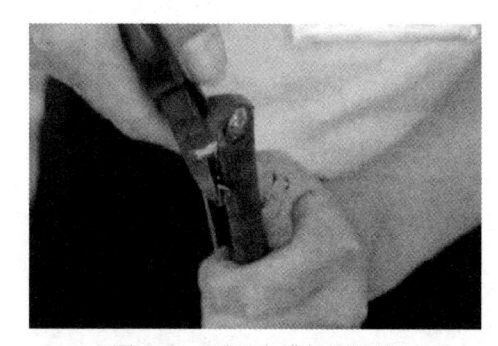

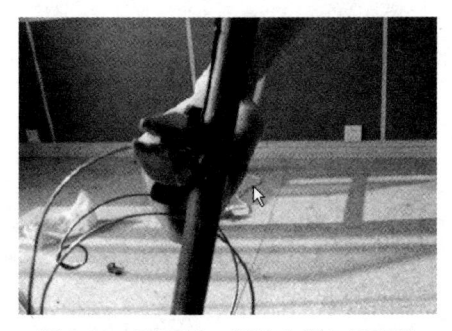

图 6.22　剥开光缆加固钢丝　　　　　图 6.23　剥开另一侧的光缆加固钢丝

（3）剥除光纤外皮 1m 长左右，即将其剥至剥开的光缆加固钢丝附近，如图 6.24 所示。

（4）用美工刀在光纤金属保护层上轻轻刻痕，如图 6.25 所示。

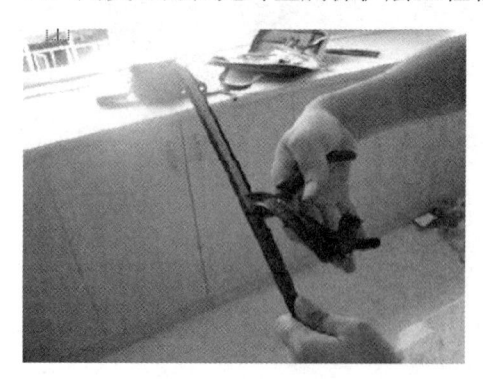

图 6.24　剥除光纤外皮 　　　　　　　　图 6.25　在金属保护层上刻痕

（5）折弯光纤金属保护层并使其断裂，折弯角度不能大于 45°，以避免损伤其中的光纤，如图 6.26 所示。

（6）用美工刀在塑料保护管四周轻轻刻痕，如图 6.27 所示，不要太过用力，以免损伤光纤，也可以使用光纤剥线钳完成该操作。

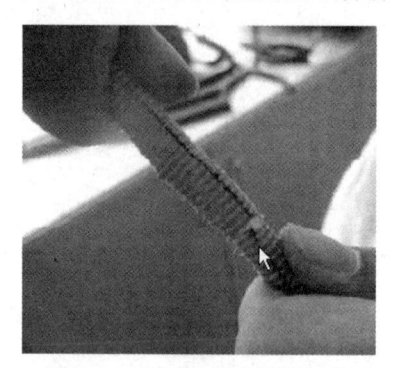

图 6.26　折弯光纤金属保护层 　　　　　图 6.27　在塑料保护管上刻痕

（7）轻轻折弯塑料保护管并使其断裂，如图 6.28 所示，弯曲角度不能大于 45°，以免损伤光纤。

（8）将塑料保护管轻轻抽出，露出其中的光纤，如图 6.29 所示。

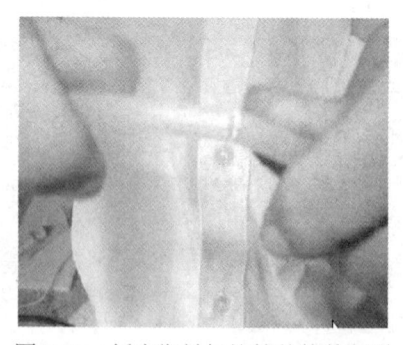

图 6.28　折弯塑料保护管并使其断裂 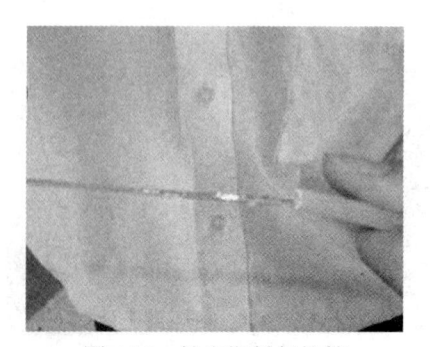　　　图 6.29　抽出塑料保护管

（9）用较好的纸巾蘸高纯度酒精，并充分浸湿，如图 6.30 所示。

（10）轻轻擦拭和清洁每根光纤，去除所有附着在光纤上的油脂，如图 6.31 所示。

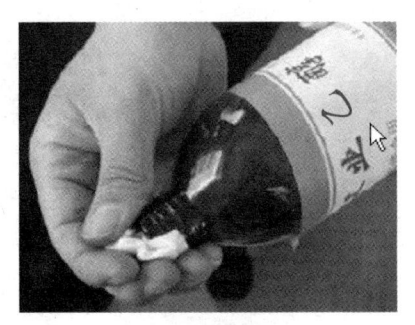

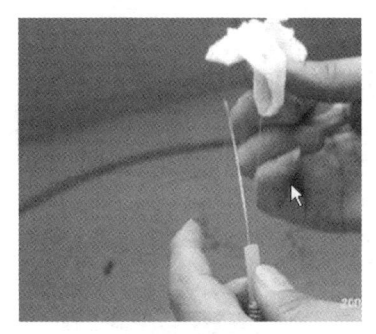

图 6.30　浸湿纸巾　　　　　　　　　　图 6.31　擦拭和清洁光纤

（11）为要熔接的光纤套上热缩套管，如图 6.32 所示。热缩套管主要用于在光纤对接好后套在连接处，经过加热形成新的保护层。

（12）使用光纤剥线钳剥除光纤涂覆层，如图 6.33 所示。在剥除光纤涂覆层时，要掌握"平""稳""快"三字剥纤法。"平"即持纤要平，左手拇指和食指捏紧光纤，使之成水平状，所露长度以 5cm 为准，余纤在无名指、小拇指之间自然打弯，以增加力度，防止打滑。"稳"即剥线钳要握得稳。"快"即剥纤要快，剥线钳应与光纤垂直，先向上方内倾斜一定角度，然后用钳口轻轻卡住光纤，右手随之用力，顺光纤轴推出去，整个过程要自然流畅，一气呵成。

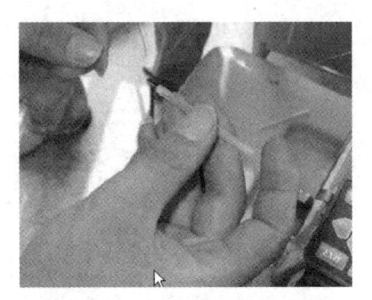

图 6.32　光纤套上热缩套管　　　　　　图 6.33　剥除光纤涂覆层

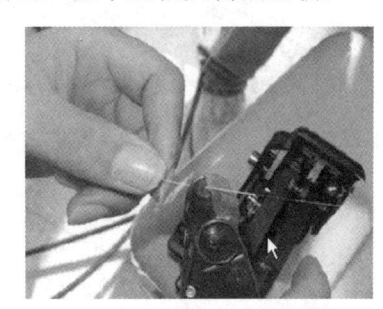

（13）用蘸酒精的湿纸巾将光纤外表擦拭干净。注意观察光纤剥除部分的包层是否全部去除，若有残余则必须去掉。若有极少量不易剥除的涂覆层，则可以用脱脂棉球蘸适量无水酒精擦除。将脱脂棉球撕成平整的扇形小块，蘸少许酒精，折成 V 形，夹住光纤，沿着光纤轴的方向擦拭，尽量一次成功。一个脱脂棉球使用 2~3 次后要更换，每次要使用脱脂棉球的不同部位擦拭，这样既可以提高脱脂棉球的利用率，又可以防止其对光纤包层表面的二次污染。擦拭光纤如图 6.34 所示。

（14）用光纤切割器切割光纤，使其拥有平整的端面。切割的长度要适中，保留 2~3cm。光纤端面制备是光纤接续中的关键工序，如图 6.35 所示。它要求处理后的端面平整、无毛刺、无缺损，且与轴线垂直，呈一个光滑平整的镜面区，并保持清洁，避免灰尘污染。光纤端面的质量直接影响光纤传输的效率。其制备方法有 3 种。

① 刻痕法：采用机械切割刀，用金刚石刀在光纤表面的垂直方向画一道痕，距涂覆层为 10mm，轻轻弹碰，光纤在此痕位置上会自然断裂。

② 切割钳法：利用一种手持简易钳进行切割操作。

③ 超声波电动切割法。

只要这 3 种方法中的器具良好、操作得当，光纤端面的制备效果就会非常好。

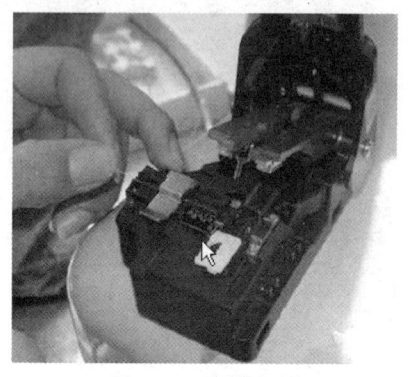

图 6.34　擦拭光纤 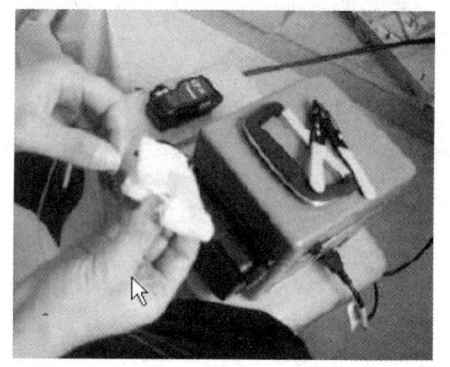　　　　　　　　　图 6.35　光纤端面制备

（15）将切割好的光纤置于光纤熔接机的一侧，如图 6.36 所示。

（16）在光纤熔接机上固定好该光纤，如图 6.37 所示。

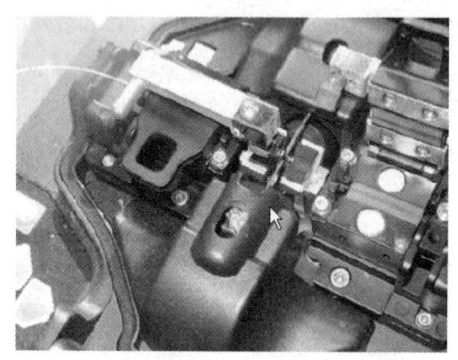

图 6.36　置于光纤熔接机一侧 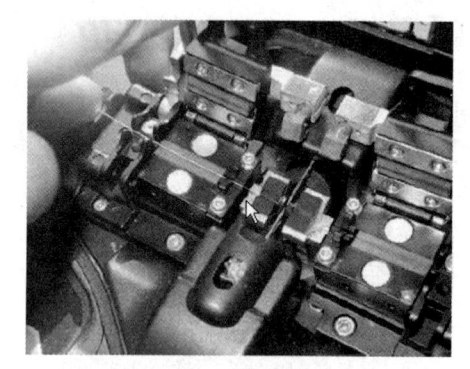　　　　图 6.37　固定好光纤

（17）如果有成品尾纤，则可以取一根与光纤同种型号的光纤跳线，从中间剪断作为尾纤使用，如图 6.38 所示。注意光纤连接器的类型一定要与光纤终端盒的光纤适配器相匹配。

（18）使用石英剪刀剪除光纤跳线的石棉保护层，如图 6.39 所示。剥除的外保护层之间的长度至少为 20cm。

图 6.38　用光纤跳线制作尾纤 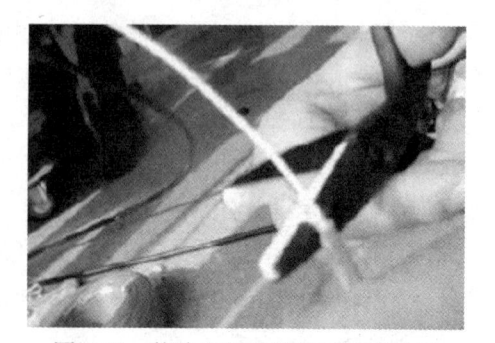　　　　图 6.39　剪除光纤跳线的石棉保护层

（19）使用光纤剥线钳剥除光纤涂覆层，剥好的光纤如图 6.40 所示。

（20）用蘸酒精的湿纸巾将尾纤中的光纤擦拭干净，如图 6.41 所示。

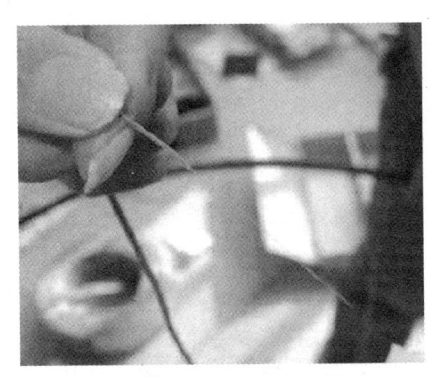

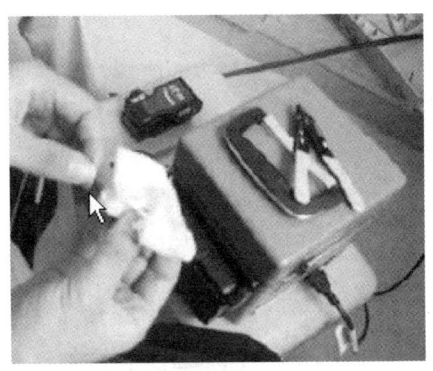

图 6.40　剥好的光纤　　　　　　　　图 6.41　擦拭尾纤中的光纤

（21）使用光纤切割器切割光纤跳线，保留 2～3cm，如图 6.42 所示。

（22）将切割好的尾纤置于光纤熔接机的另一侧，并使两根光纤尽量对齐。放置尾纤如图 6.43 所示。

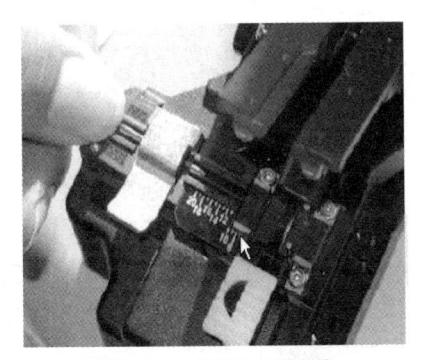

图 6.42　切割光纤跳线　　　　　　　　图 6.43　放置尾纤

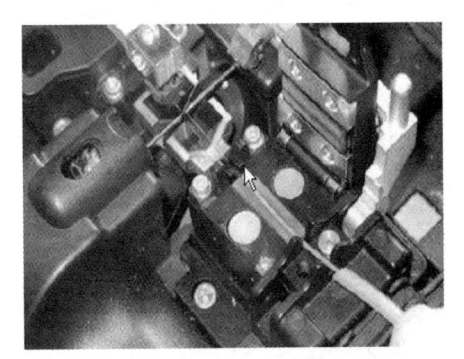

（23）在光纤熔接机上固定好尾纤，如图 6.44 所示。

（24）按"SET"键开始熔接光纤，如图 6.45 所示。

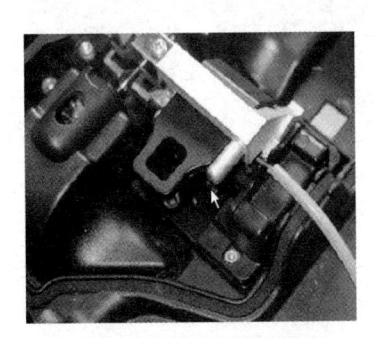

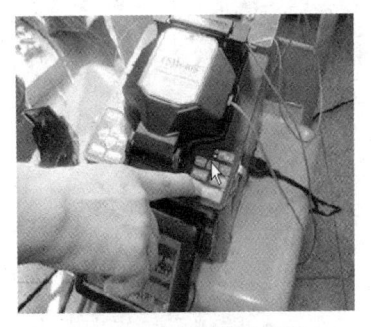

图 6.44　固定好尾纤　　　　　　　　图 6.45　开始熔接光纤

（25）两根光纤的 x、y 轴将自动调节，并显示在屏幕上，如图 6.46 所示。

（26）熔接结束后，观察损耗值，如图 6.47 所示。若熔接不成功，则光纤熔接机会显示具体原因。熔接好的接续点损耗一般低于 0.005dB 则认为合格。若高于 0.005dB，则可按手动熔接按钮再熔接一次。一般熔接 1、2 次为最佳，若超过 3 次，熔接损耗反而会增加，这时应断开重新熔接,直到达到标准要求为止。如果熔接失败,要重新剥除两侧光纤的绝缘保护层并切割,重复熔接操作。

图 6.46　自动调节

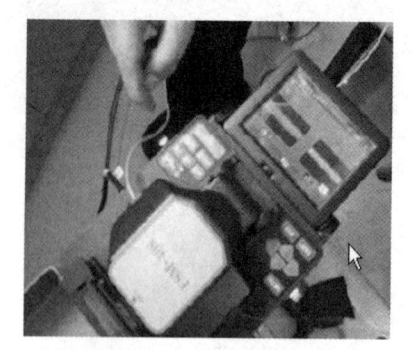

图 6.47　观察损耗值

(27) 若熔接通过测试,则用光纤热缩管完全套住剥掉绝缘保护层的部分,如图 6.48 所示。

(28) 将套好热缩管的光纤放到加热器中,如图 6.49 所示。由于光纤在连接时去掉了接续部位的涂覆层,使其机械强度降低,因此要用热缩管对接续部位进行加强保护。热缩管应在光纤剥覆前穿入,严禁在光纤端面制备后再穿入。将预先穿置光纤某一端的热缩管移至光纤连接处,使熔接点位于热缩管中间,轻轻拉直光纤接头,放入光纤熔接机的加热器内加热。热缩管加热收缩后会紧套在接续好的光纤上,由于此管内有一根不锈钢棒,因此增加了热缩管的抗拉强度。

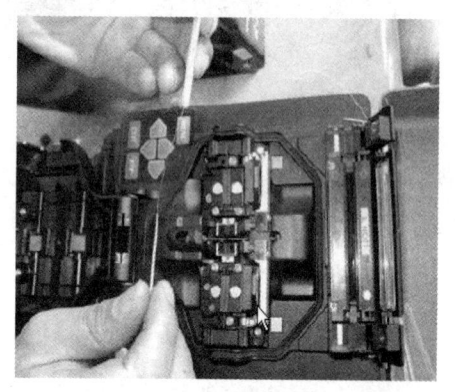

图 6.48　套热缩管

图 6.49　放到加热器中

(29) 按"HEAT"键开始对热缩管进行加热,如图 6.50 所示。

(30) 稍等片刻,取出已加热好的光纤,如图 6.51 所示。

(31) 重复上述操作,直至所有光纤全部熔接完成。

(32) 将已熔接好光纤的热缩管置入光缆接续盒的固定槽中,如图 6.52 所示。

(33) 在光纤接续盒中将光纤盘好,并用不干胶纸进行固定,如图 6.53 所示。

操作时务必轻柔小心,以避免光纤折断。同时,将加固钢丝折弯且与终端盒固定,并使用尼龙扎带进一步加固。

图 6.50　对热缩管进行加热

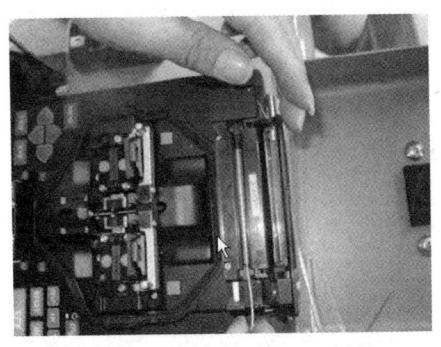

图 6.51　取出已加热好的光纤

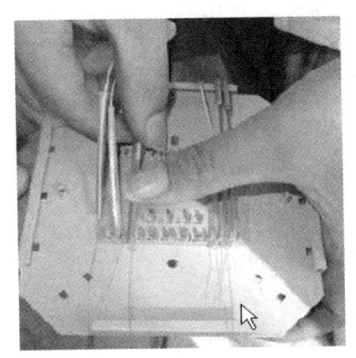

图 6.52　置入固定槽

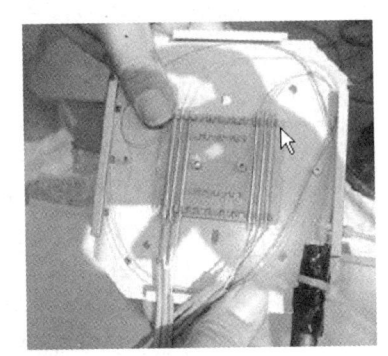

图 6.53　固定光纤

2．光纤接头快速接续——UniCam 光纤快速接头

（1）打开 UniCam 光纤快速接头的工具包如图 6.54 所示。

（2）给光纤套上套管并除去光纤外皮。首先剪掉多余的纤芯，然后给光纤套上套管，再用剥线钳除去光纤最外层的绝缘套，最后使用剪刀剪掉束状纤维。图 6.55 所示为剥离外皮的光纤（需要替换）。

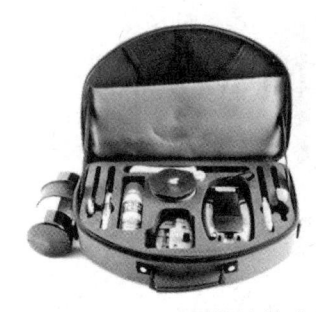

图 6.54　打开 UniCam 光纤快速接头的工具包

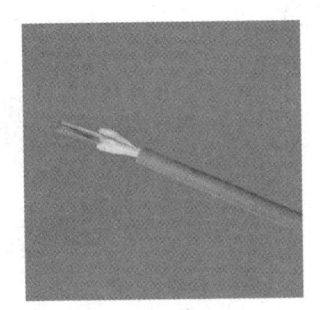

图 6.55　剥离外皮的光纤

（3）剥离纤芯的外护层和涂覆层，取出米勒钳，使用米勒钳上的 V 形口剥离纤芯外护层约 8cm，剥离时 V 形口应与尾纤成 30°斜角，如图 6.56 所示。使用米勒钳的 V 形口与尾纤成 30°斜角剥离尾纤涂覆层约 6.5cm，如图 6.57 所示。

（4）光纤端面制备。首先从工具包中取出酒精棉纱，清洗刚制备的纤芯，清洗过程要分 3 次以不同的方向清洗，以保证纤芯 360°完全清洁。然后拿出 UniCam 光纤切割刀（见图 6.58），同时打开夹具，将光纤放入接头夹具中，关闭夹具，再将压接环旋钮旋转一下（任意方向均可），向断纤固定端施加拉力，刀片切割光纤。最后按光纤固定按钮取出切割好的光纤。

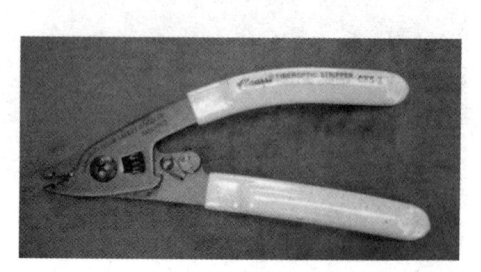

图 6.56　使用米勒钳剥离纤芯的外护层

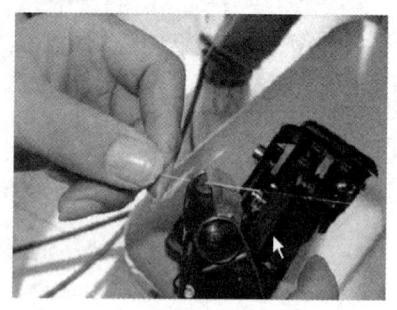

图 6.57　使用米勒钳剥离尾纤涂覆层

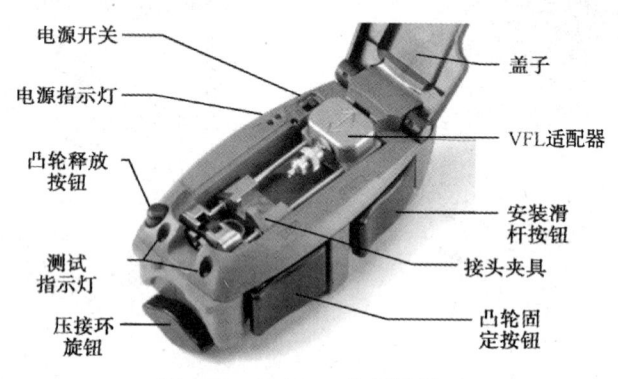

图 6.58　UniCam 光纤切割刀

小提示：尾纤处理。按下断纤固定按钮，取出废光纤，将切下的废光纤放入断纤放置盒中。尾纤处理如图 6.59 所示。

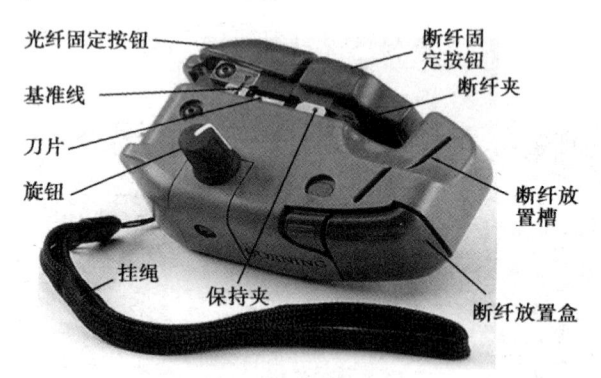

图 6.59　尾纤处理

（5）制备光纤接头。首先打开盖子拨动电源开关，电源指示灯显示为 On，按下安装滑杆按钮并插入接头，将 VFL 适配器滑到接头上关闭盖子以激活激光光源；然后插入光纤并按下凸轮固定按钮（凸轮旋转 90°，接续锁定）；最后参考测试指示灯的指示：绿灯=成功，红灯=失败。

（6）取出已制备好的光纤接头。旋转压接环旋钮并打开盖子（激光光源关闭），先推回 VFL 适配器，再按下安装滑杆按钮并取出接头。

任务评价

以个人为单位完成任务，随机安排同学评分，以学生个人成绩为实习考核结果。

序号	检查项目	分值	自我评分	小组评分	教师评分	备注
1	遵守安全操作规范	10				
2	态度端正、工作认真	10				
3	能正确说出各个耗材的名称	10				
4	能正确说出各个工具的作用	10				
5	能掌握光缆接续的原理	10				
6	能掌握光纤开缆熔接的操作工艺	10				
7	测试结果	10				
8	遵守纪律	10				
9	做好 6S 管理工作	10				
10	完成任务工单的全部内容	10				

说明：

（1）每名同学总分为 100 分。

（2）每名同学每项为 10 分，计分标准为：不满足要求计 1~5 分，基本满足要求计 6~7 分，高质量满足要求计 8~10 分。采用分层打分制，建议权重为：自我评分占 0.2，小组评分占 0.3，教师评分占 0.5，加权算出每名同学在本工作任务中的综合成绩。

任务总结

校园综合布线系统是信息化系统建设的基础，需要充分考虑未来网络的架构变化、扩容及配合新技术发展的需要。校园综合布线系统建设能为语音、数据、视频和图像的传输提供实用、先进、扩展方便的通道，充分保证校园计算机网络的可靠运行，并适应计算机和通信网络产业技术的发展，支持多种网络结构及网络设备，以达到使用灵活、管理简便、扩充方便、技术先进、运行可靠的要求。为保证校园网综合布线系统的功能，以及性能价格比，选择先进、高品质的综合布线产品，以高的性能指标、好的工艺性能确保综合布线系统能够满足智能化系统应用的需求，使用光纤作为系统的主干，冗余配置，增大综合布线系统的宽带并防止电磁干扰，以适应未来的发展。

素质课堂

工匠精神——企业文化的灵魂

"工匠"，一个充满传统色彩的词汇，各种手工匠人曾以精湛的技艺创造过无数奇迹。很多人认为工匠是一种机械重复的工作者，其实工匠有更深远的含义，他们代表着敬业、坚定、踏实、精益求精的精神。"工匠精神"就是指工匠对自己的产品精雕细琢、精益求精的精神理念。

德国是最具工匠精神的国家之一，其很多企业是百年老店，长期生产某种产品，其工人很多世代做一个工种，手艺代代相传，他们喜欢不断雕琢自己的产品，不断改善自己的工艺，享受产品在双手中升华的过程。

瑞士制表商对每一个零件、每一道工序、每一块手表都精心打磨、专心雕琢，他们用心制造产品的态度就是工匠精神的思维和理念。

随着品质至上时代的来临，中国企业到了需要放慢脚步、俯下身体、静心沉潜、着力提升供给质量的时候，需要通过研发与技术创新、质量管理等不断提升产品品质，更好地满足客户需求，打造品牌影响力，而这一切需要工匠精神的引领。

在这一发展背景下，线缆企业之间的较量也逐渐转向技术创新、产品质量、精品化发展等全面的比拼。不少线缆行业的优秀企业始终践行"以技术创新为驱动力"的新发展理念，以"精"立业、以"质"取胜。

为了实现企业的高质量发展，企业要全面推进标准化品控管理，构建严苛的产品工序巡检检验流程，打造从生产到出品层层把关，每道工序必须进行首检、巡检和完工检验并做好记录；对不合格产品严格按照《不合格品控制程序》执行，从一线抓起，精准决策，大幅提升生产效率和品质，确保质量管控和产品品质。

此外，为了实现质量可控、质量改进的目标，企业要对标国际一流水准，建立多条自动化生产线，引进线缆行业国内外先进的生产设备，以智能化驱动高质量发展，对产品的质量、使用性能、工艺细节等进行升级把控。并充分利用前沿创新技术对产品进行全生命周期管控，通过配备大量高精度的现代化检测仪器，实现从客户需求、设计研发、原材料采购管理配送、生产制造到产品交付全流程的数字化管理，有效保证产品的卓越性能，将质量管理覆盖到每个环节，最大限度地消除质量隐患，保障生产安全。

思考与练习

一、选择题

1. 在实际工程设计中，为了利于装订和美观，图纸一般采用（　　）幅面。
   A．A3　　　　B．A5　　　　C．B5　　　　D．A4
2. 布线图纸中的数字均应采用（　　）数字表示。
   A．罗马　　　B．阿拉伯　　C．希腊　　　D．二进制
3. 全面概括综合布线系统的全貌。主要描述进线间、设备间、电信间的设置情况，各布线子系统缆线的型号、规格和整体布线系统结构等内容的图纸是（　　）。
   A．综合布线管线图　　　　　B．综合布线系统结构图
   C．信息点分布图　　　　　　D．管线路由图
4. 干线子系统的设计范围包括（　　）。
   A．管理间与设备间之间的电缆
   B．信息插座与管理间、配线架之间的连接电缆
   C．设备间与网络引入口之间的连接电缆
   D．主设备间与计算机主机房之间的连接电缆
5. 在建筑群干线子系统布线中，不属于常采用的地下布设方式是（　　）。
   A．架空电缆　　B．管道电缆　　C．电缆沟　　D．直埋电缆

6.（　　）为封闭式结构，适用于无天花板且电磁干扰比较严重的布线环境，但对系统进行扩充、修改和维护比较困难。

    A．梯级式桥架   B．槽式桥架

    C．托盘式桥架   D．组合式桥架

7．建筑物中有两大类型的通道，即封闭型通道和开放性通道，下列通道中不能用来敷设垂直干线的是（　　）。

    A．通风通道   B．电缆孔   C．电缆井   D．电梯通道

8．下面关于光缆成端端接的描述，不正确的是（　　）。

    A．制作光缆成端普遍采用的方法是熔接法

    B．所谓光纤拼接就是将两段光纤永久性地连接起来

    C．光纤端接与拼接不同，属非永久性的光纤互连，又称光纤活接

    D．光纤互连的光能量损耗比交连的光能量损耗大

二、简答题

1．简述网络工程的建设步骤。

2．简述在布线施工前应该进行哪些准备工作。施工后应该进行哪些收尾工作。

3．光缆敷设前的准备工作有哪些？

4．学生宿舍15栋楼的网络布线工程将由你来设计和施工，对于水平双绞线布线，你打算采用哪些措施来保障电缆的电气性能？

反侵权盗版声明

电子工业出版社依法对本作品享有专有出版权。任何未经权利人书面许可，复制、销售或通过信息网络传播本作品的行为；歪曲、篡改、剽窃本作品的行为，均违反《中华人民共和国著作权法》，其行为人应承担相应的民事责任和行政责任，构成犯罪的，将被依法追究刑事责任。

为了维护市场秩序，保护权利人的合法权益，我社将依法查处和打击侵权盗版的单位和个人。欢迎社会各界人士积极举报侵权盗版行为，本社将奖励举报有功人员，并保证举报人的信息不被泄露。

举报电话：（010）88254396；（010）88258888
传　　真：（010）88254397
E-mail：　dbqq@phei.com.cn
通信地址：北京市海淀区万寿路 173 信箱
　　　　　电子工业出版社总编办公室
邮　　编：100036